流行毛衣编织广场
2588

洋洋 选编

辽宁科学技术出版社
·沈阳·

001

002

003

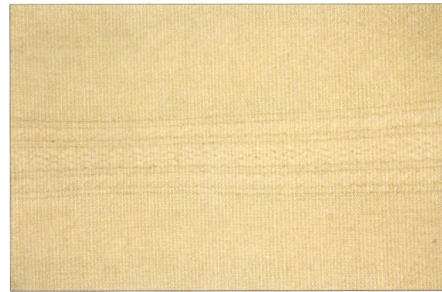

004

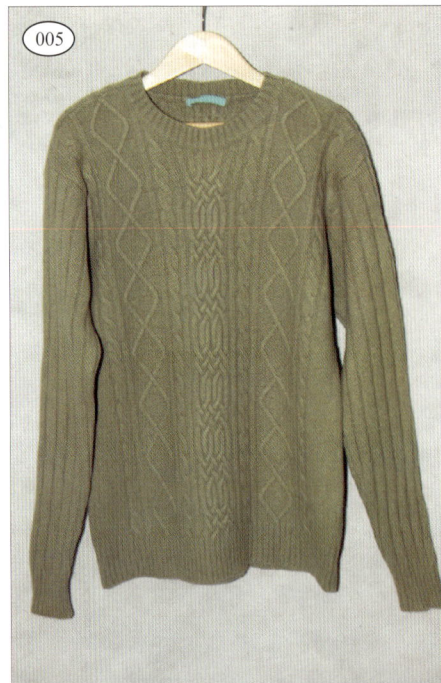

005

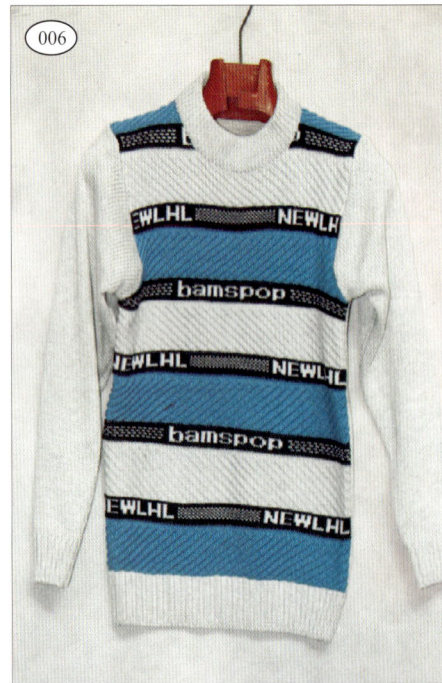

006

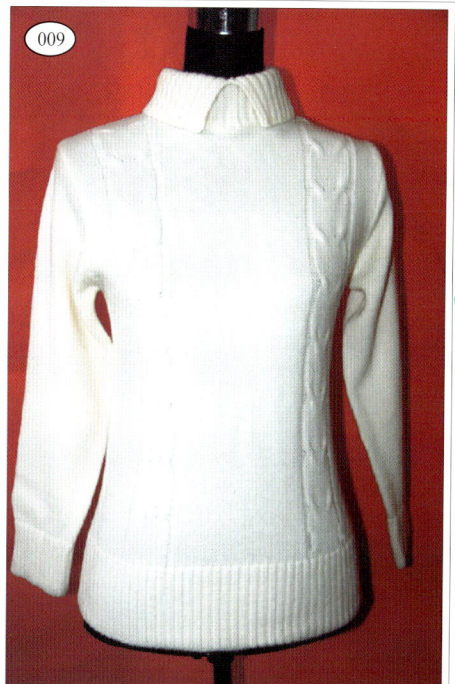

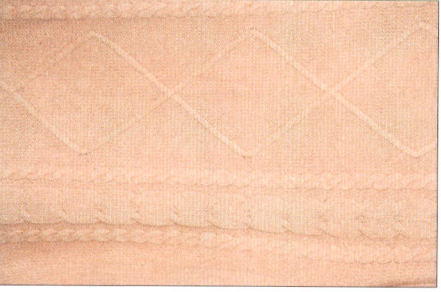

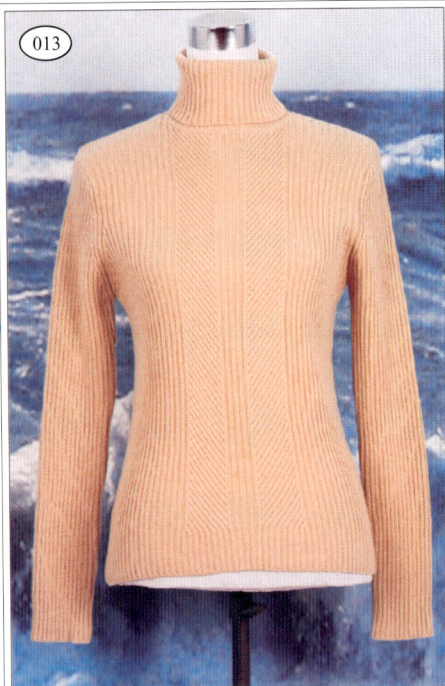

013

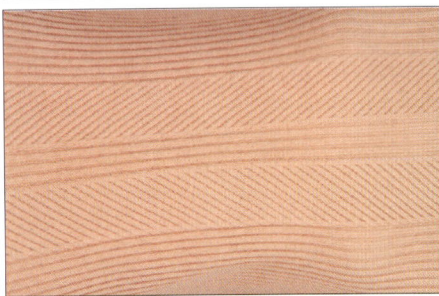

014

015

016

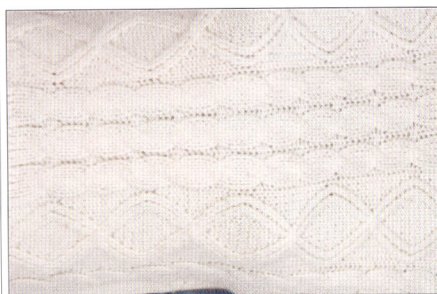

017

018

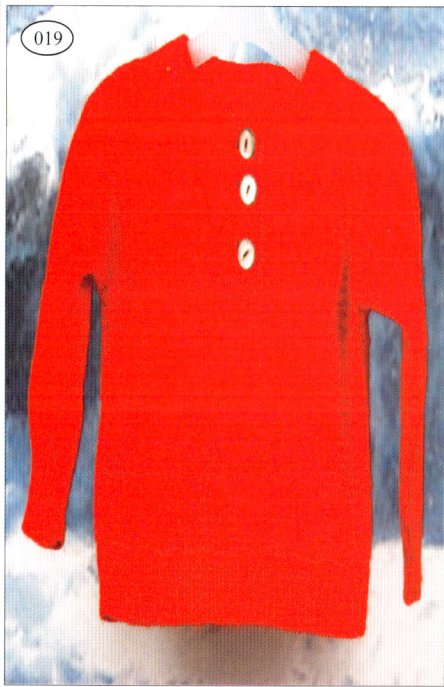

019

020

021

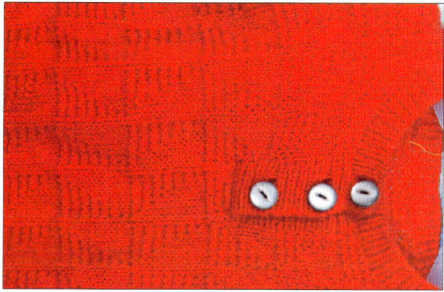

022

023

024

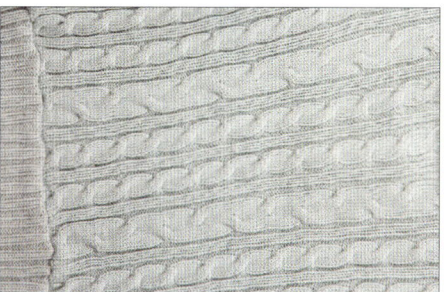

025

026

027

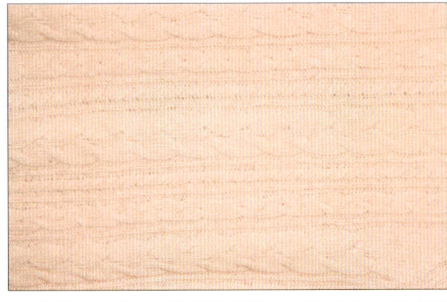

028

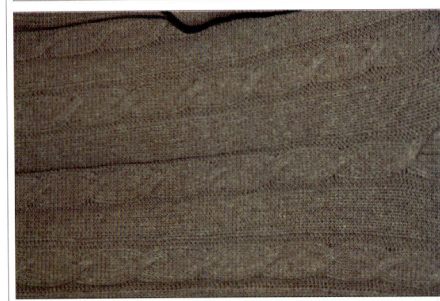

029

030

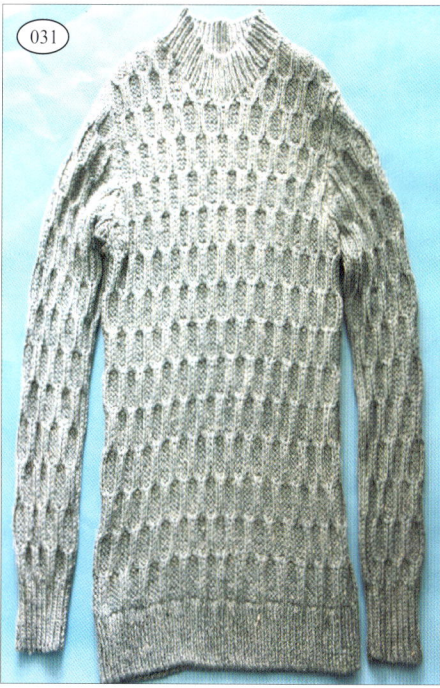

031

032

033

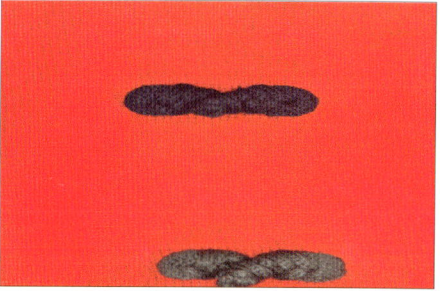

034

035

036

037

038

039

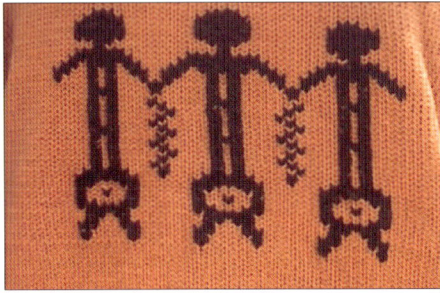

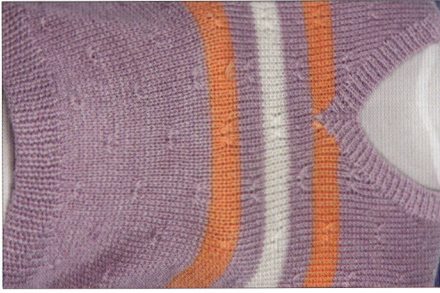

040
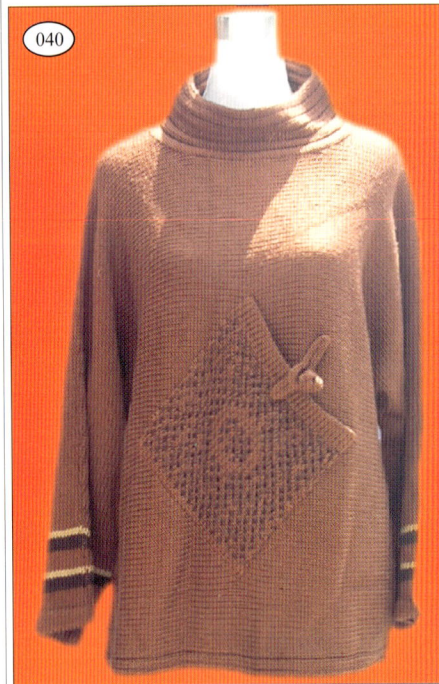

041

042

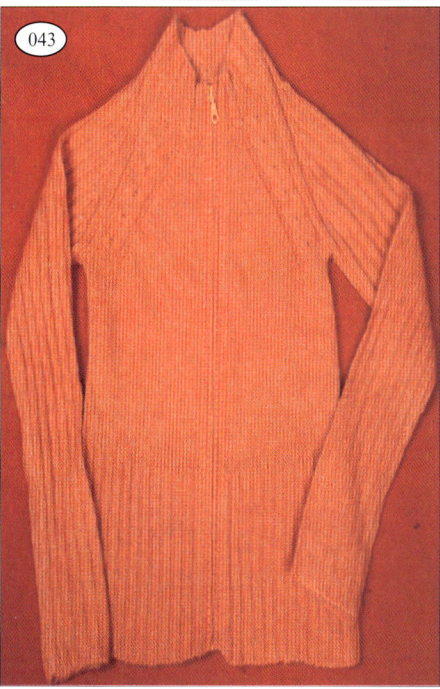

043

044

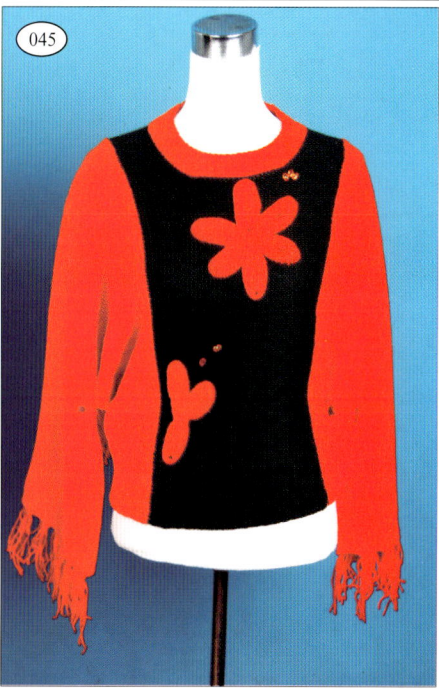

045

046

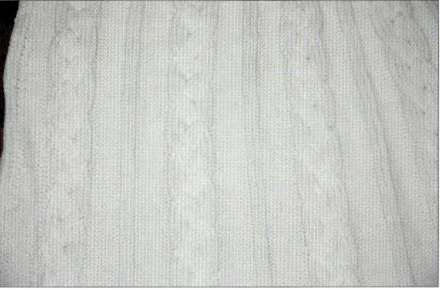

047

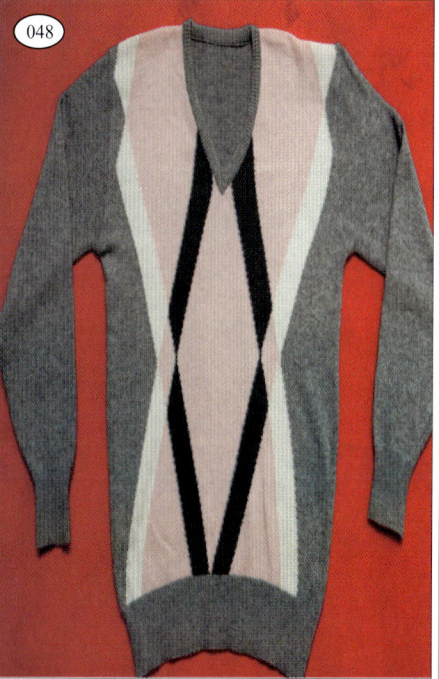

048

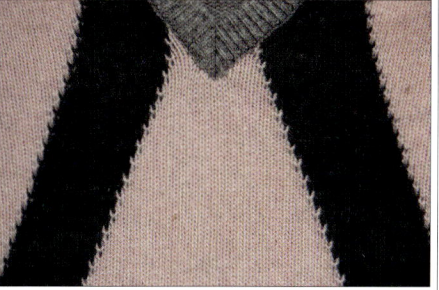

049

050

051

052

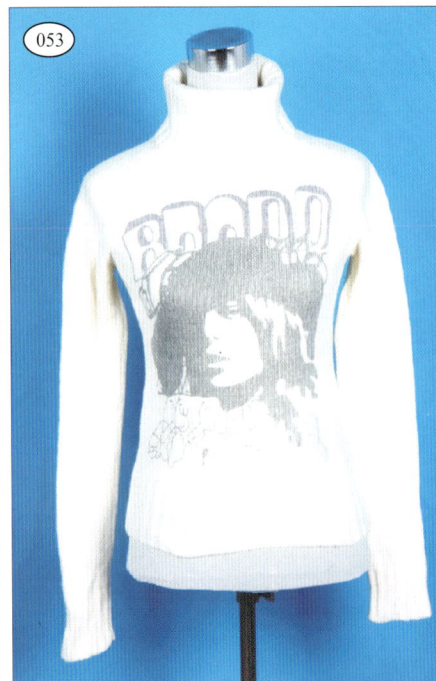

053

054

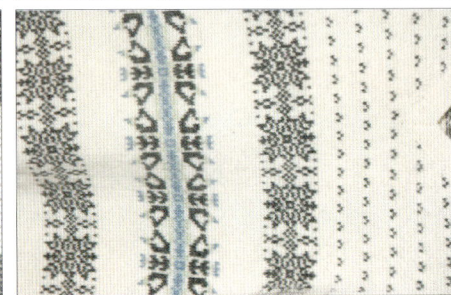

055

056

057

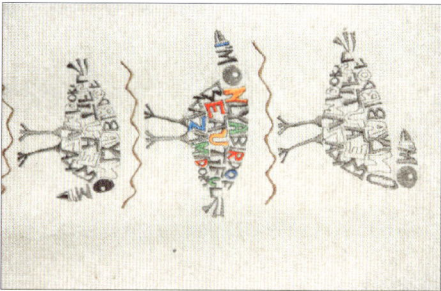

058

059

060

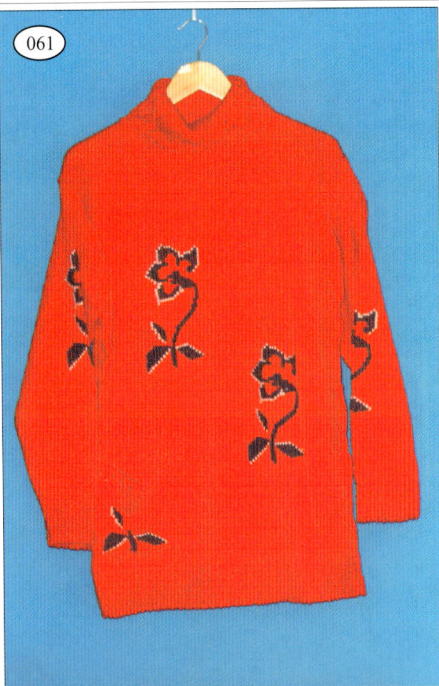

061

062

063

064

065

066

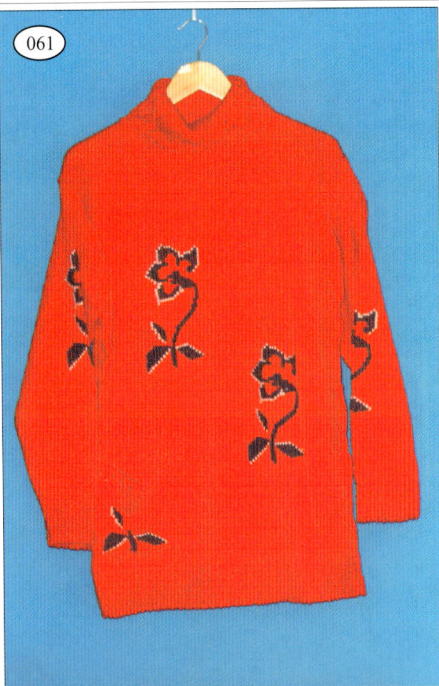

067

068

069

070

071

072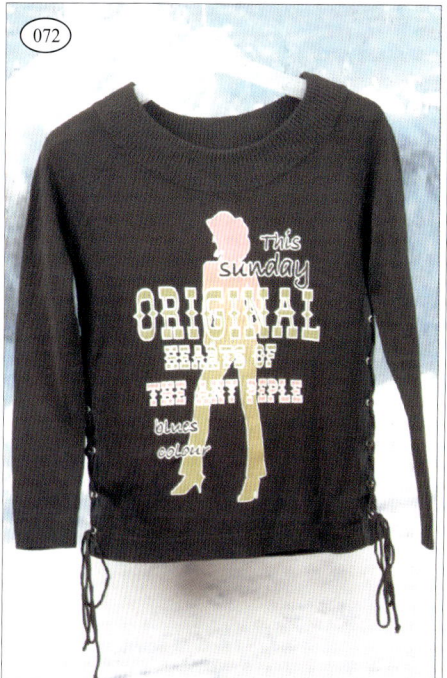

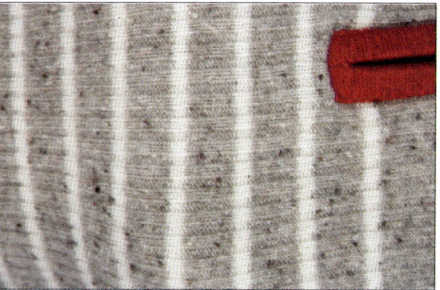

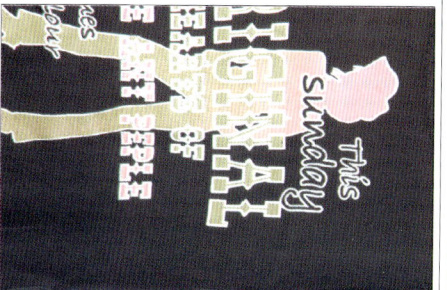

073

074

075

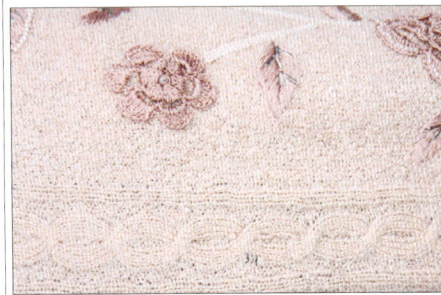

076

077

078

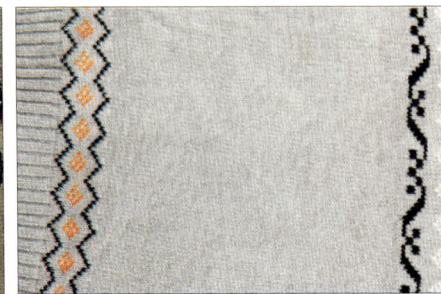

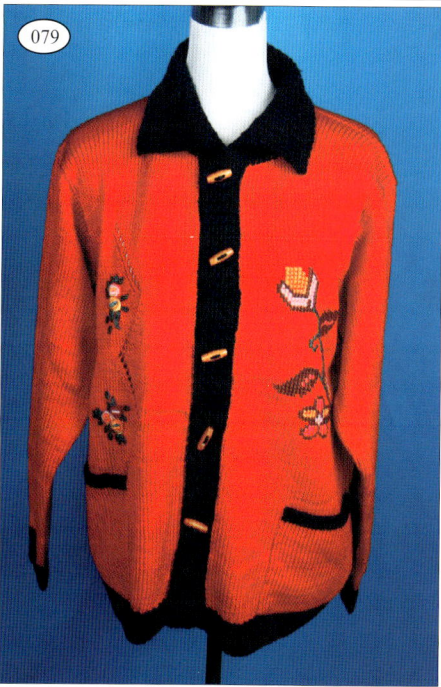

079

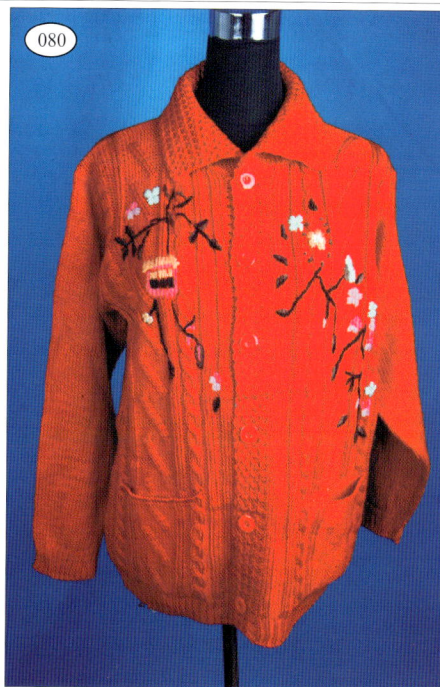

080

081

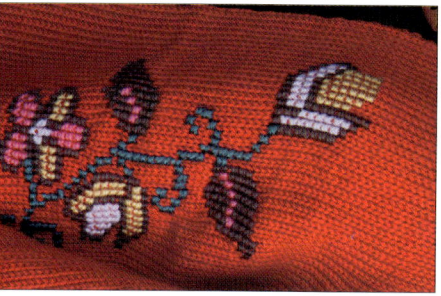

082

083

084

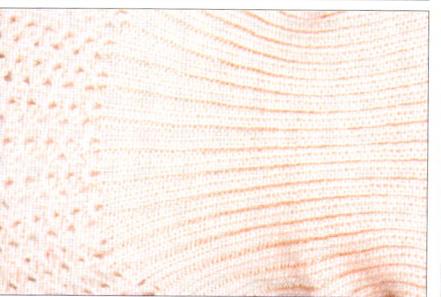

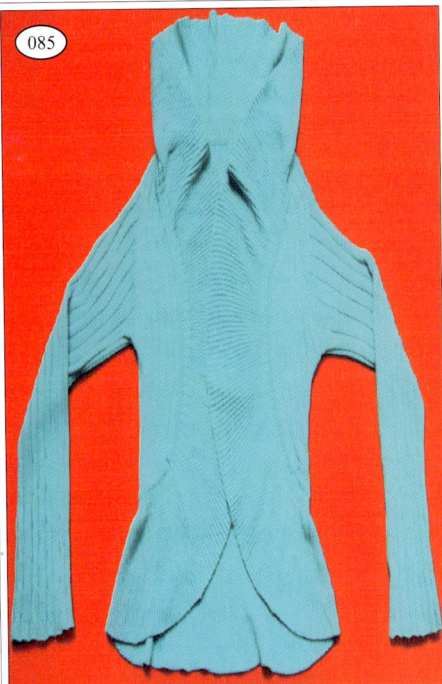

085

086

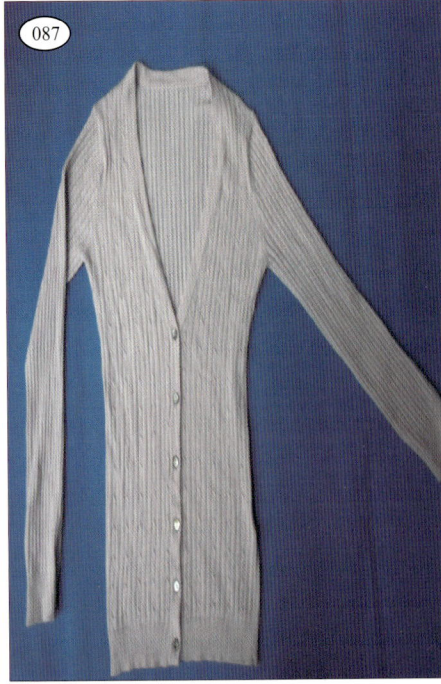

087

088

089

090

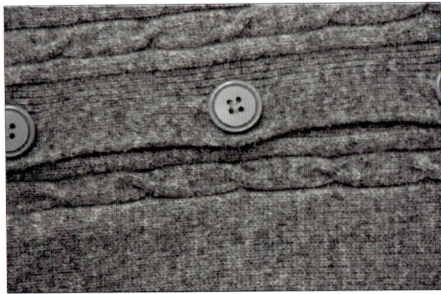

091

092

093

094

095

096

097

098

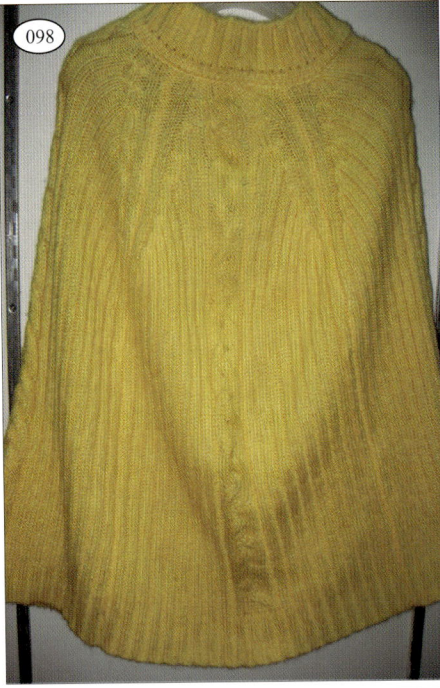

099

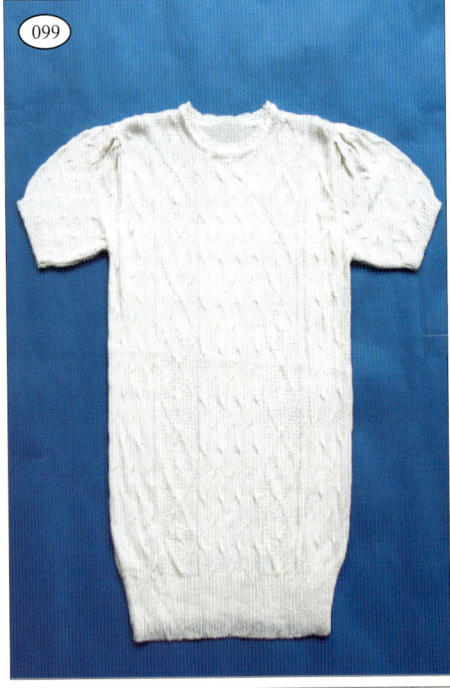

100

101

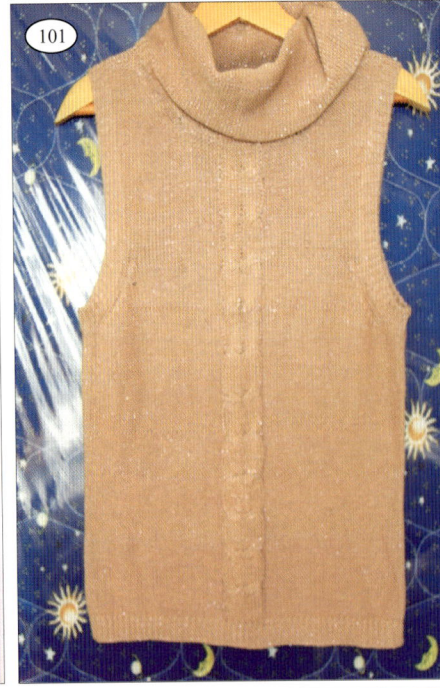

102

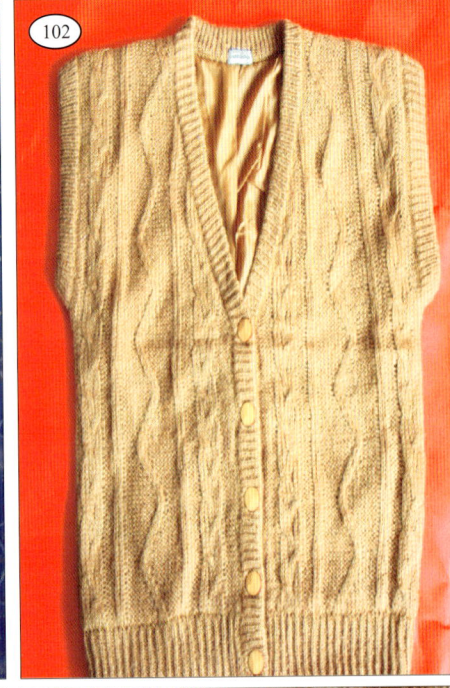

103

104

105

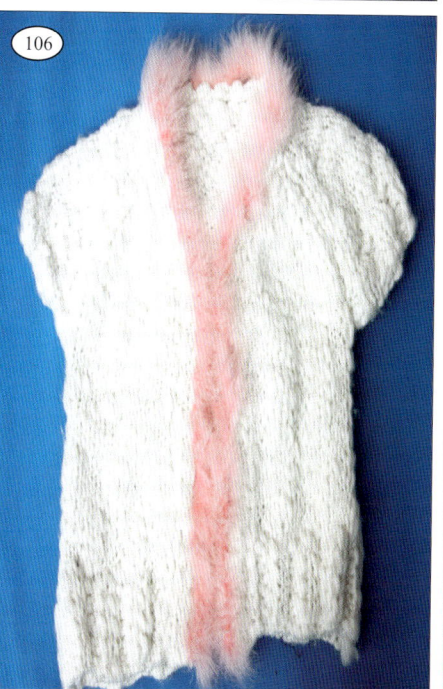

106

107

108

109

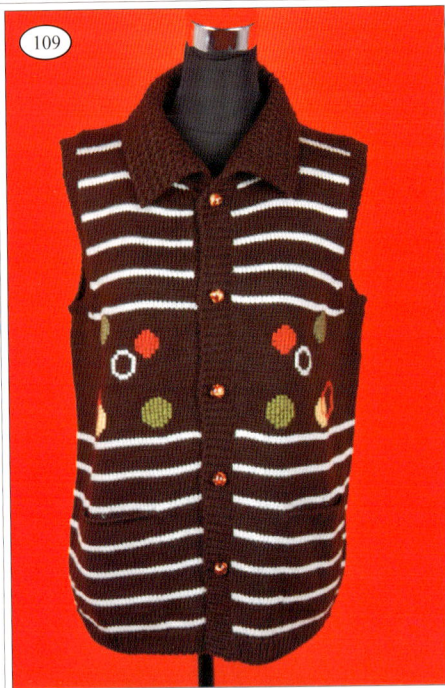

110

111

112

113

114

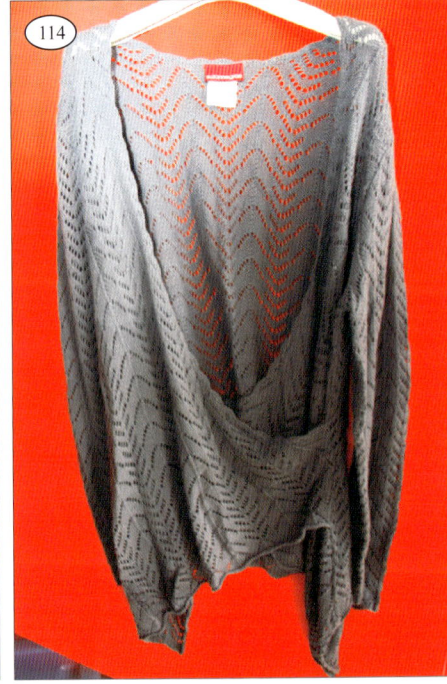

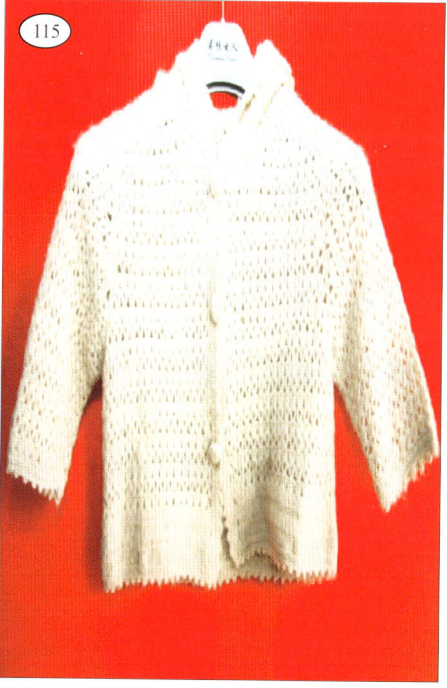

115

116

117

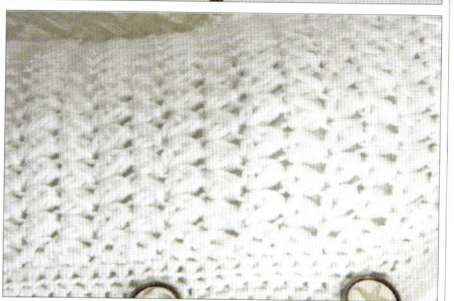

118

119

120

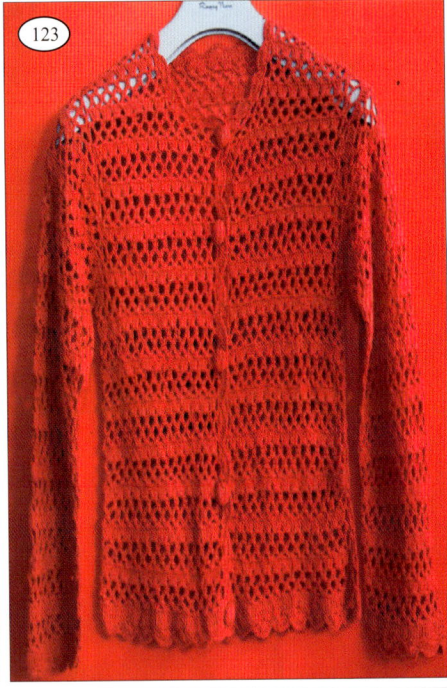

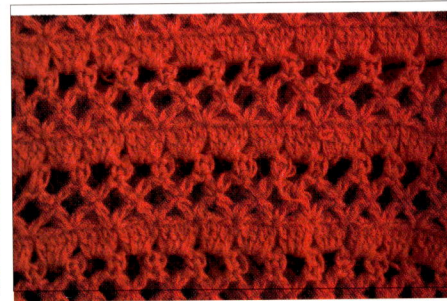

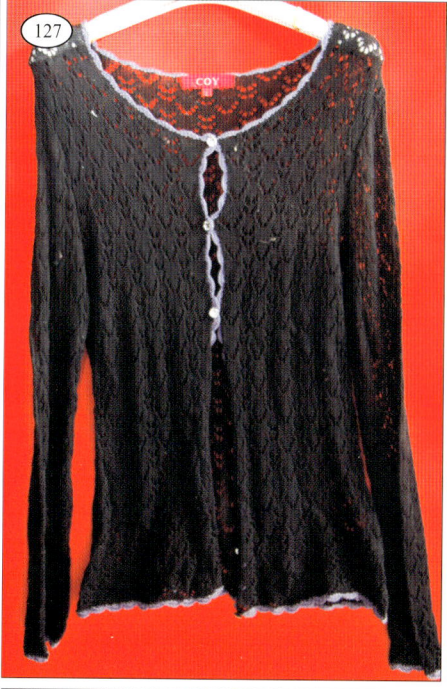

127

128

129

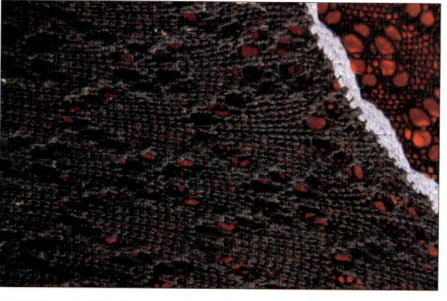

130

131

132

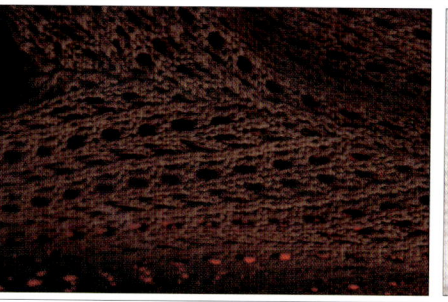

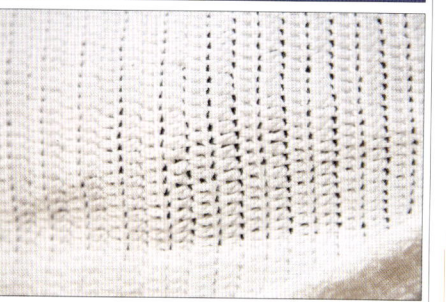

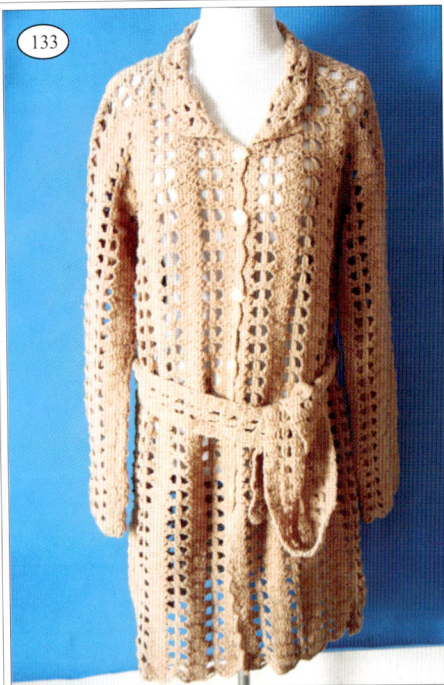

133

134

135

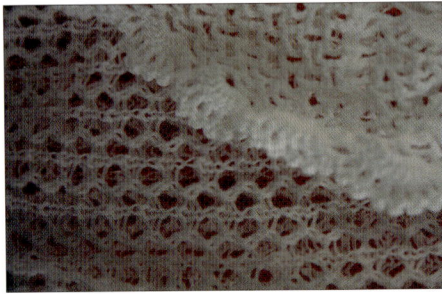

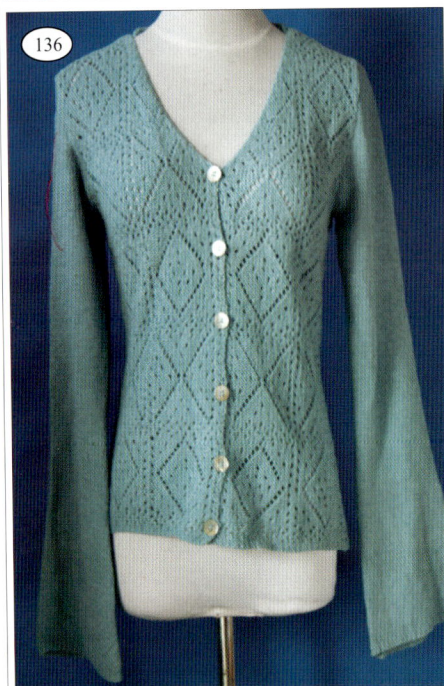

136

137

138

139

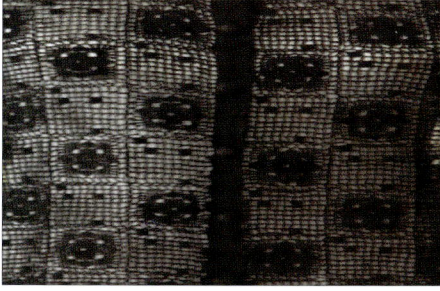

140

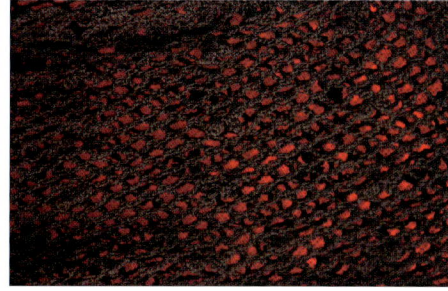

141

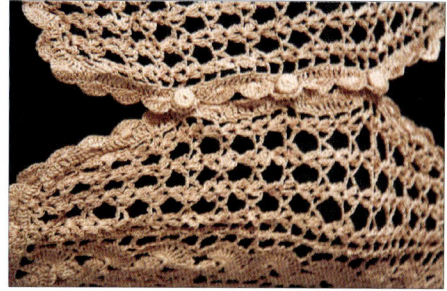

142

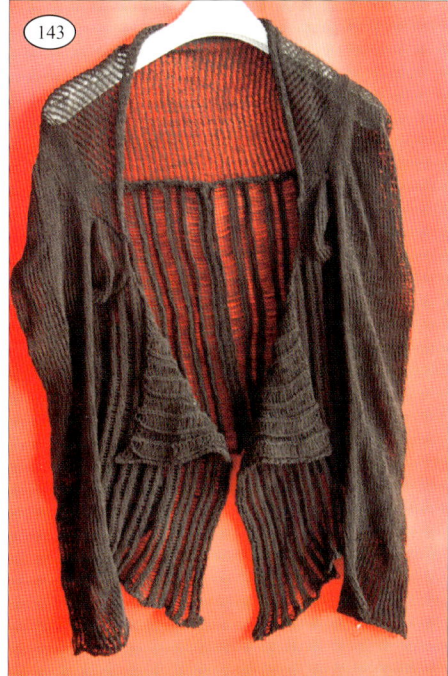

143

144

145

146
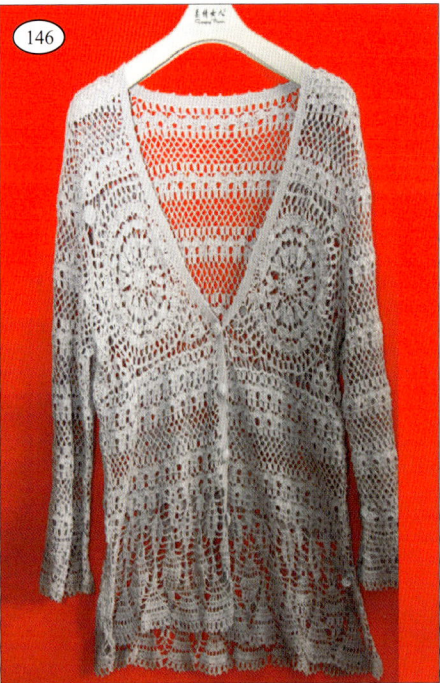

147

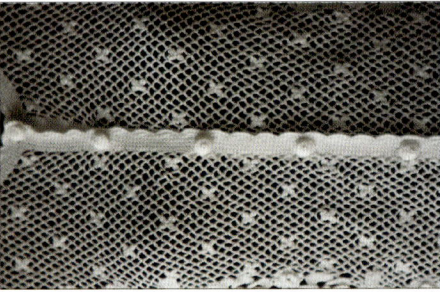

148

149
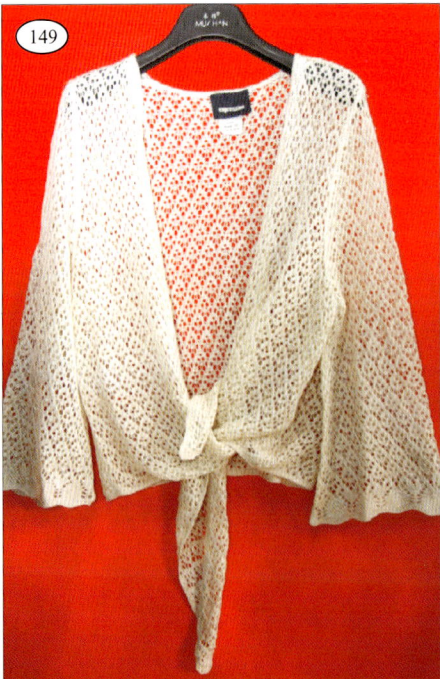
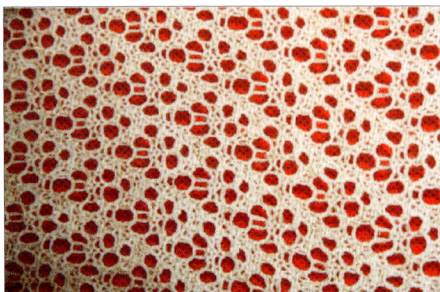

150

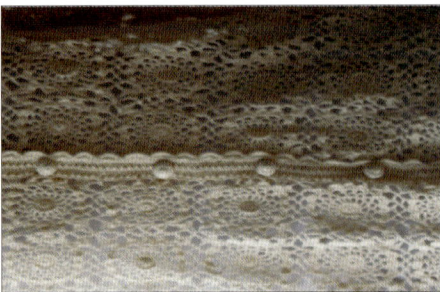

151

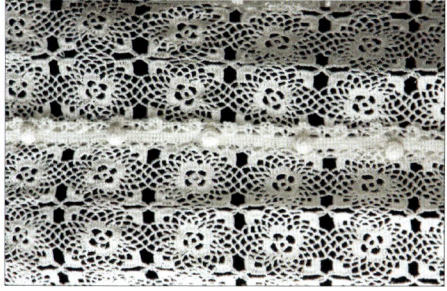

152

153

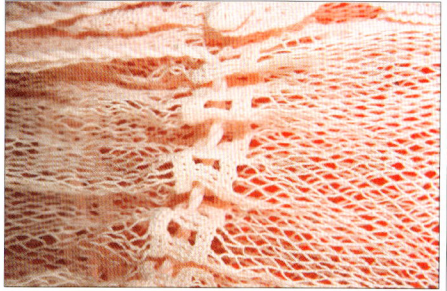

154

155

156

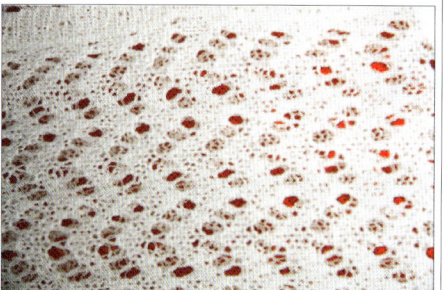

157

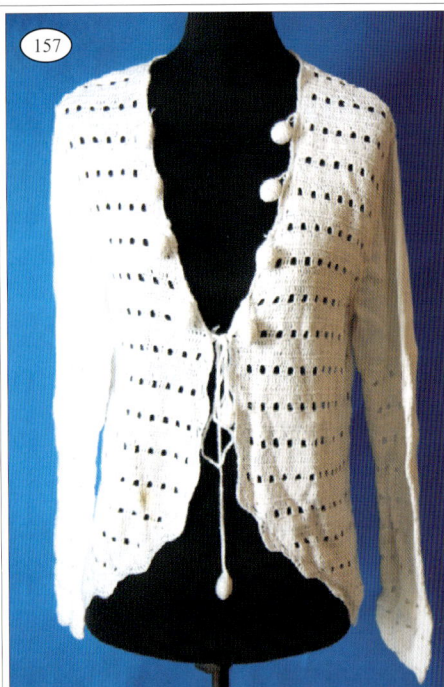

158

159

160

161

162

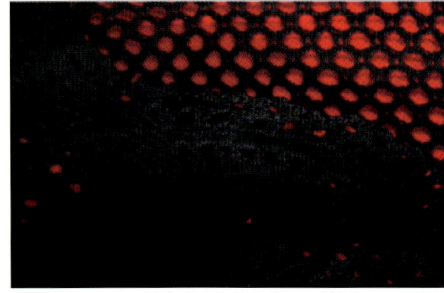

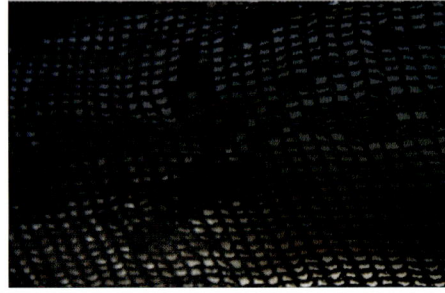

163

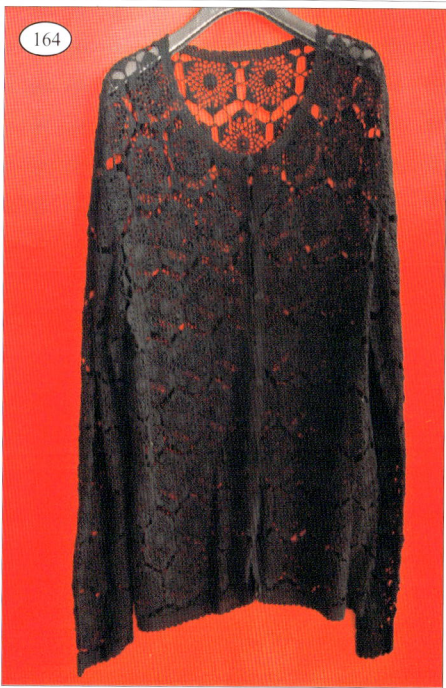

164

165

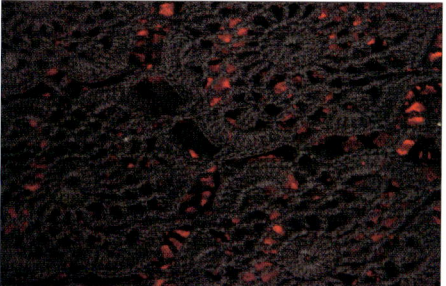

166

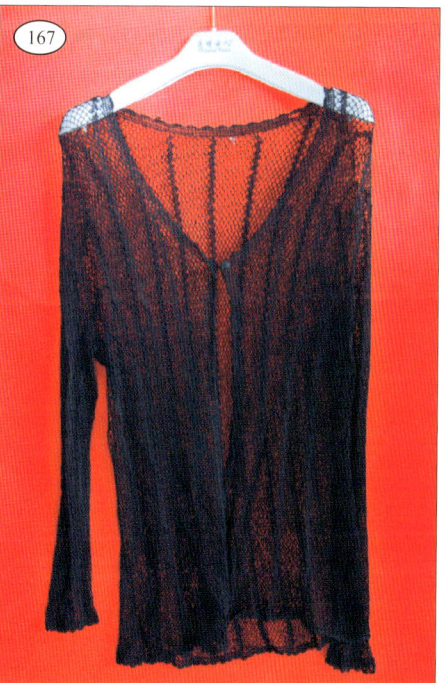

167

168

流行毛衣编织广场 2588

169

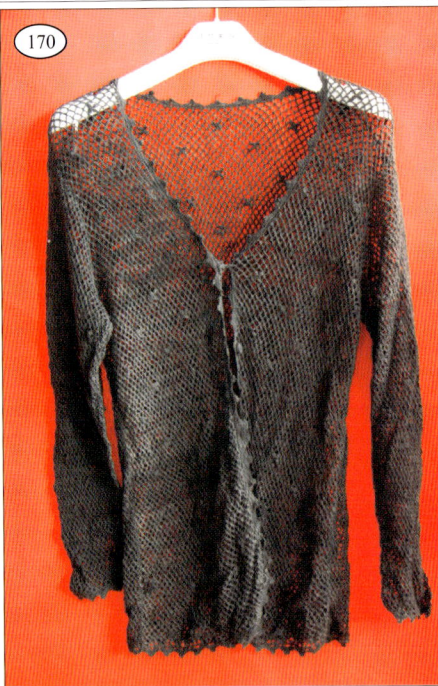

170

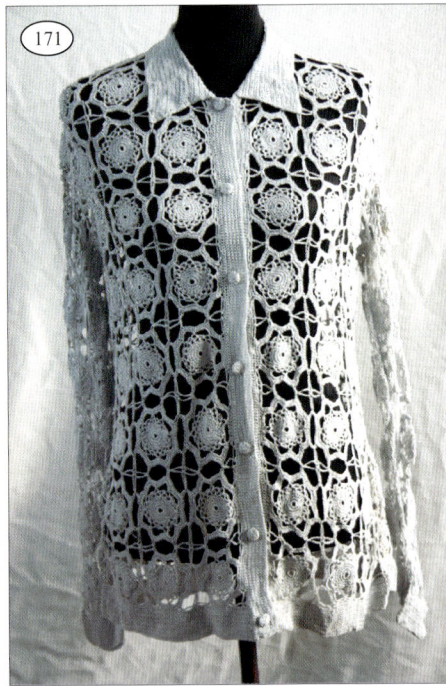

171

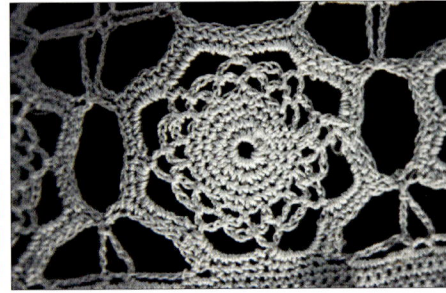

172

173

174

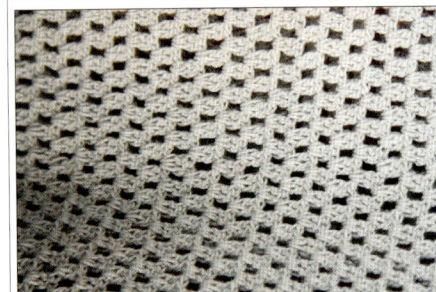

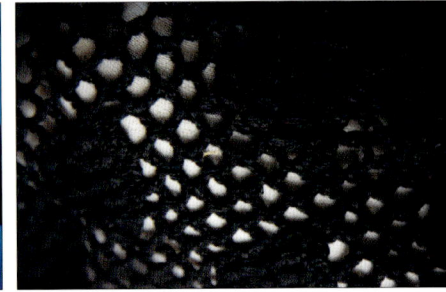

175

176

177

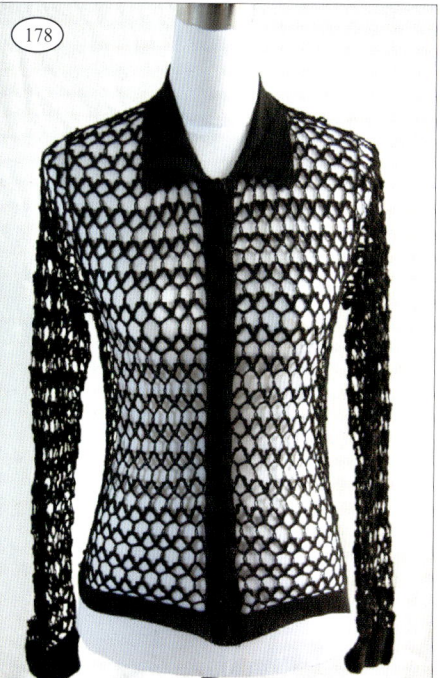

178

179

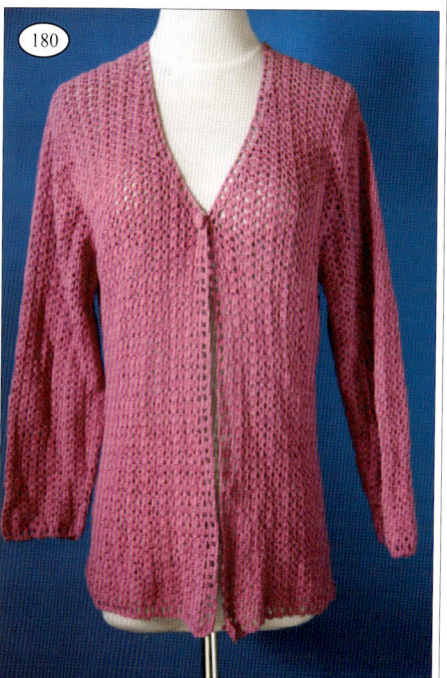

180

181

182

183

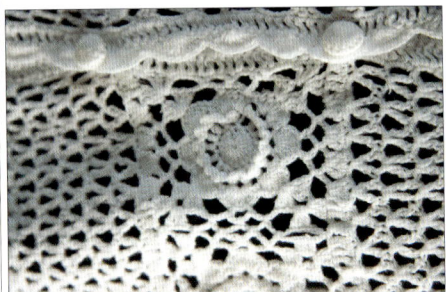

184

185
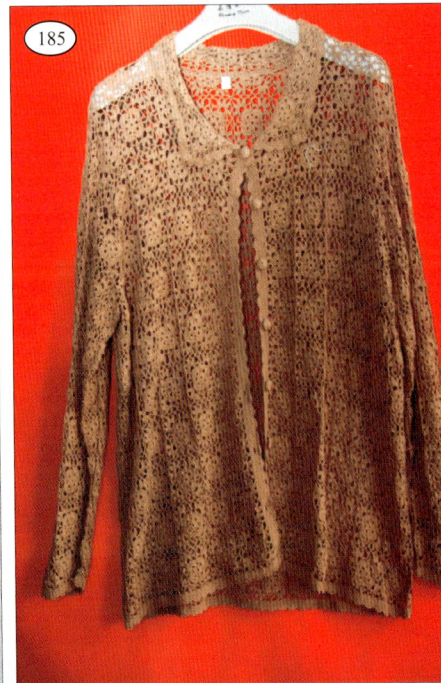

186

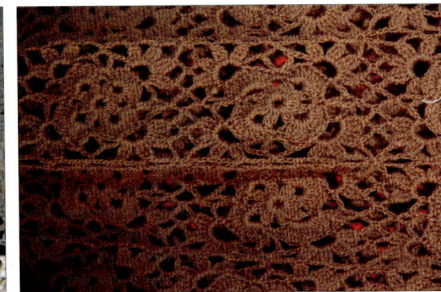

187

188

189

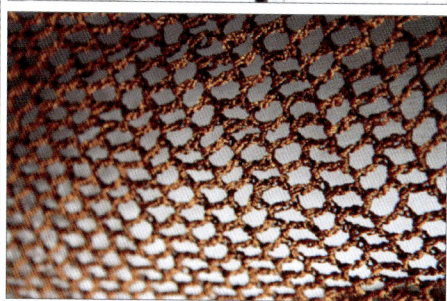

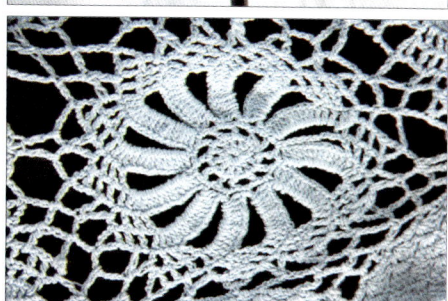

190

191

192

193

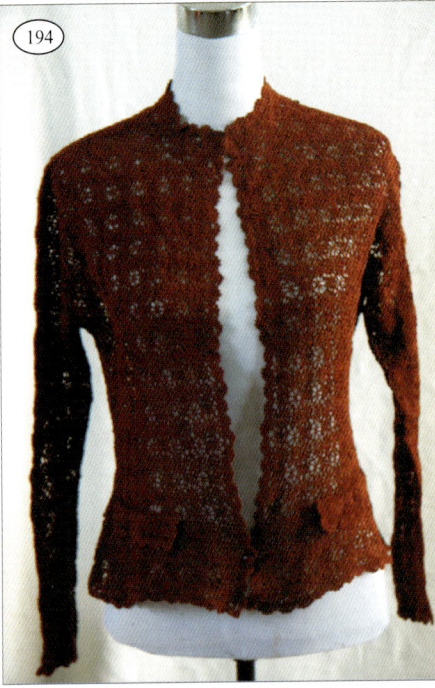

194

195

196

197

198

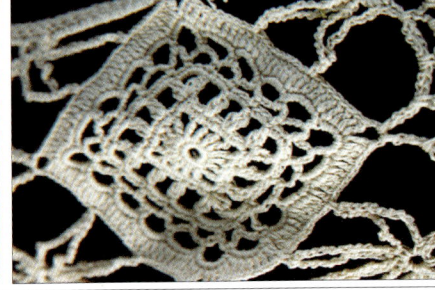

199

200

201

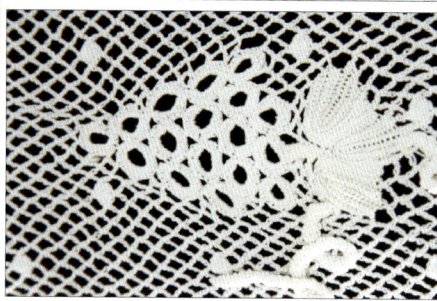

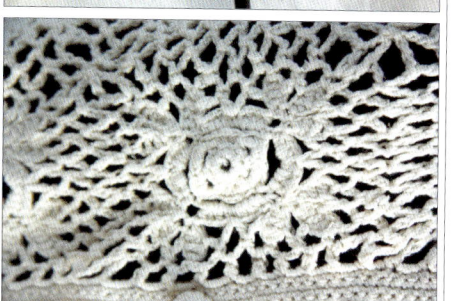

202

203

204

205

206

207

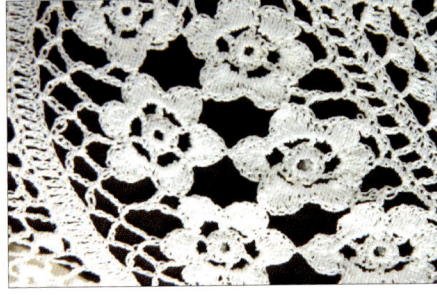

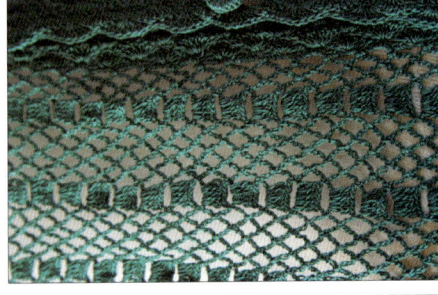

208

209

210

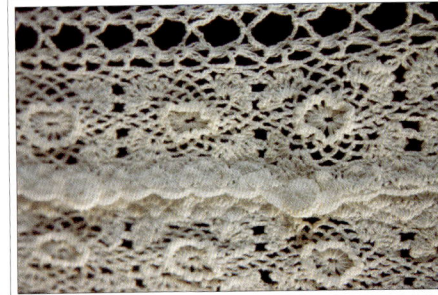

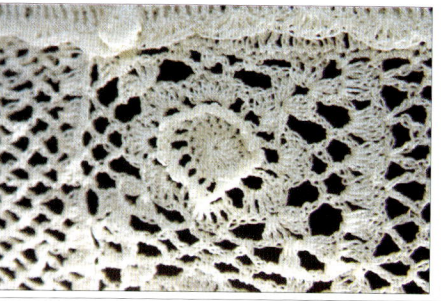

217

218

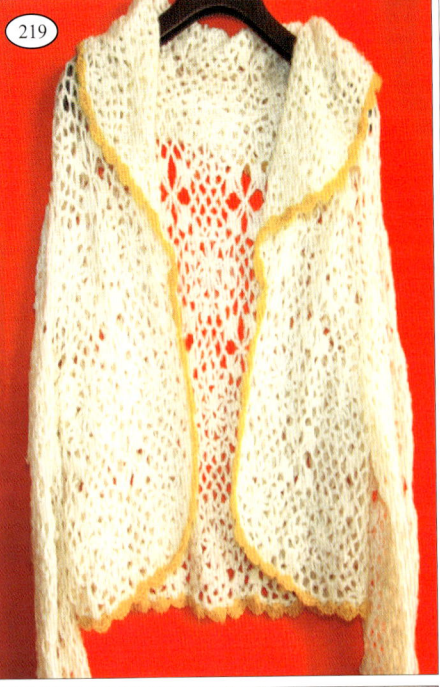

219

220

221

222

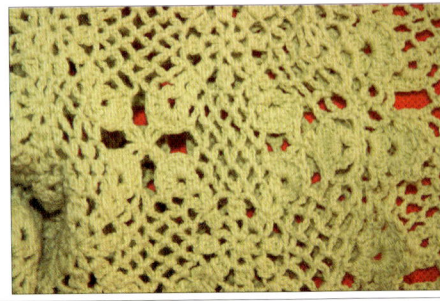

223

224

225

226

227
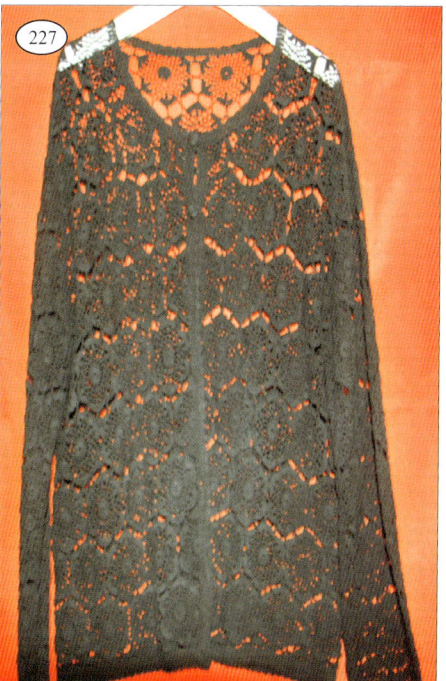

228

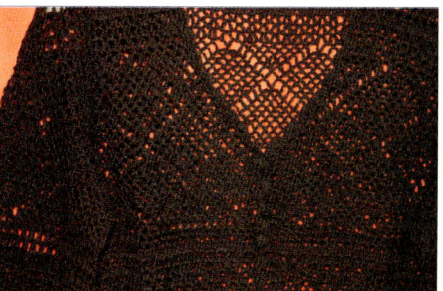

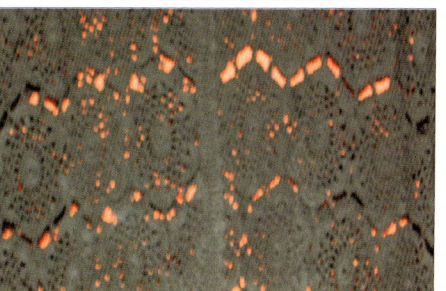

229

230

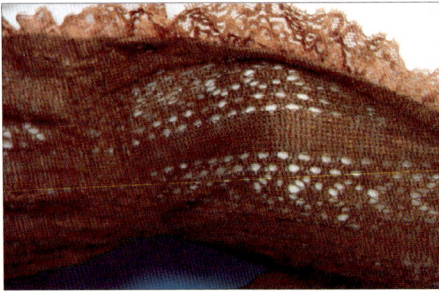

231

232

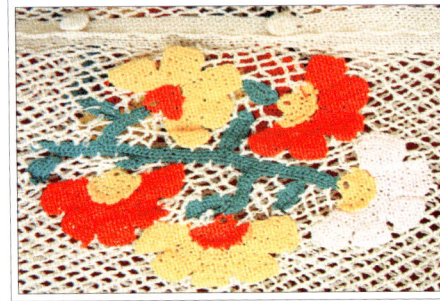

233

234

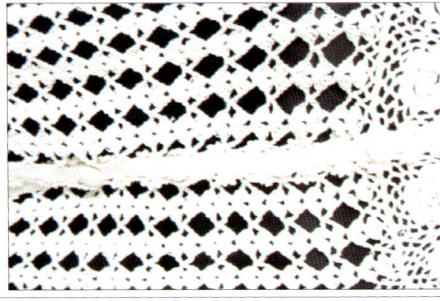

235

236

237

238

239

240

241

242

243

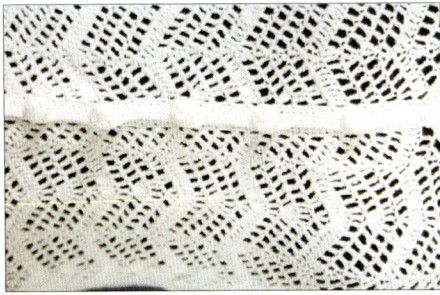

244

245

246

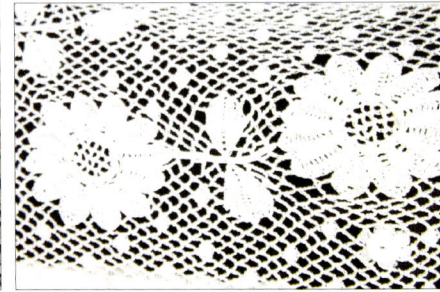

247

248

249

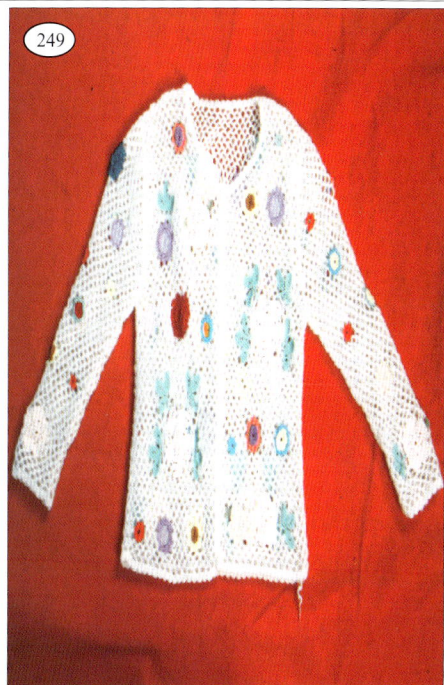

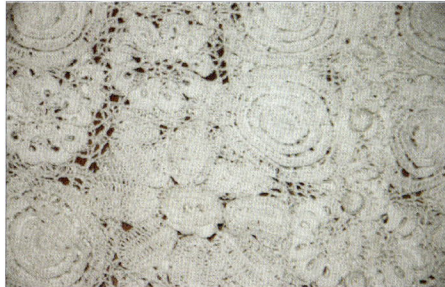

250

251

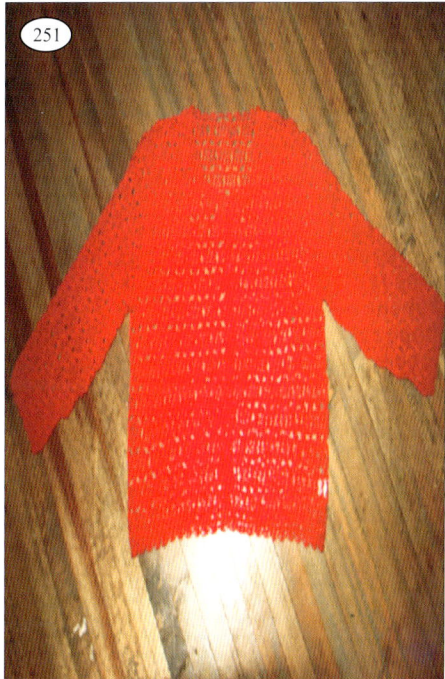

252

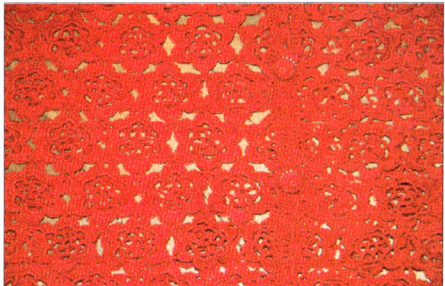

253

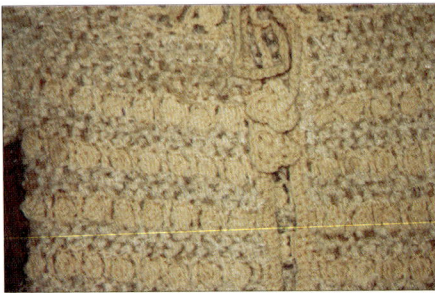

254

255

256

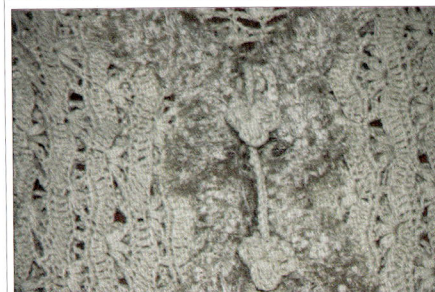

257

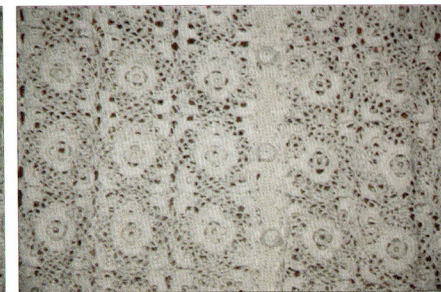

258

259

260

261

262

263

264

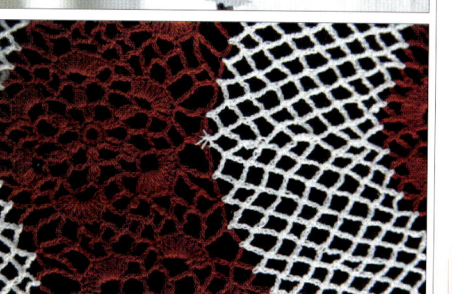

265

266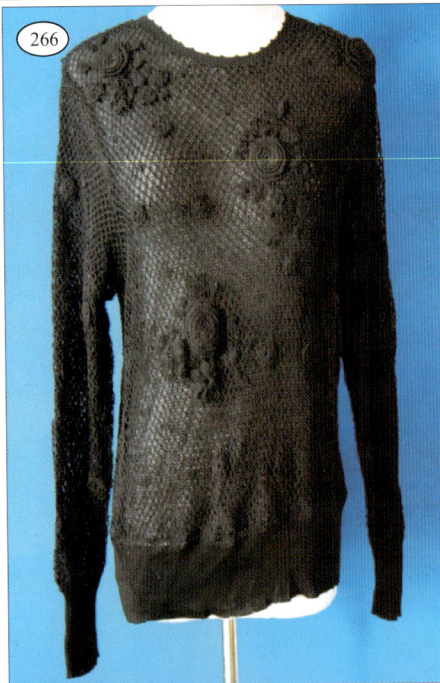

267

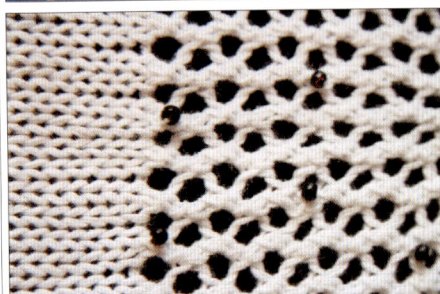

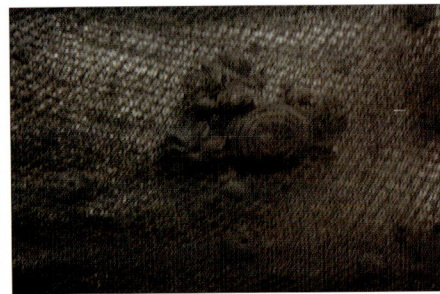

268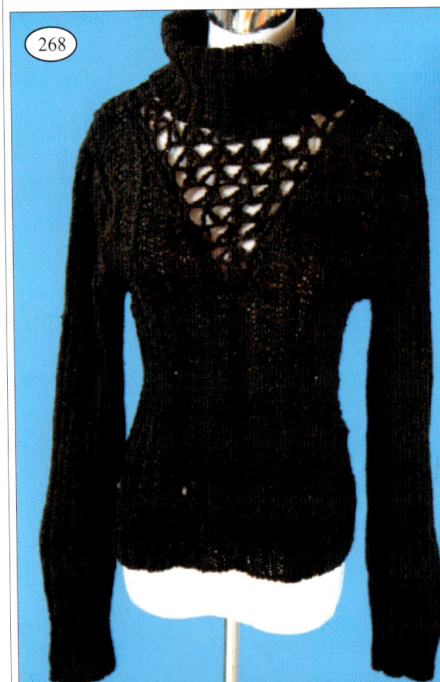

269

270

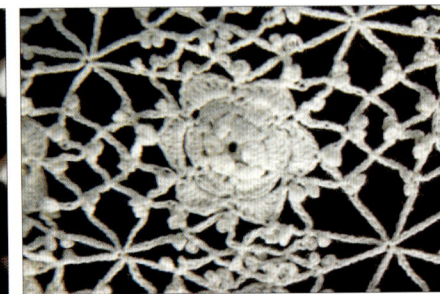

271

272

273

274

275

276

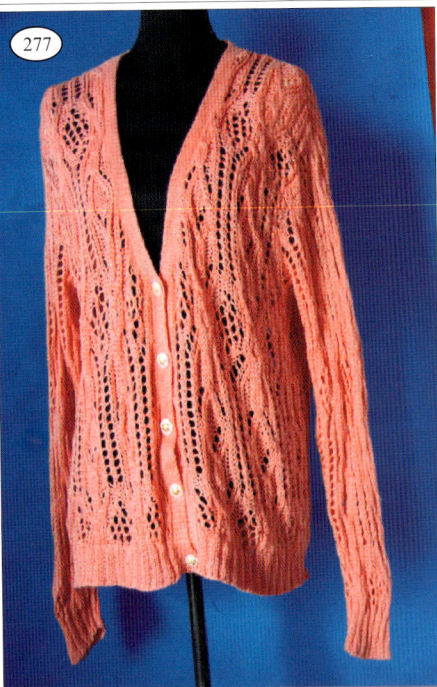

277

278

279

280

281

282

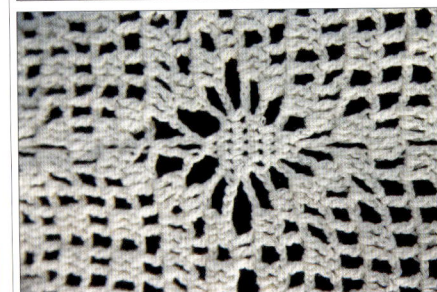

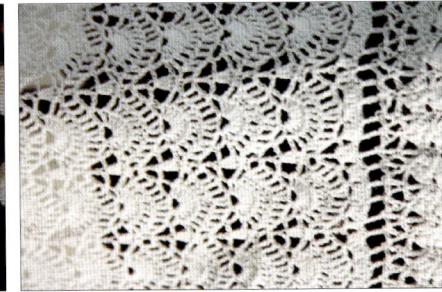

283

284

285

286

287

288

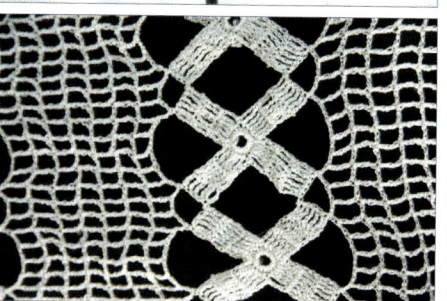

289

290

291

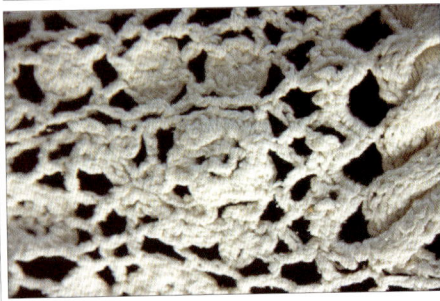

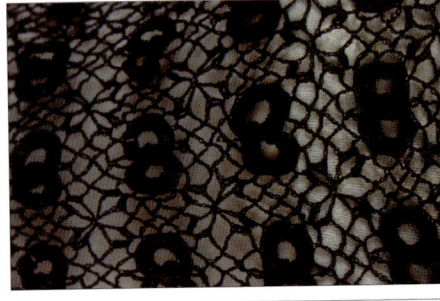

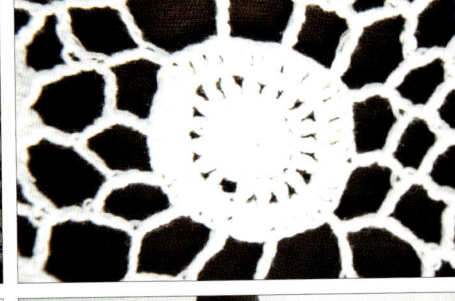

292

293

294

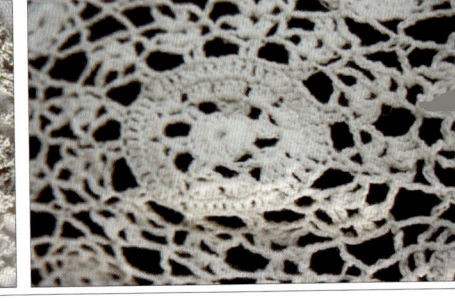

295

296

297

298

299

300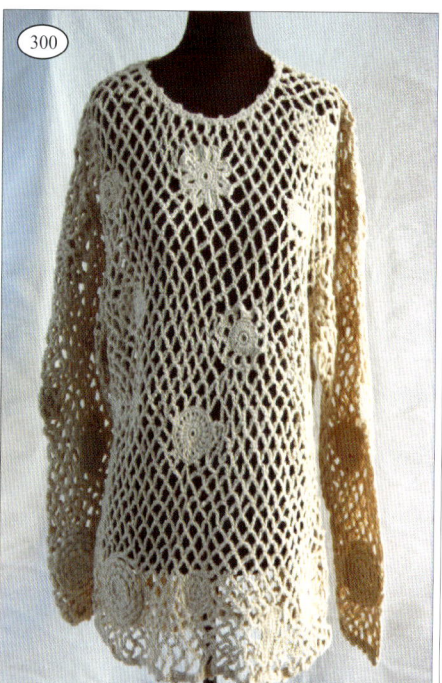

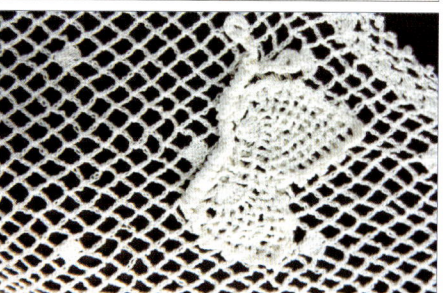

301

302

303

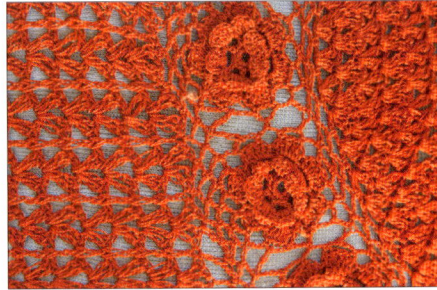

304

305

306

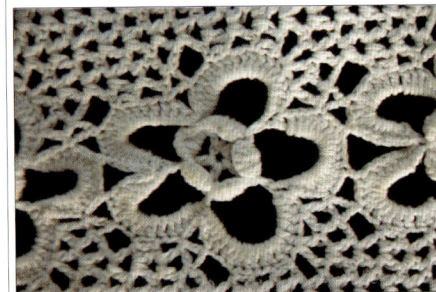

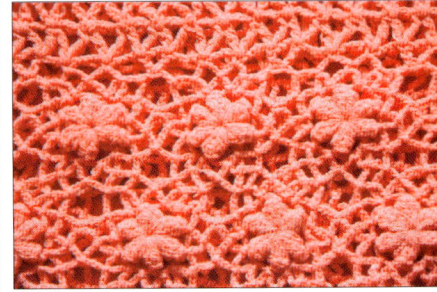

307

308

309

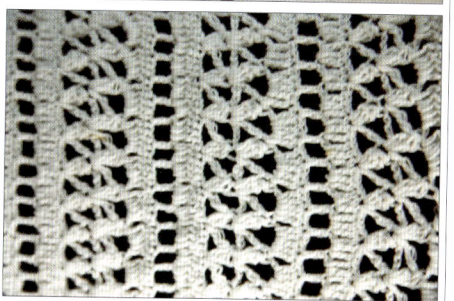

310

311

312

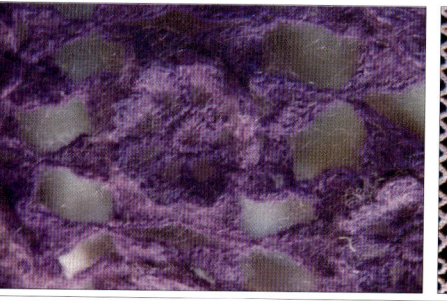

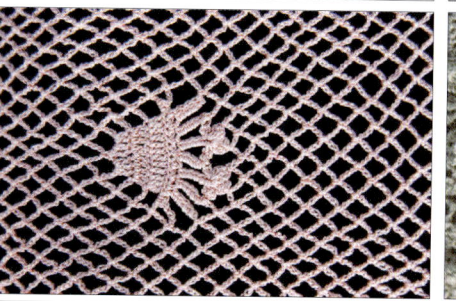

313

314

315

316

317

318

319

320

321

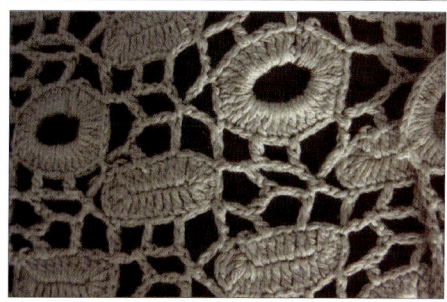

322

323

324

325

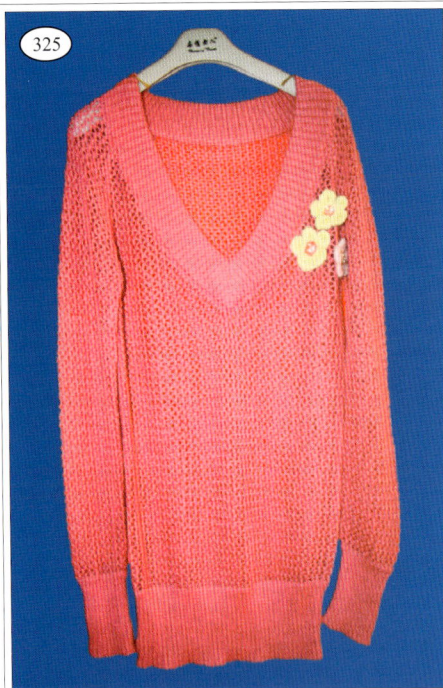

326

327

328

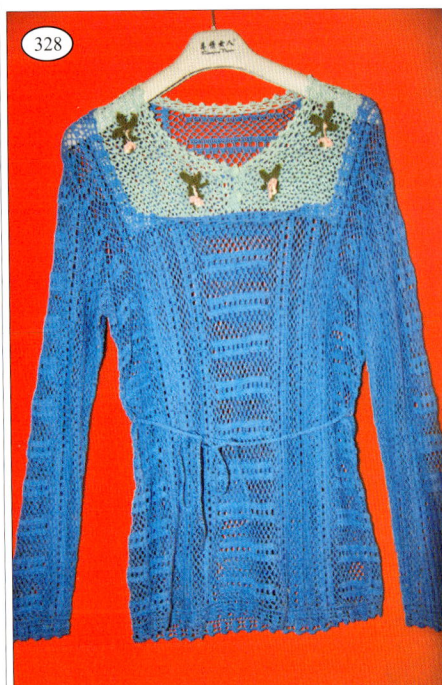

329

330

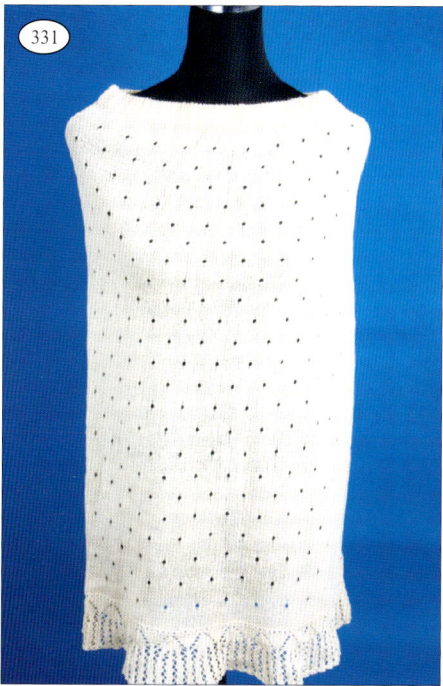

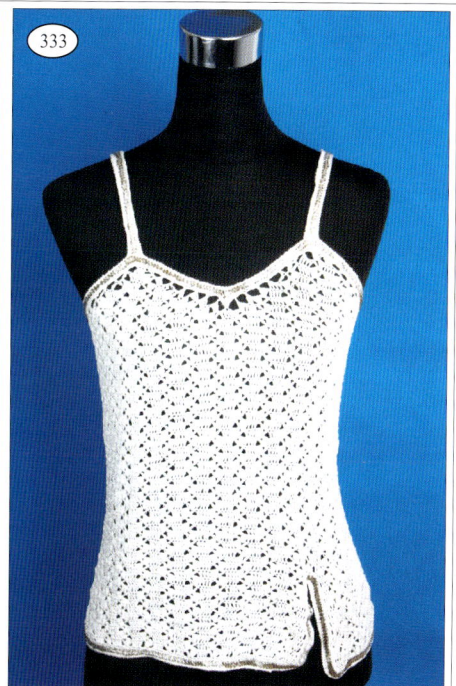

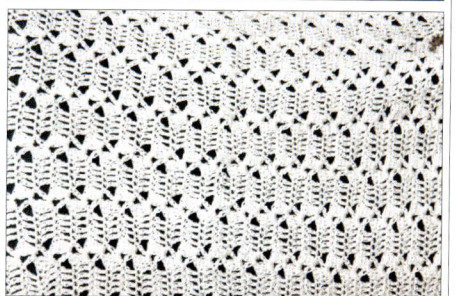

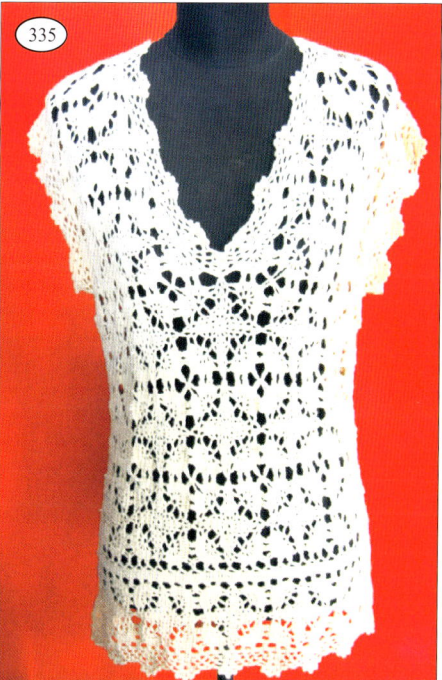

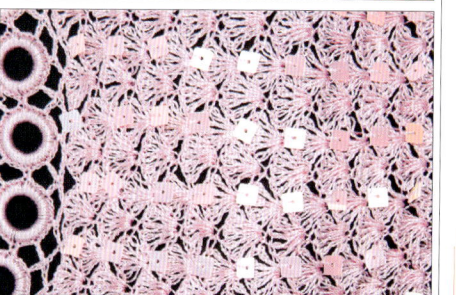

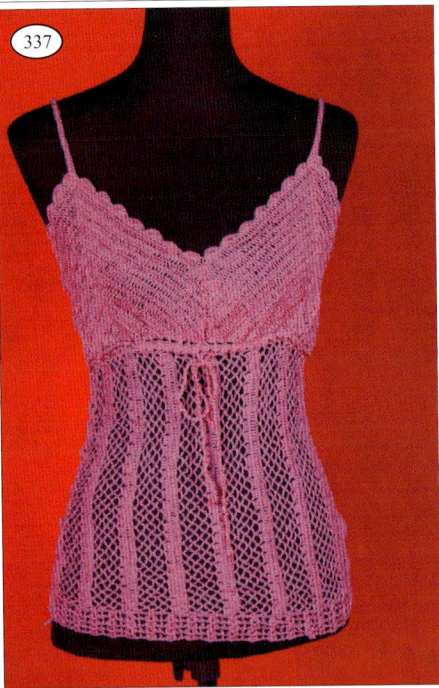

337

338

339

340

341

342

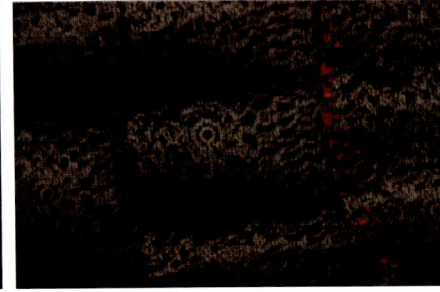

343

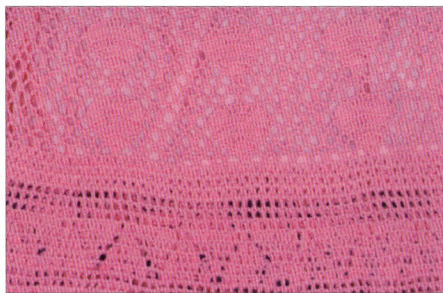

344

345

346

347

348

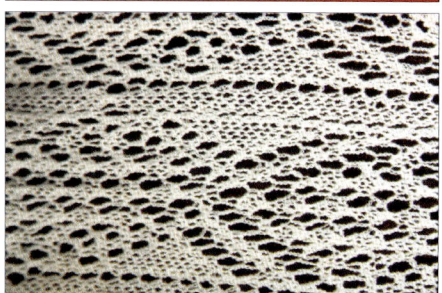

349

350

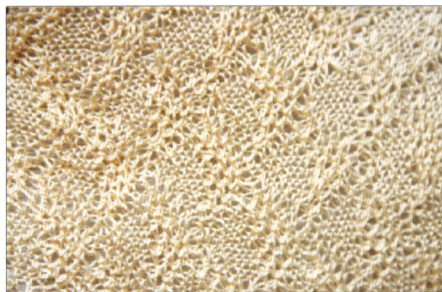

351

352

353

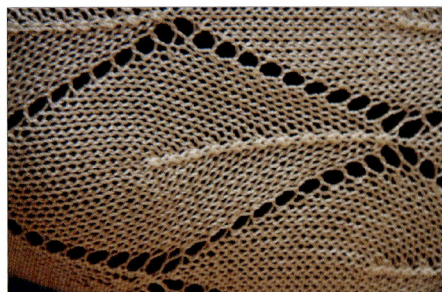

354

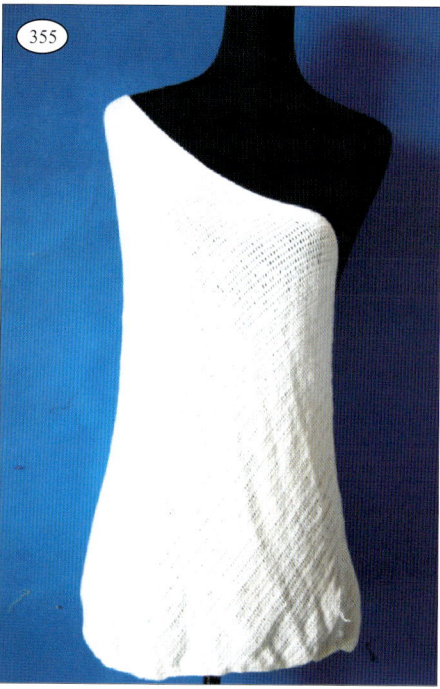
355

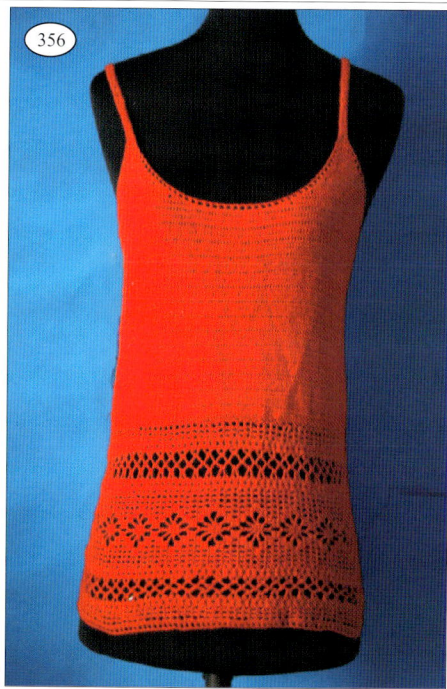
356

357

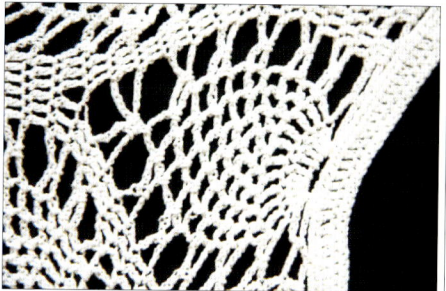

358

359

360

361

362

363

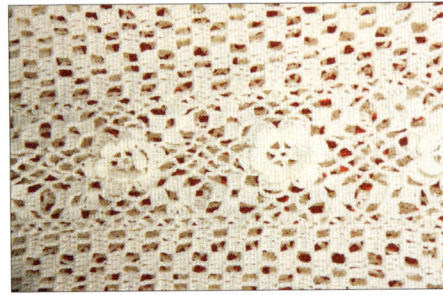

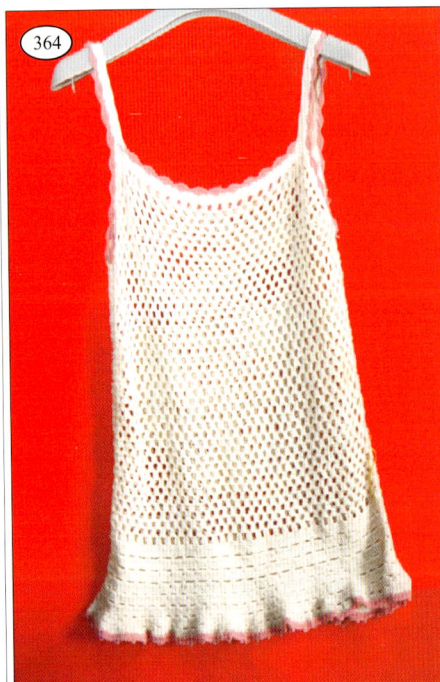

364

365

366

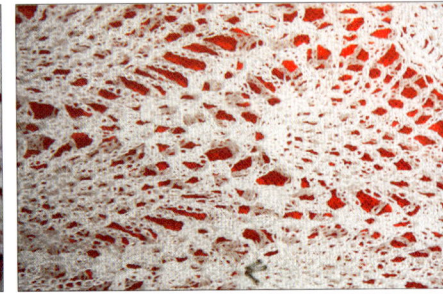

367
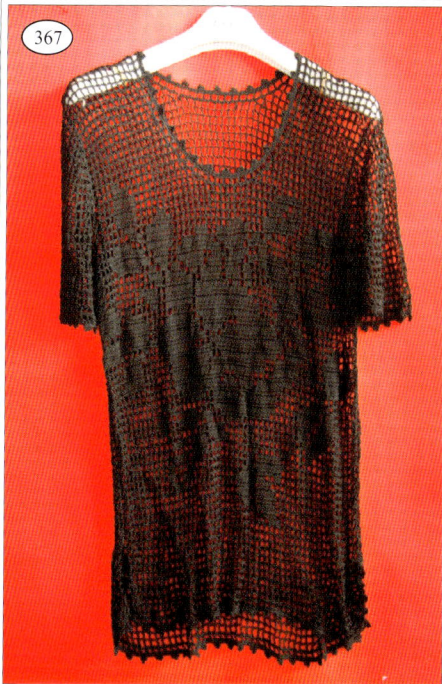

368

369
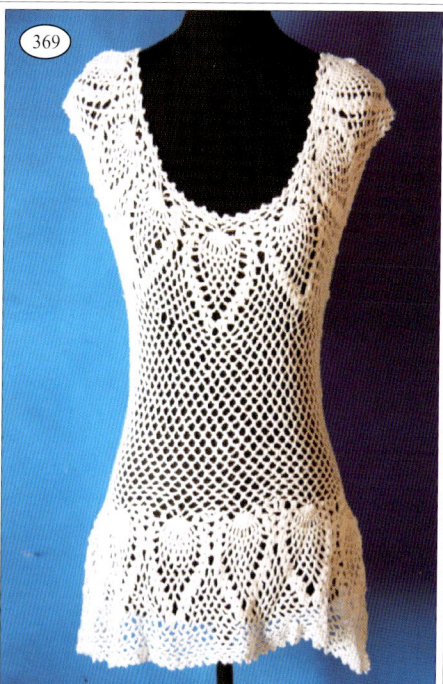

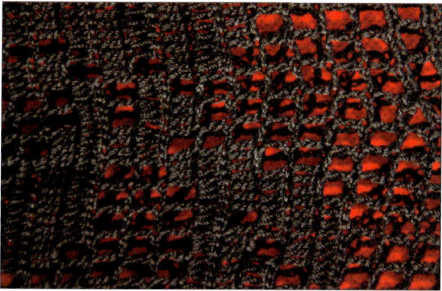

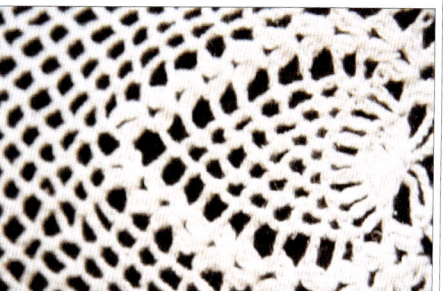

370
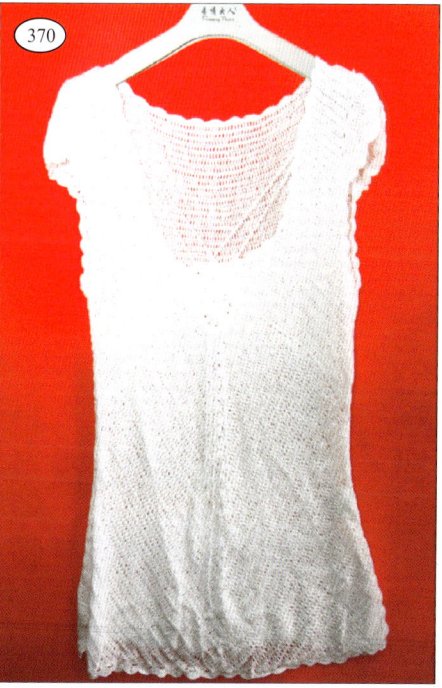

371

372

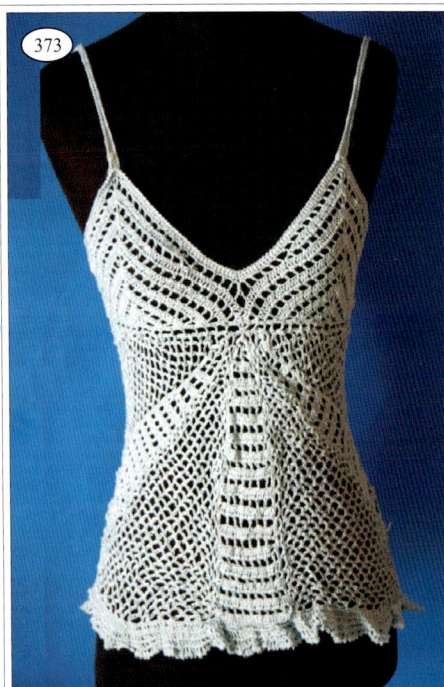

373

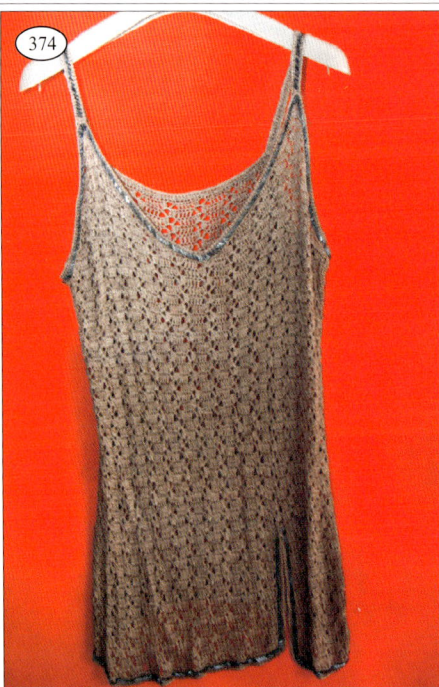

374

375

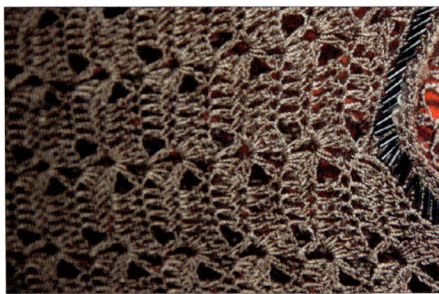

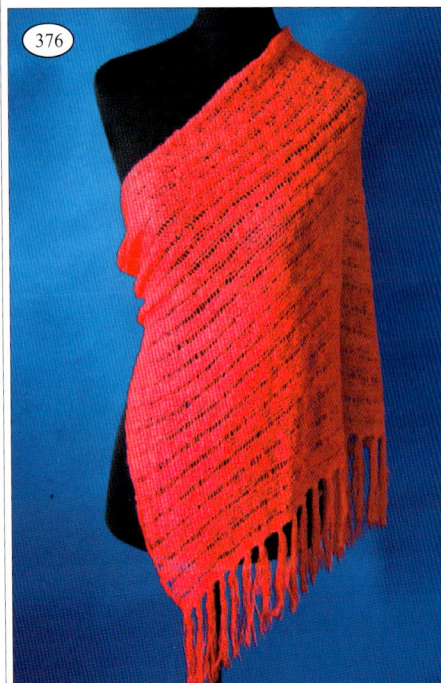

376

377

378

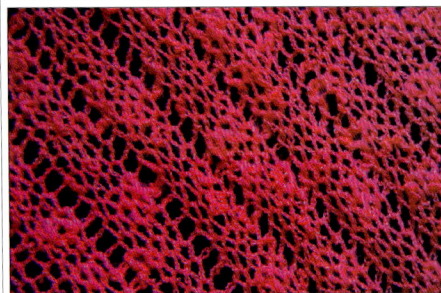

379

380

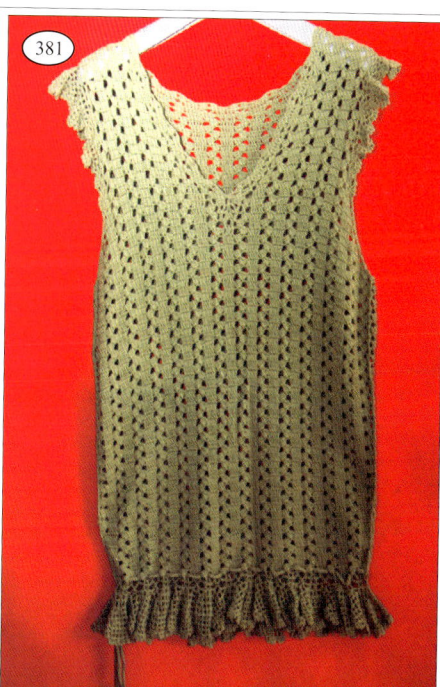

381

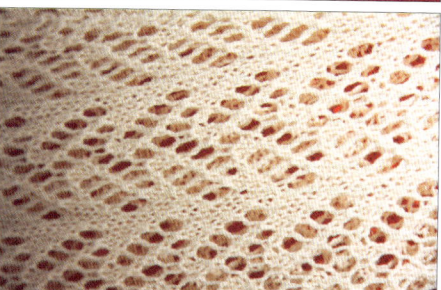

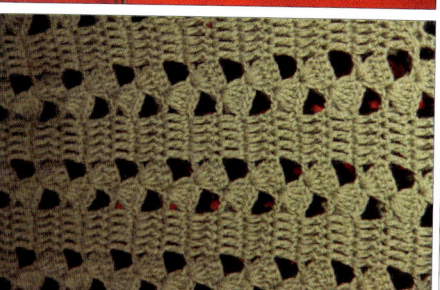

382

383

384

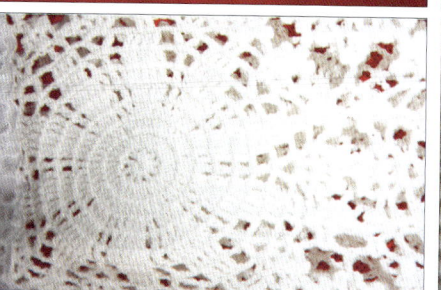

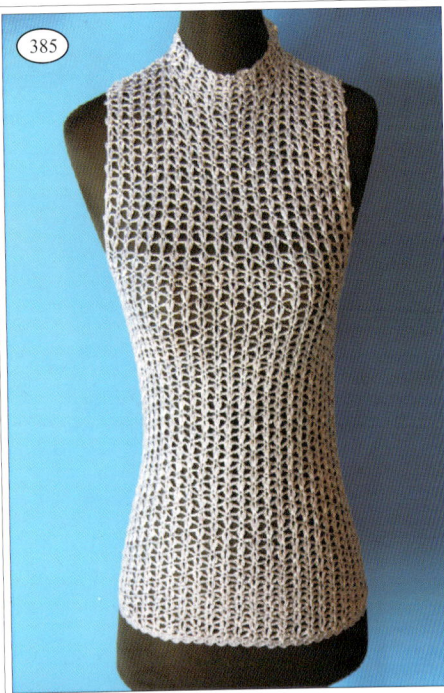

385

386

387

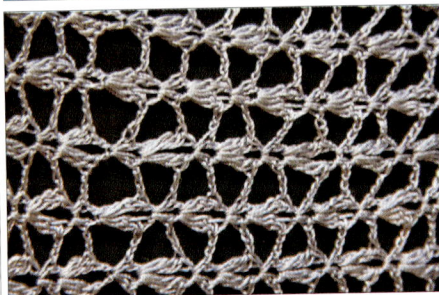

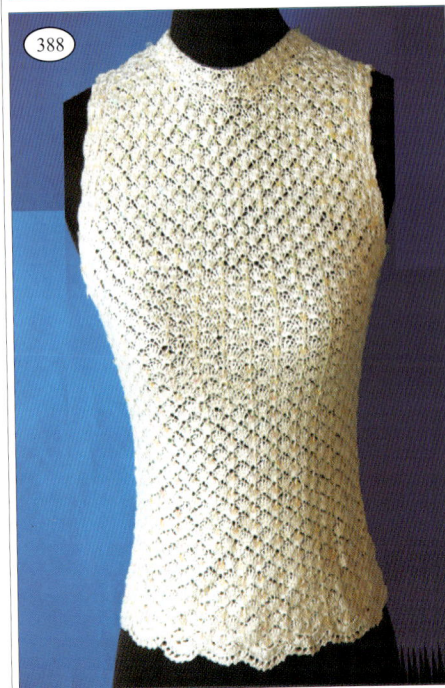

388

389

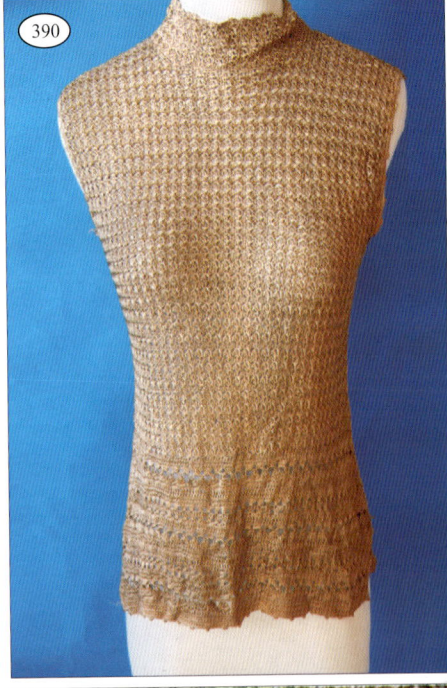

390

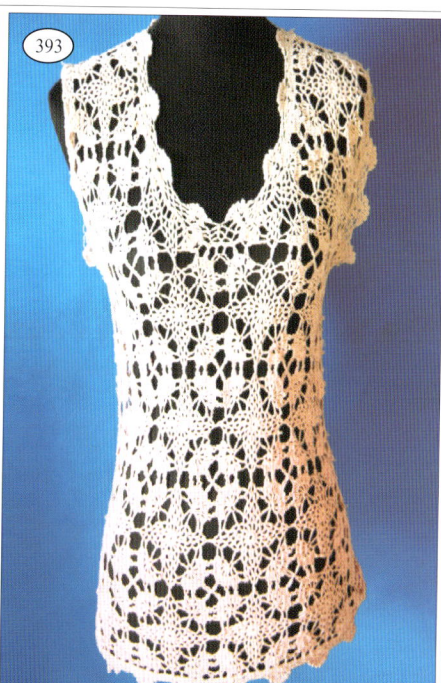

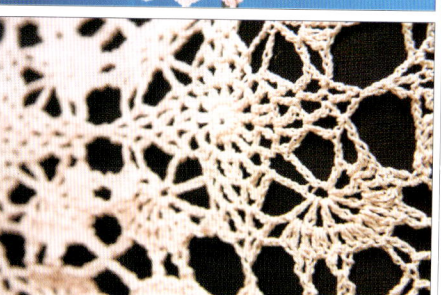

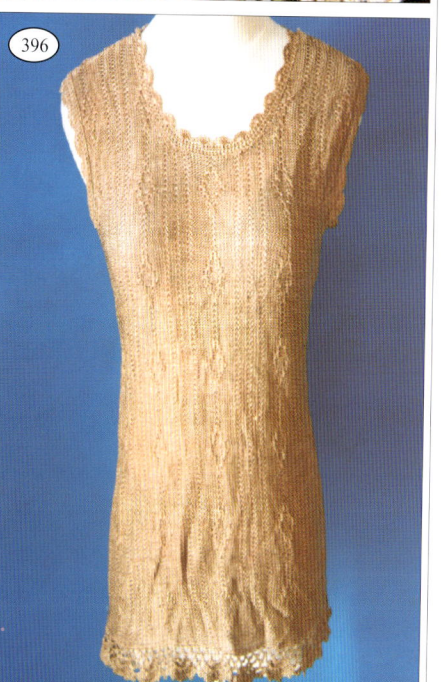

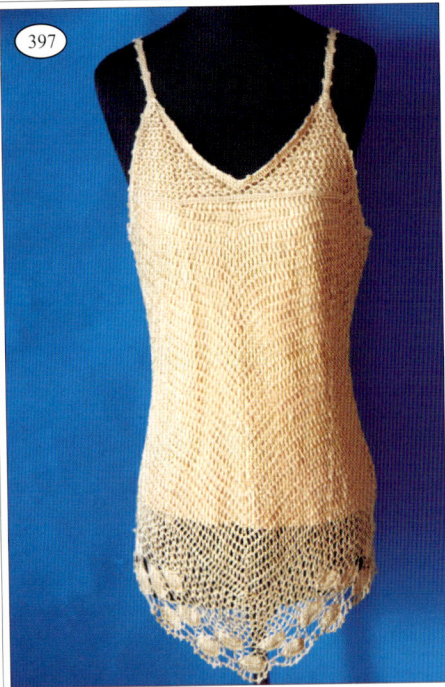

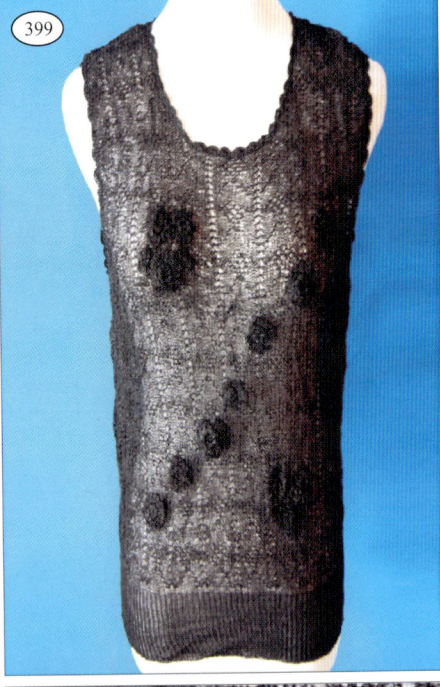

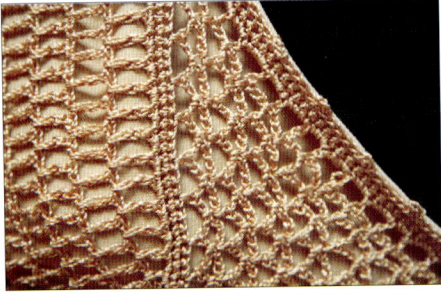

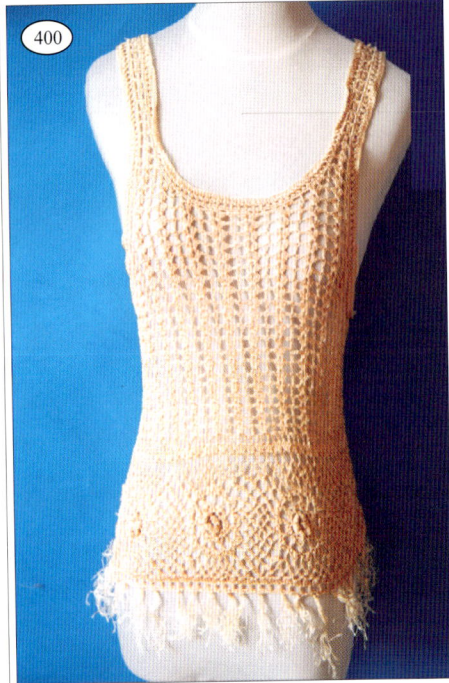

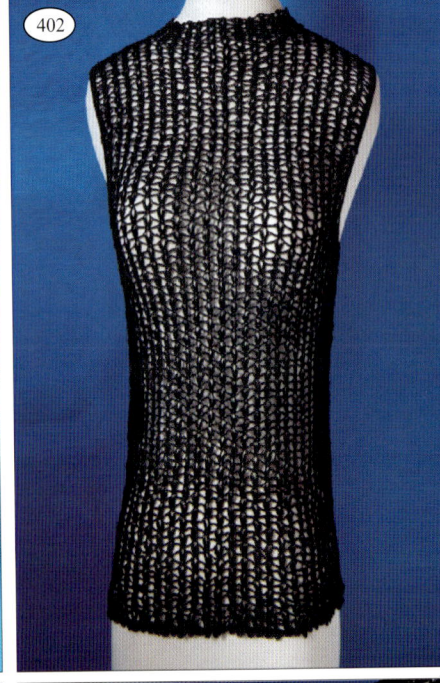

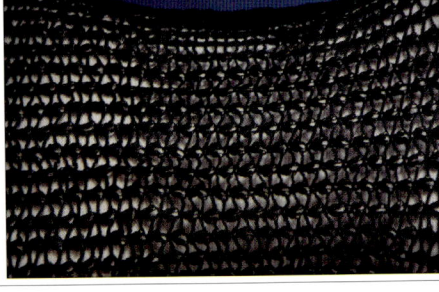

403

404

405

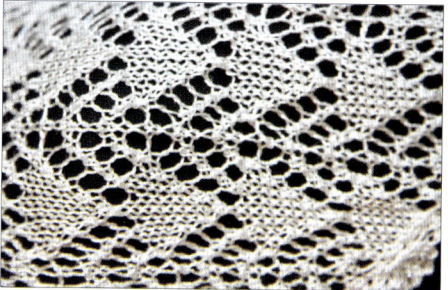

406

407

408

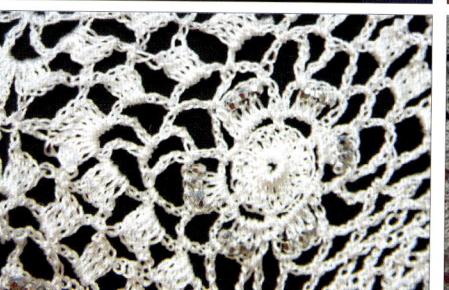

409

410

411

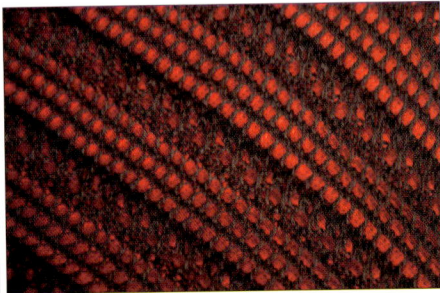

412

413

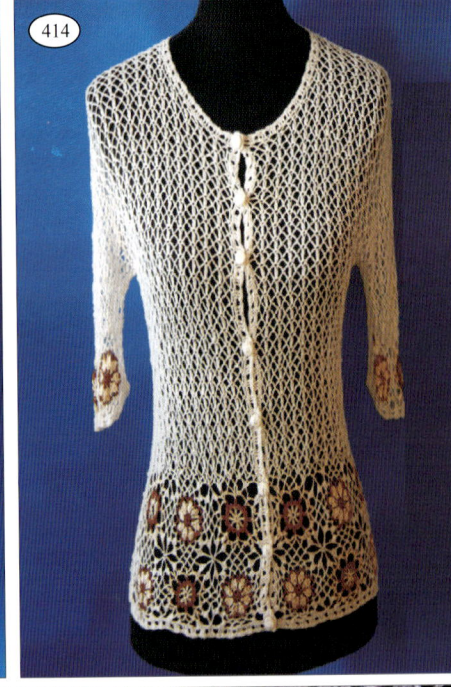

414

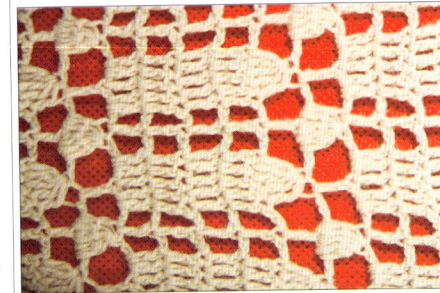

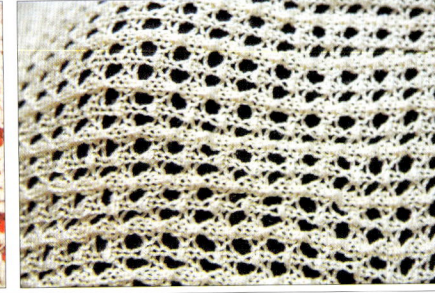

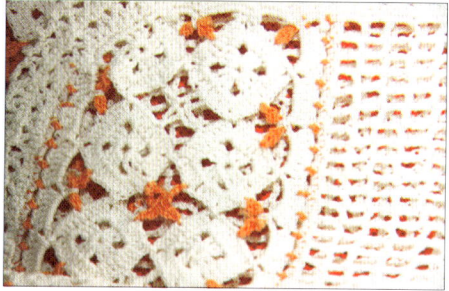

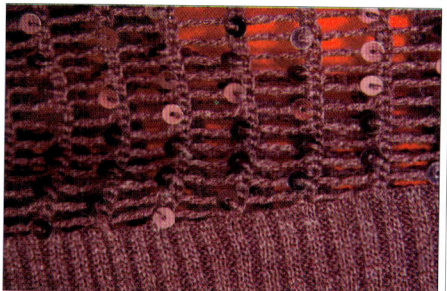

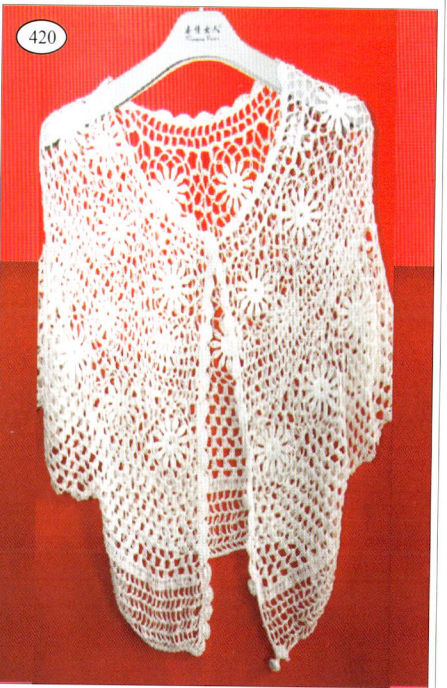

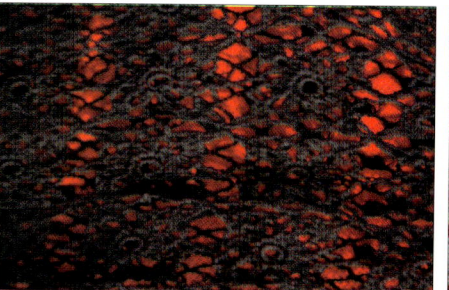

421

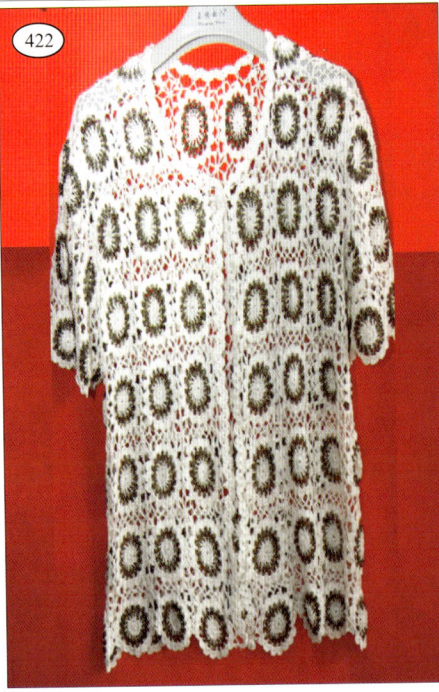

422

423

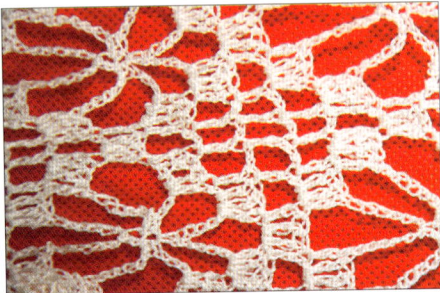

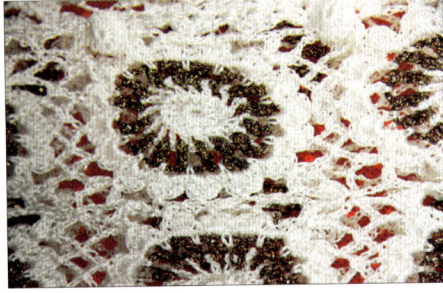

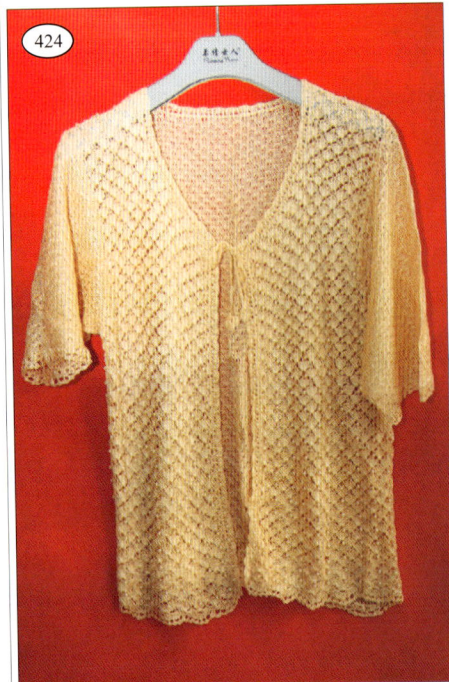

424

425

426

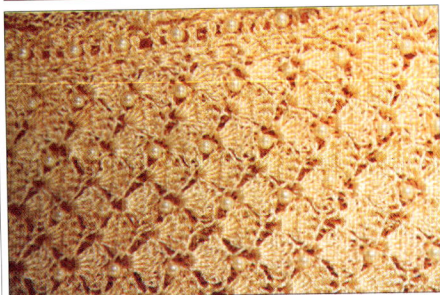

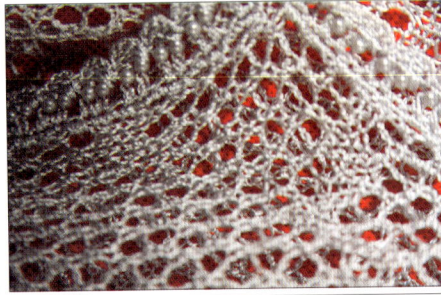

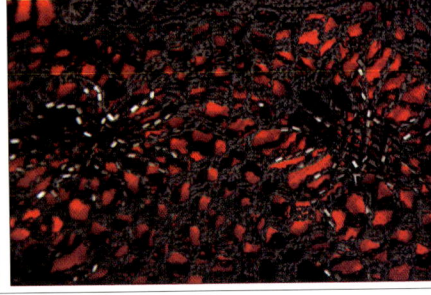

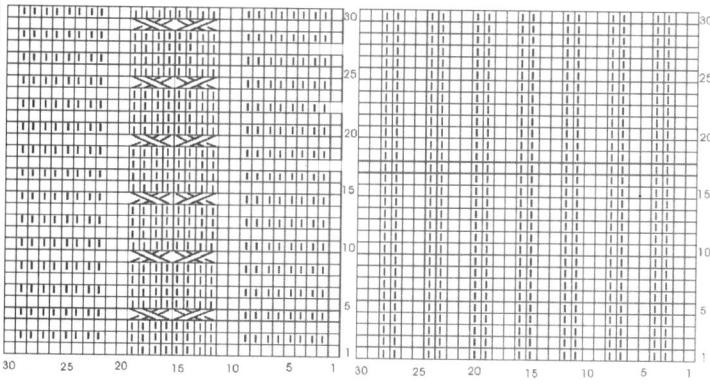
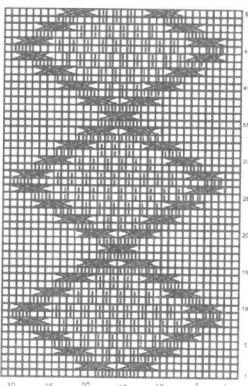

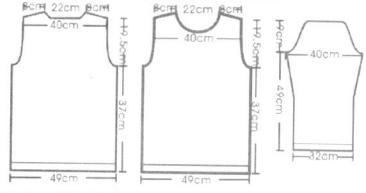

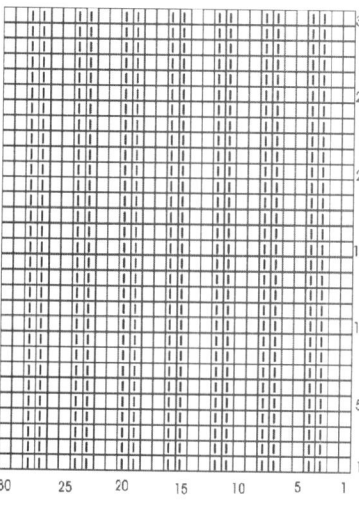
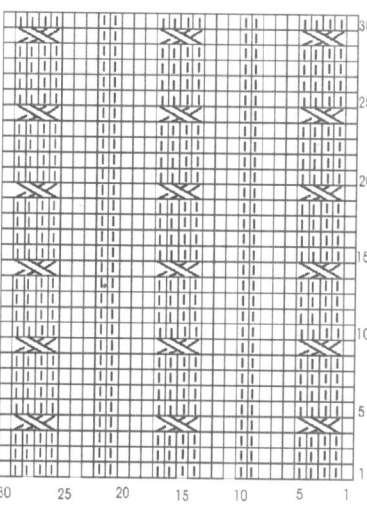
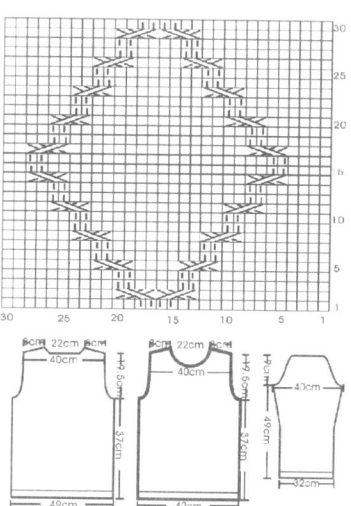

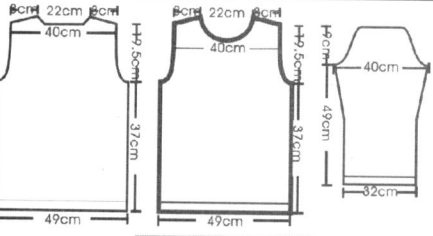

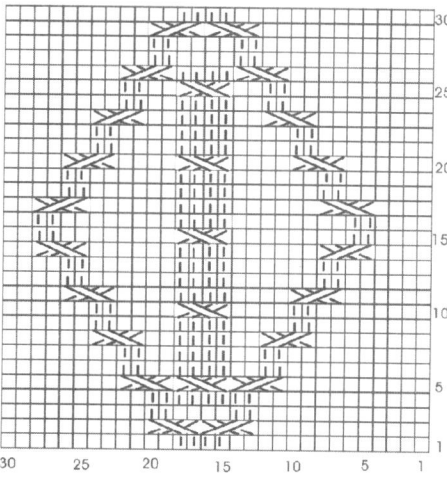
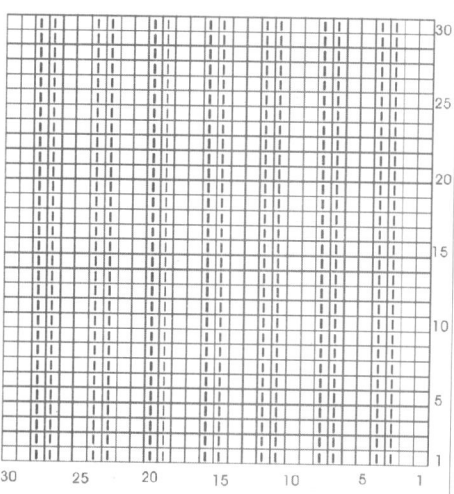

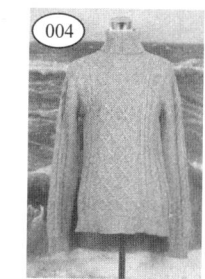
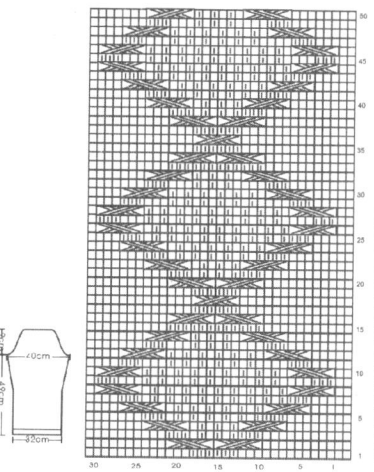
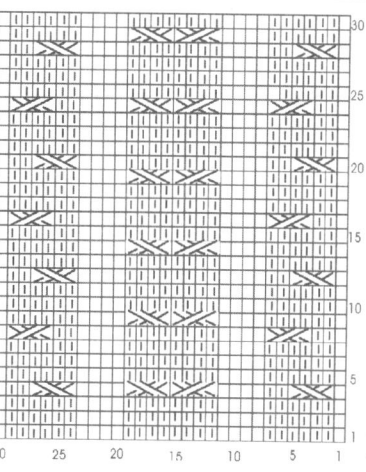
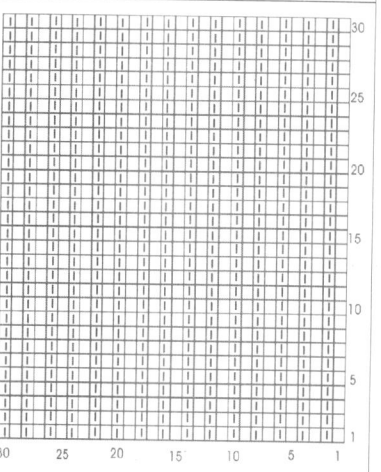
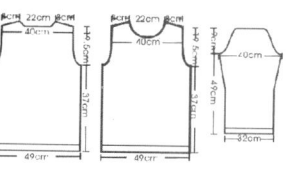

005

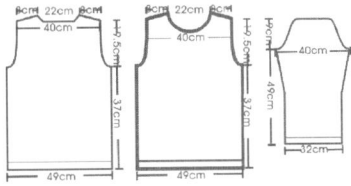

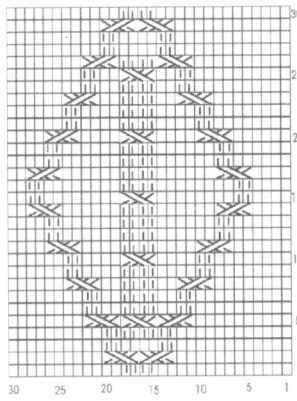

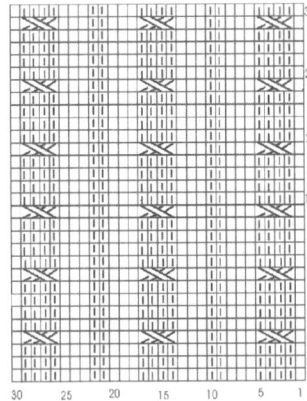

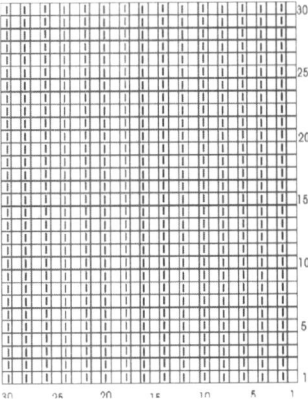

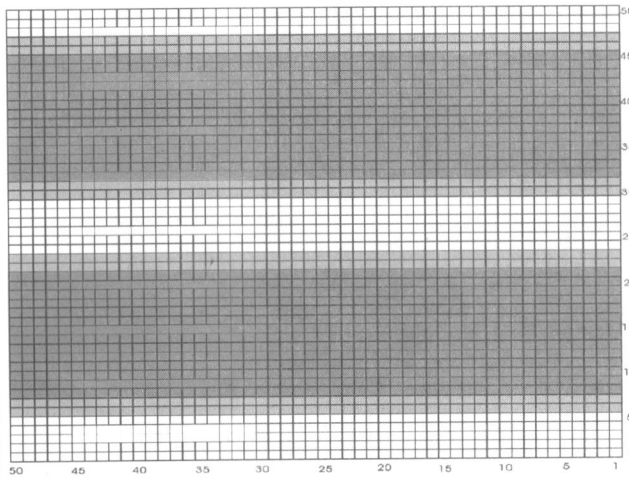

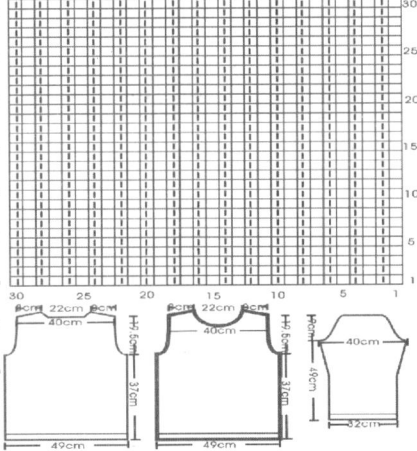

006

007

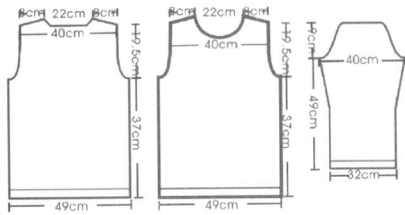

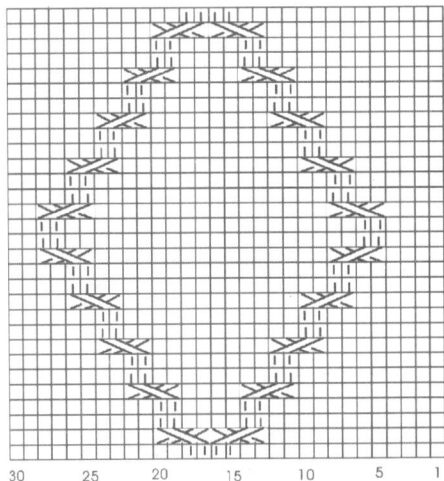

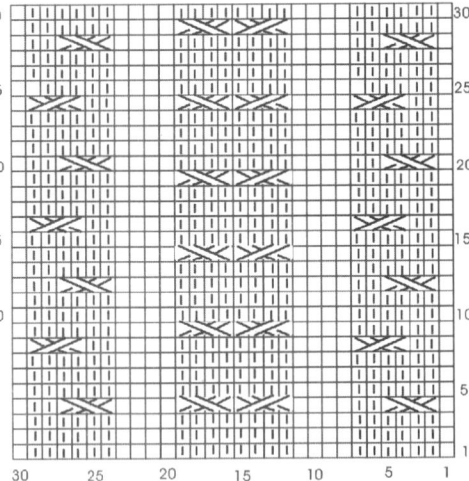

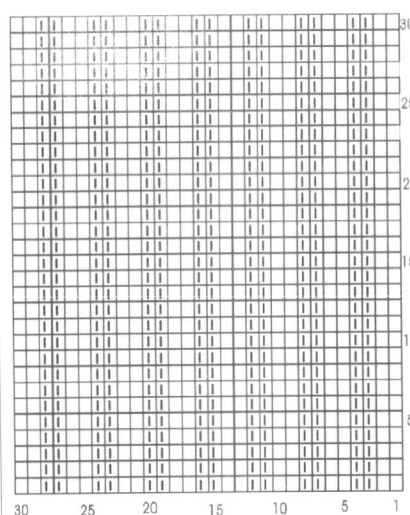

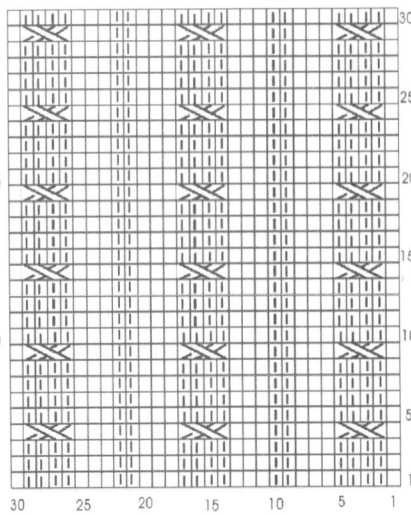

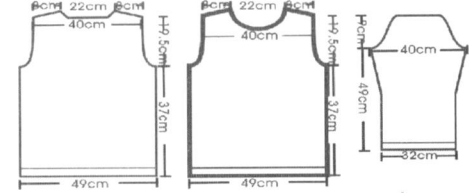

008

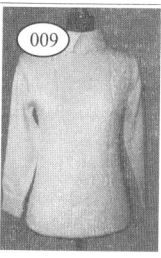

009

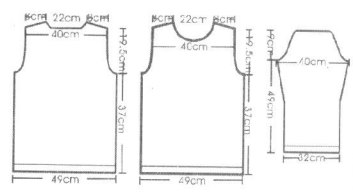

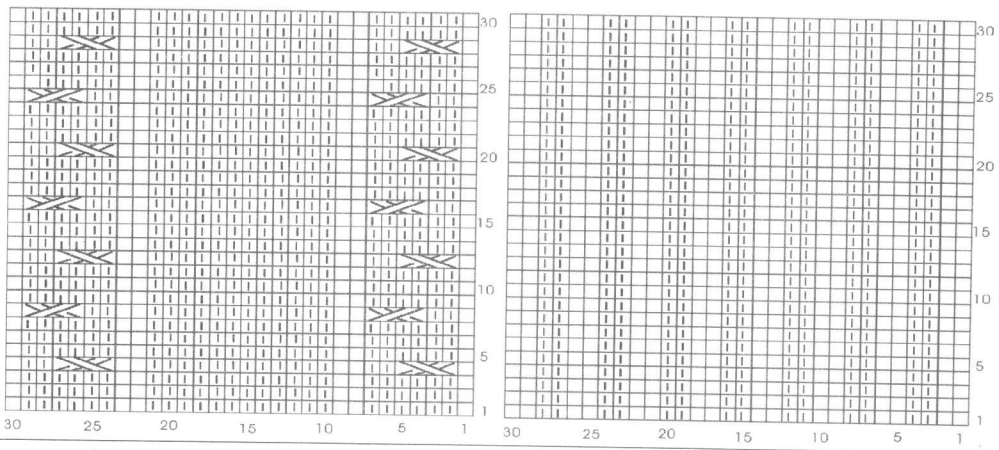

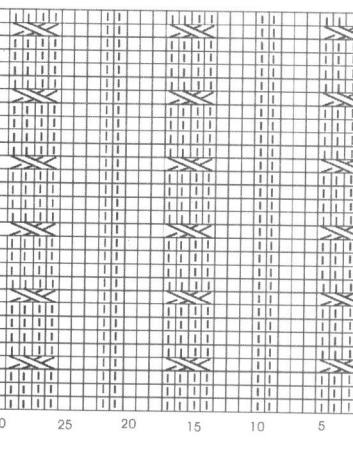

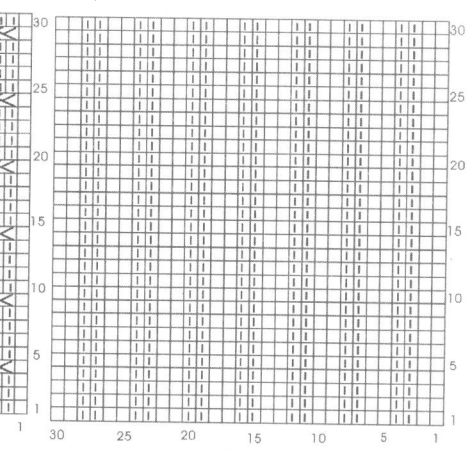

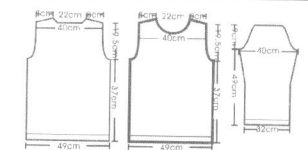

010

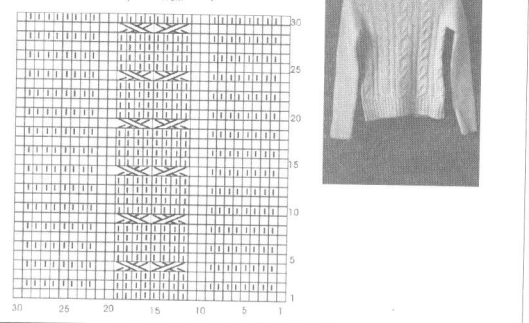

011

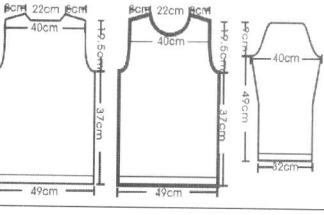

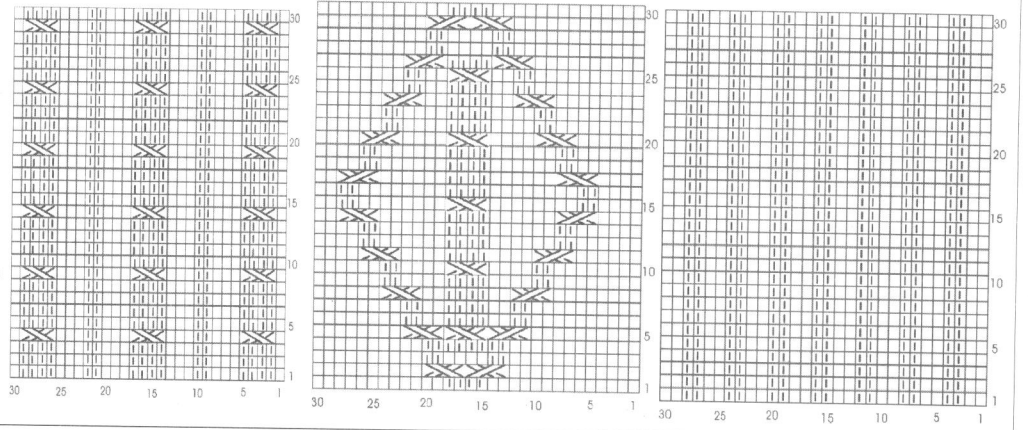

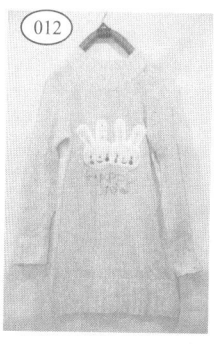

012

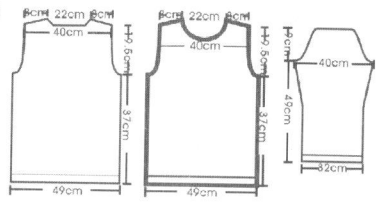

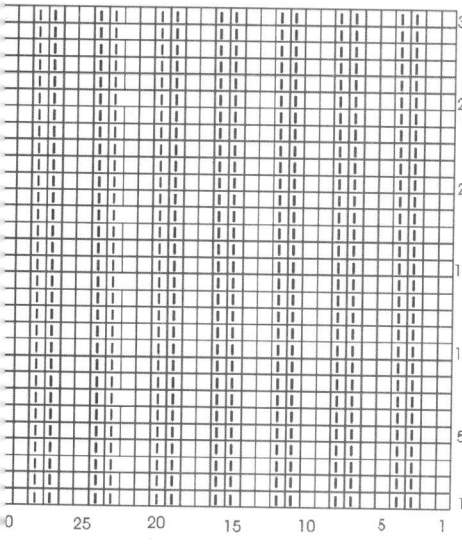

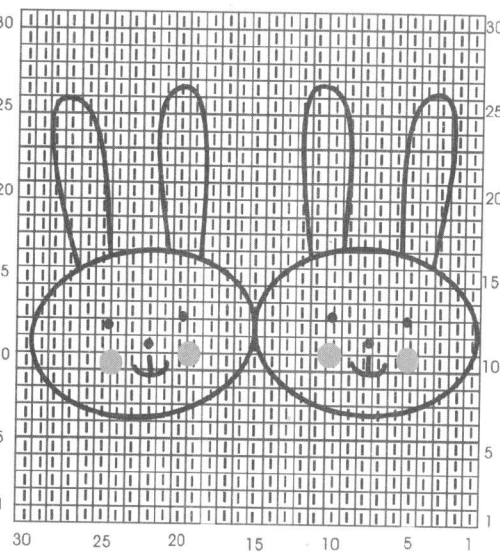

013

014

015

016

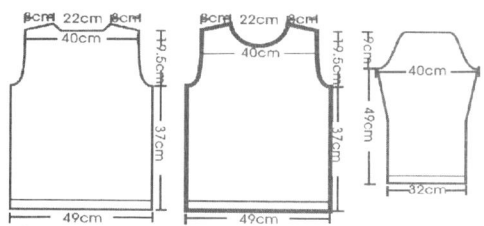

017

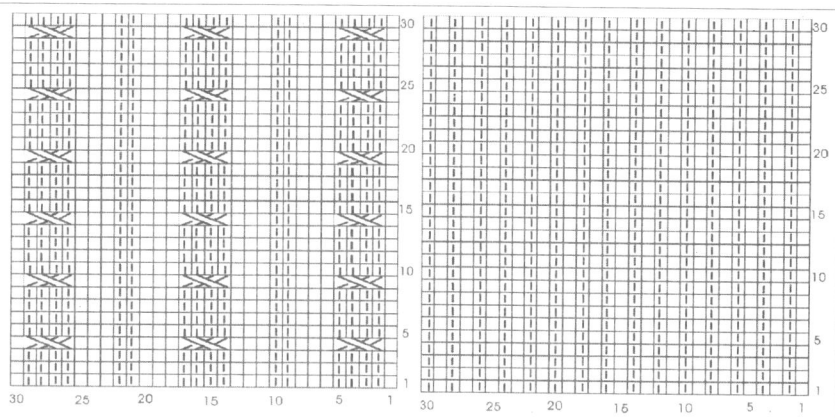

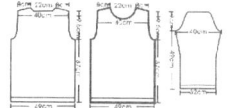

8cm 22cm 8cm
40cm
37cm
49cm

8cm 22cm 8cm
40cm
37cm
49cm

40cm
49cm
32cm

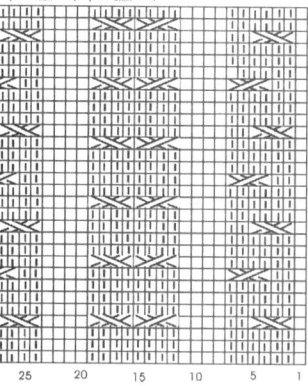

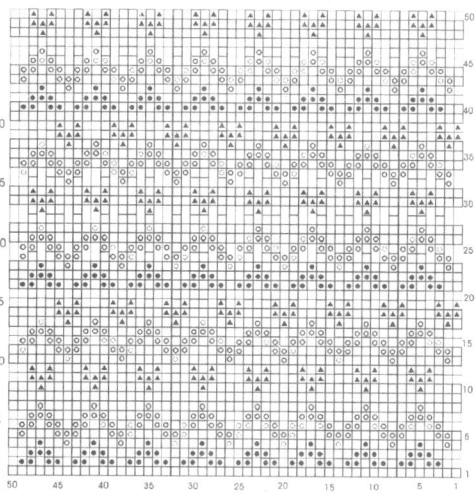

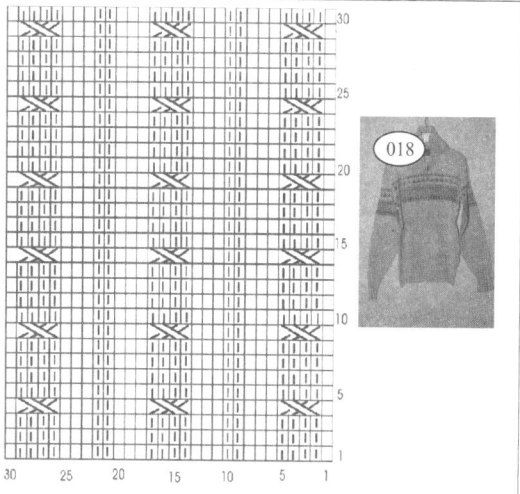

018

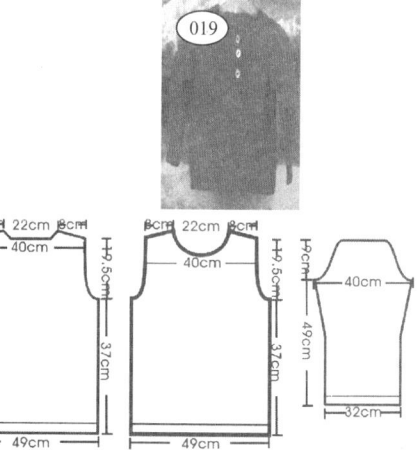

019

8cm 22cm 8cm
40cm
37cm
49cm

8cm 22cm 8cm
40cm
37cm
49cm

40cm
49cm
32cm

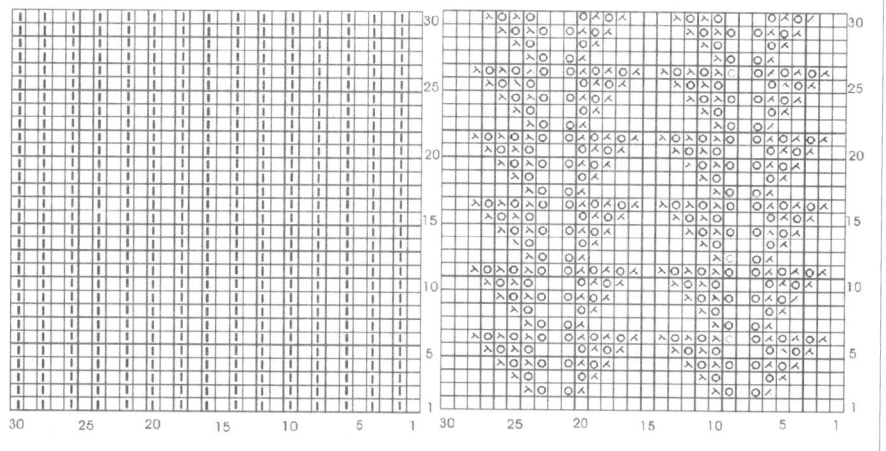

020

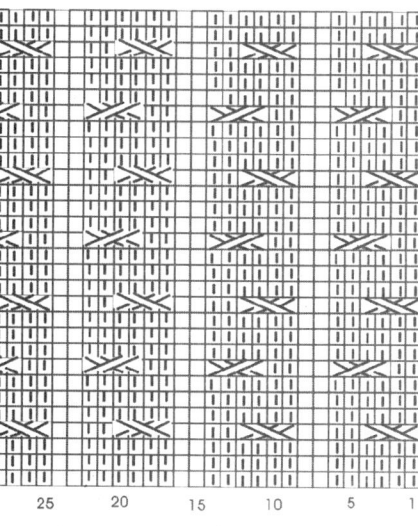

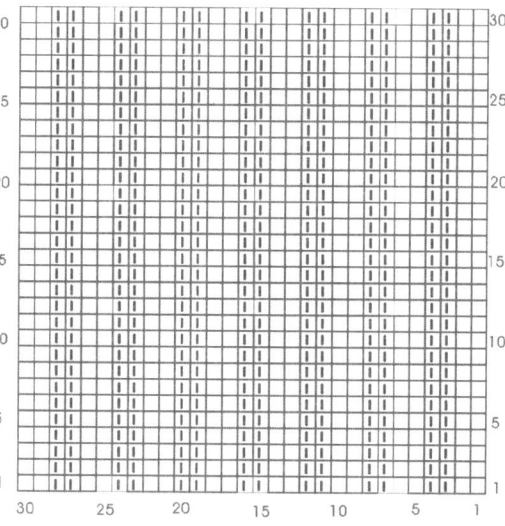

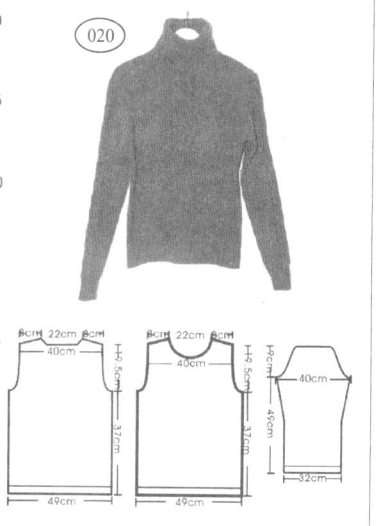

8cm 22cm 8cm
40cm
37cm
49cm

8cm 22cm 8cm
40cm
37cm
49cm

40cm
32cm

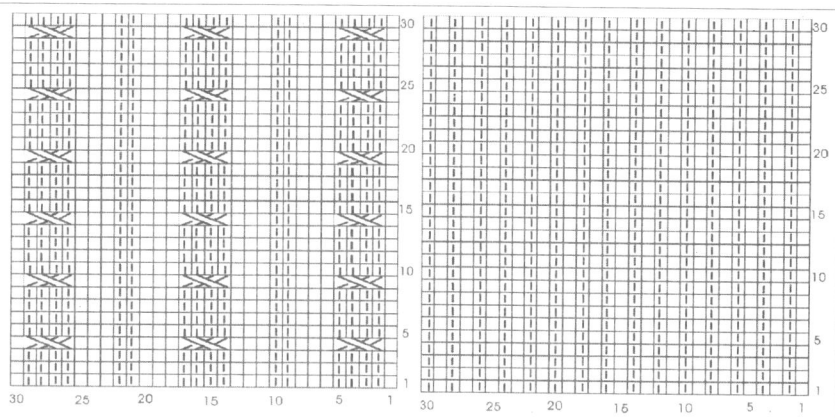

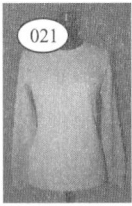

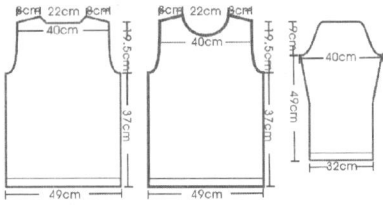

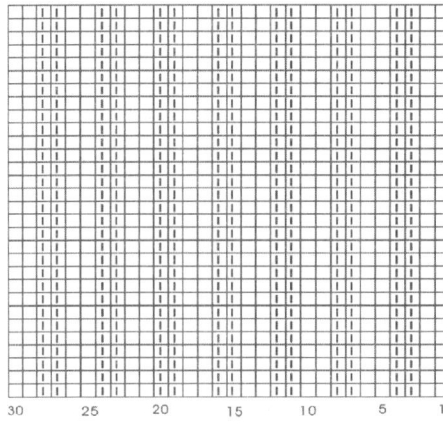

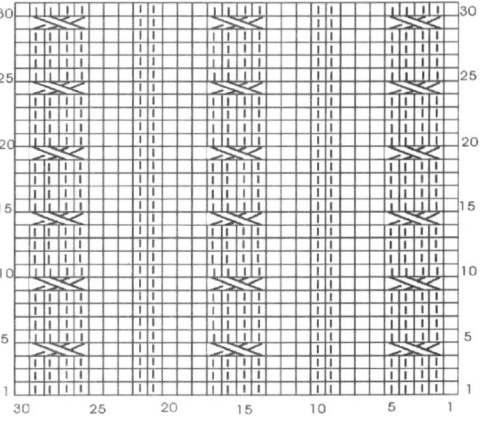

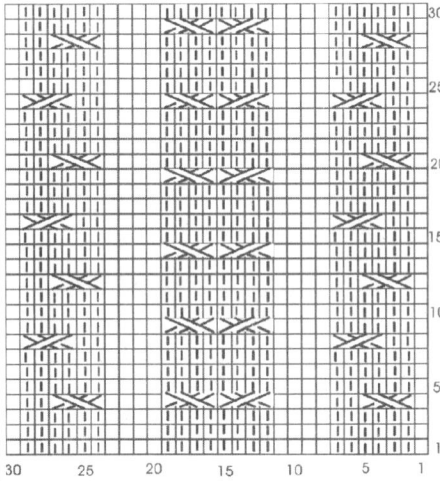

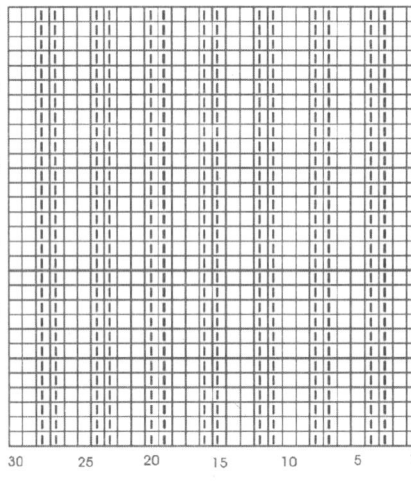

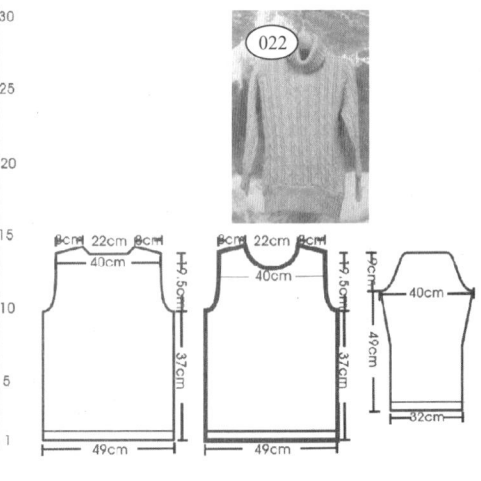

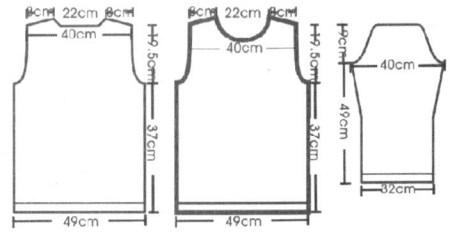

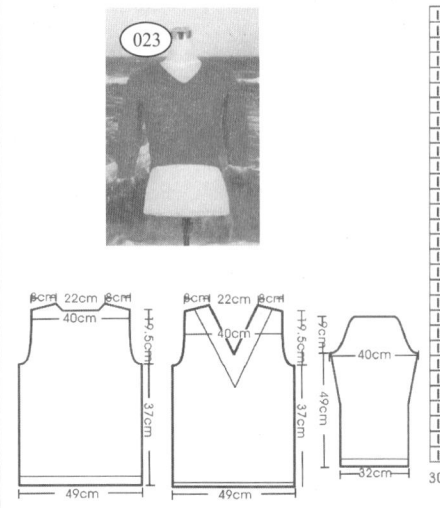

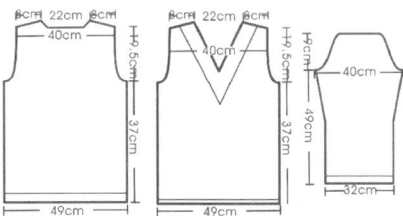

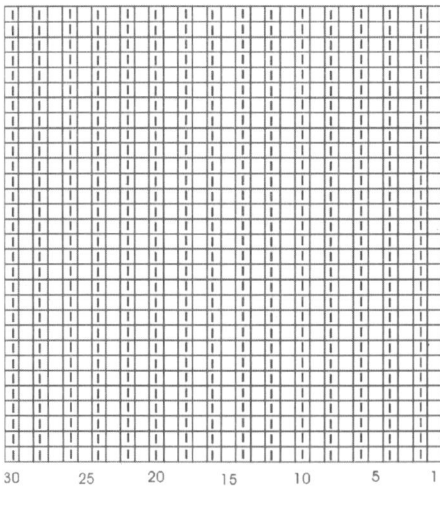

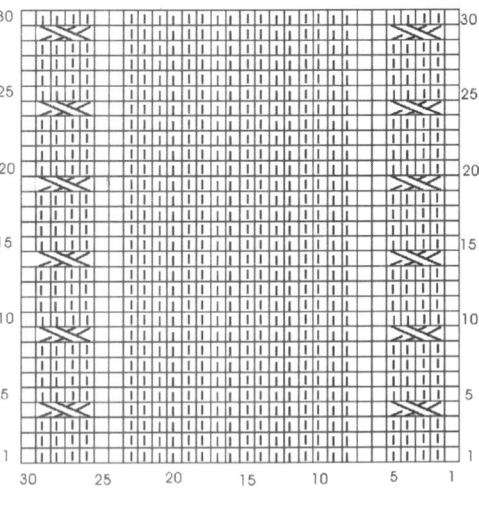

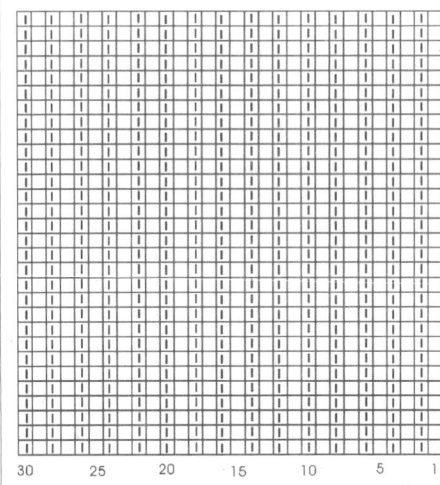

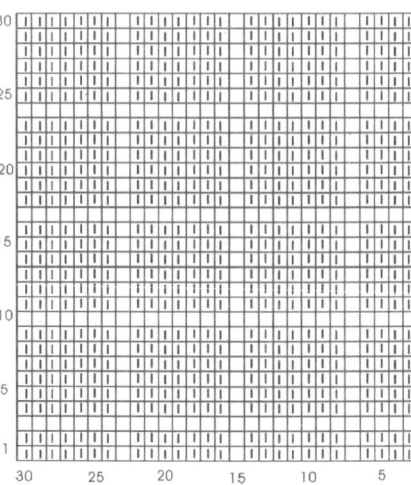

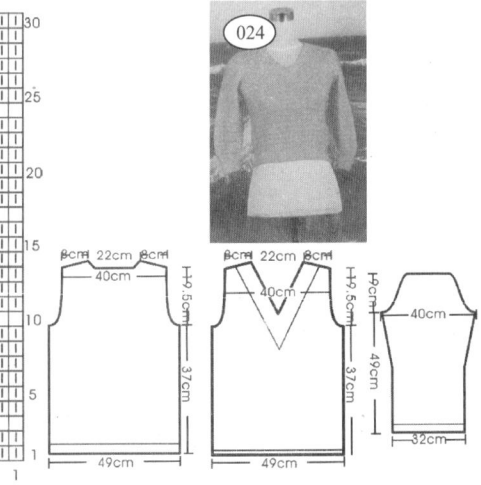

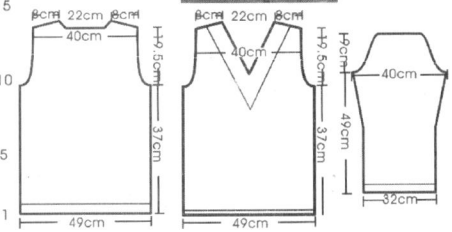

025

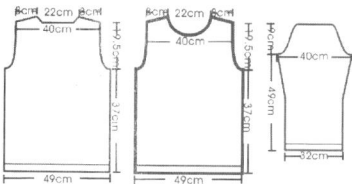

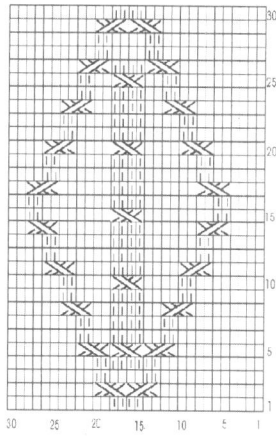

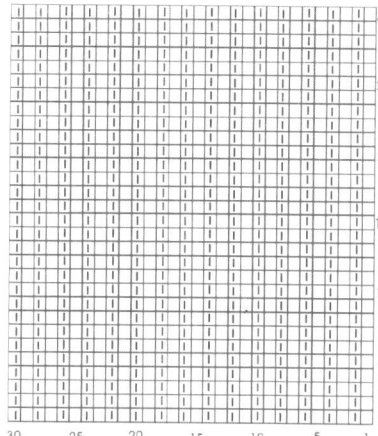

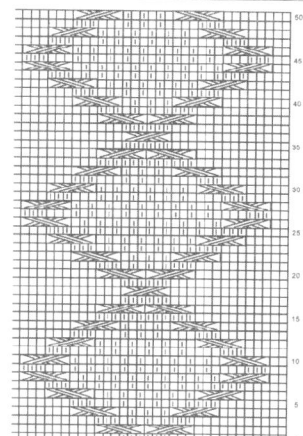

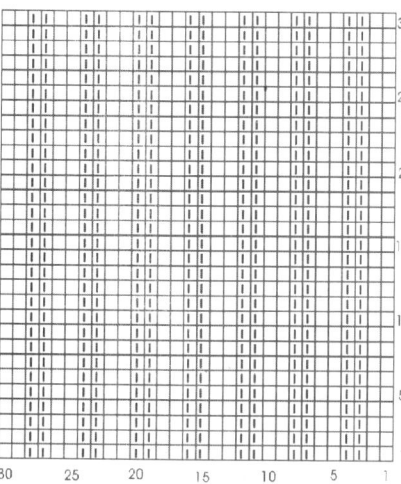

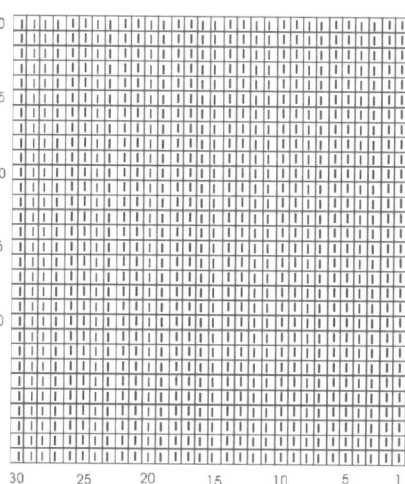

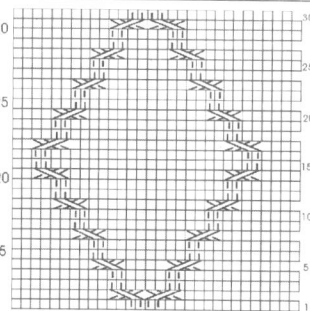

026

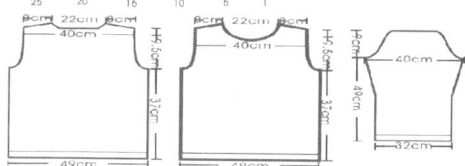

027

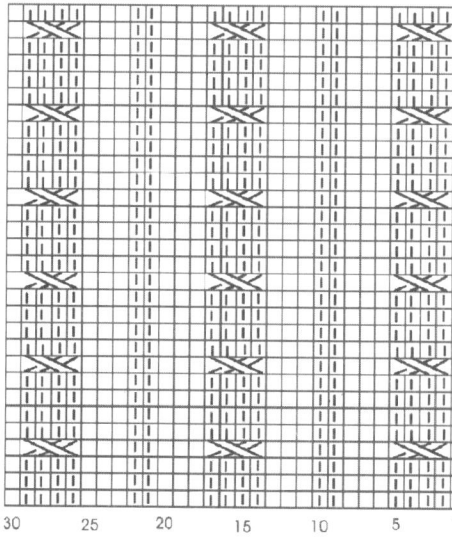

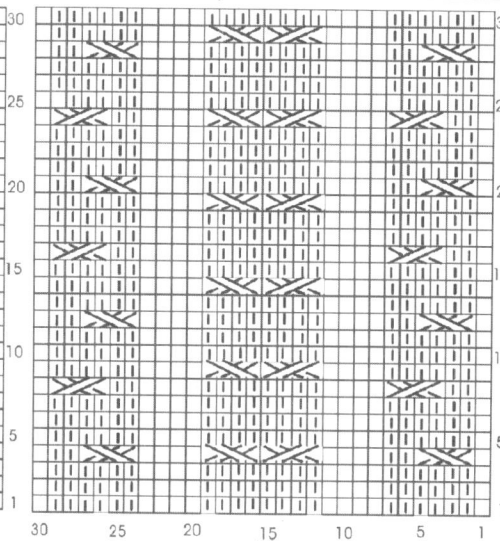

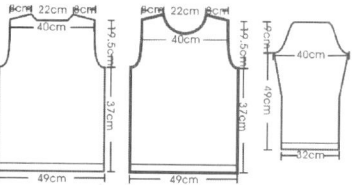

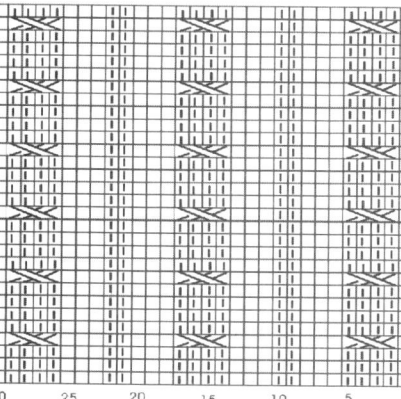

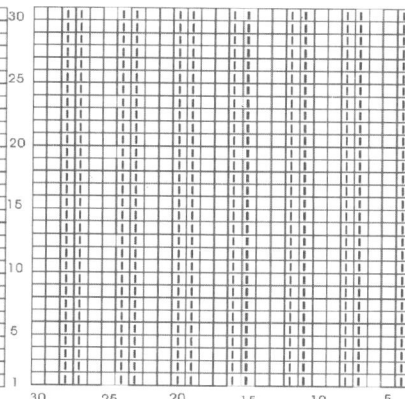

028

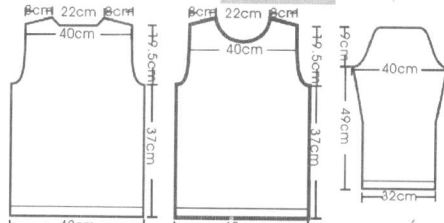

029

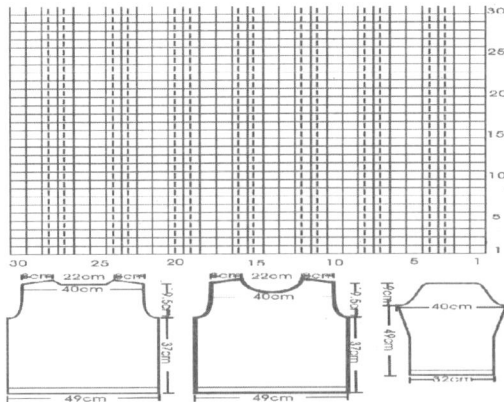

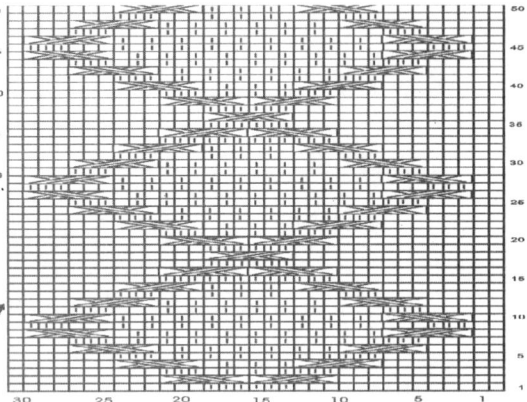

030

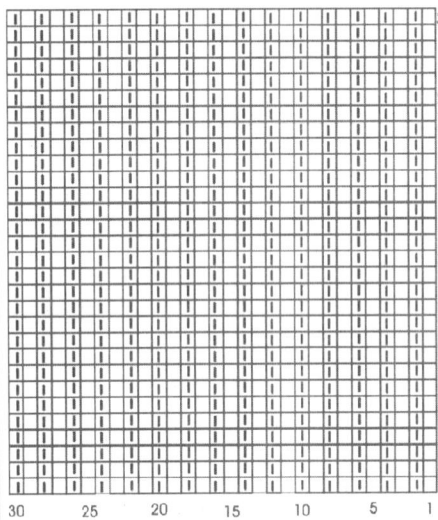

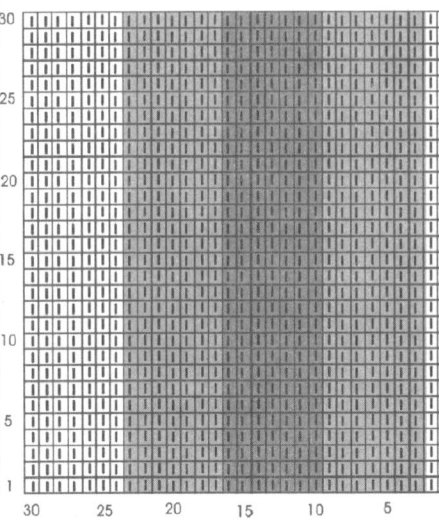

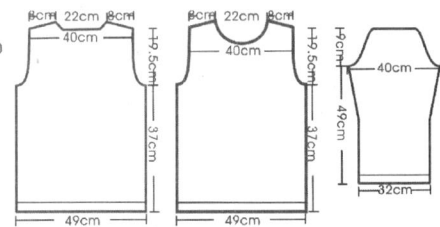

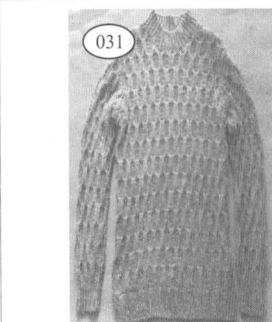

031

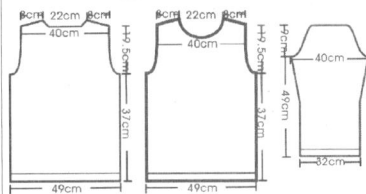

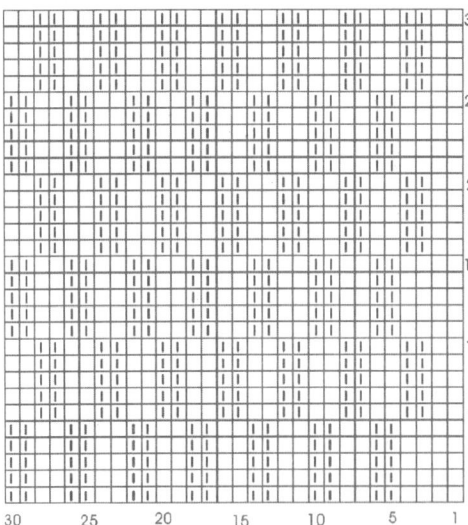

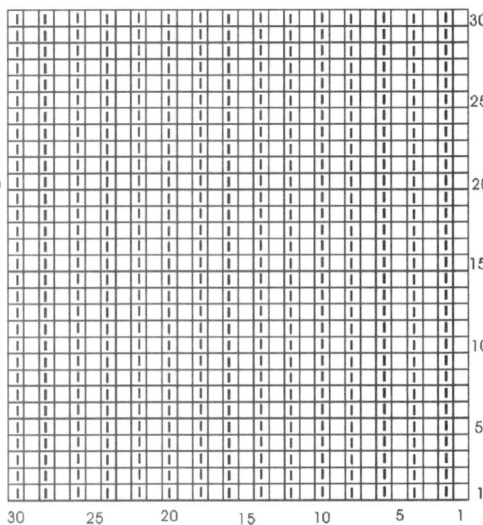

032

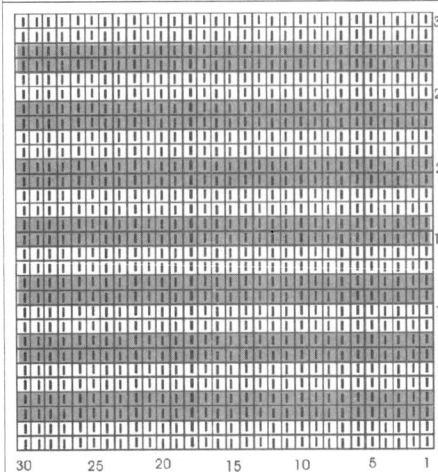

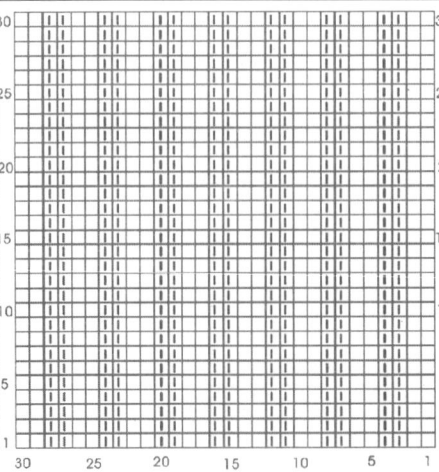

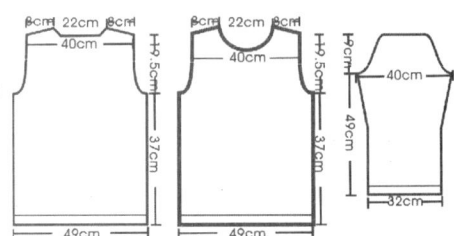

(033)

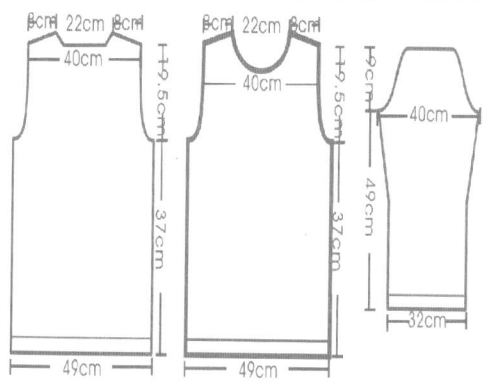

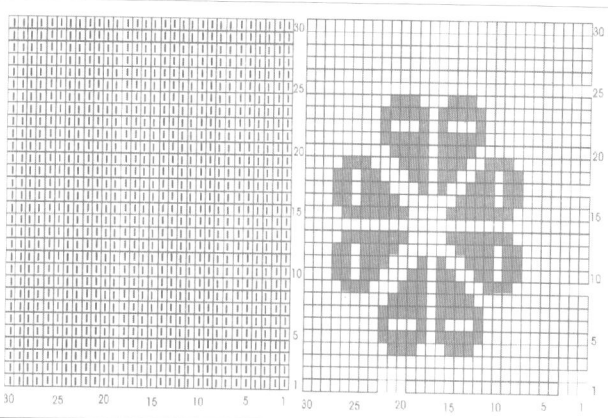

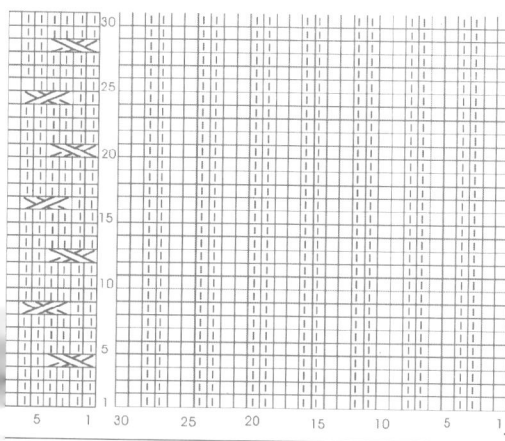

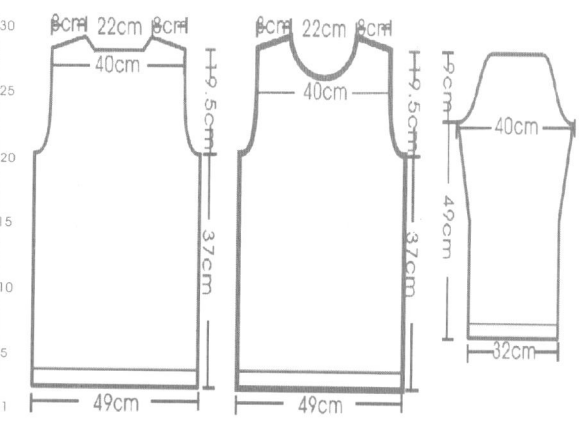

(034)

(035)

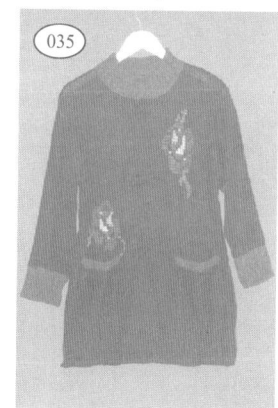

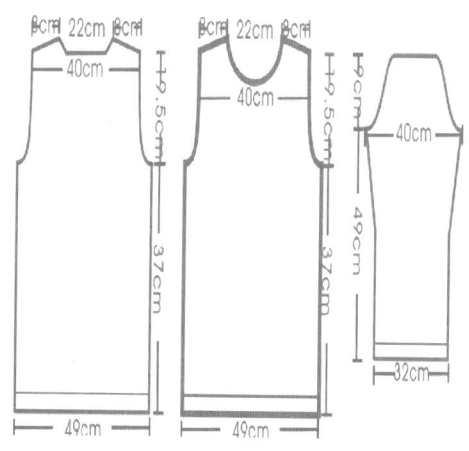

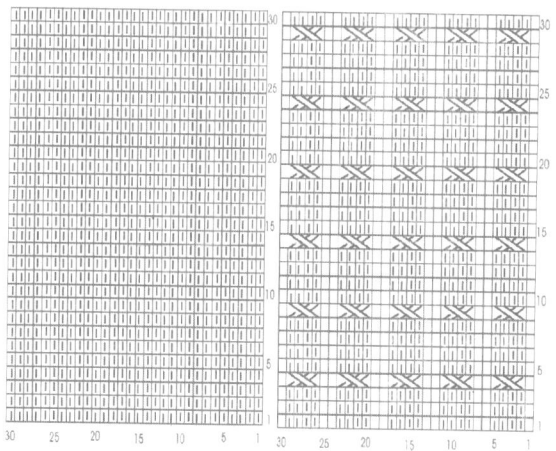

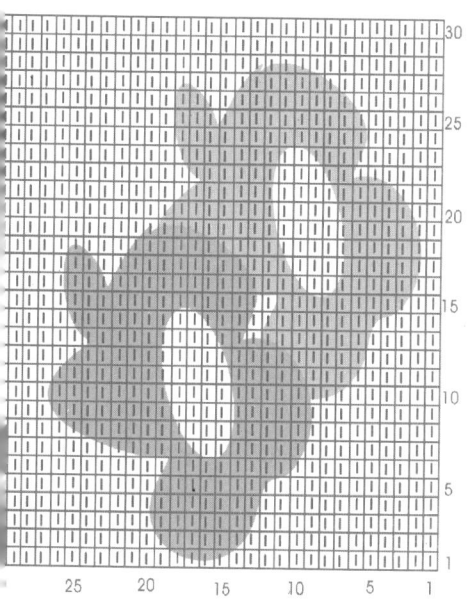

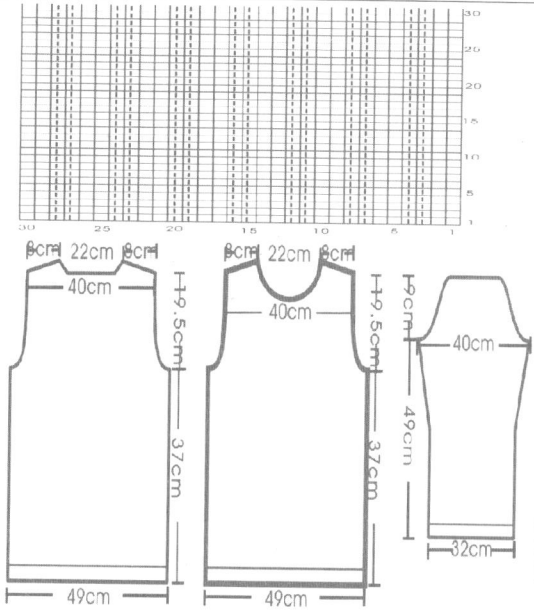

(0036)

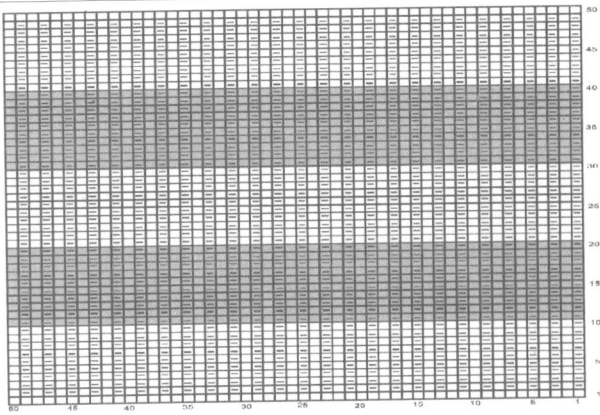
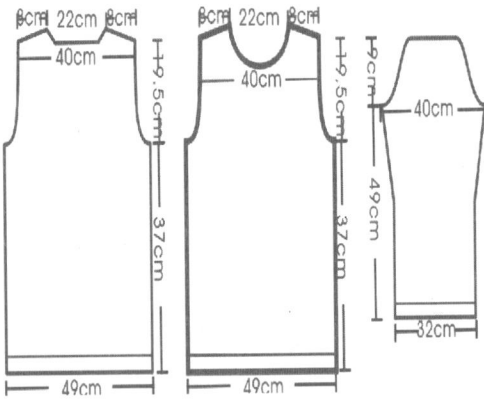

037

038

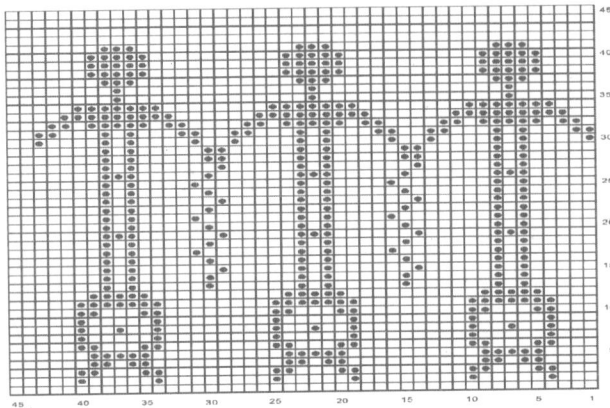
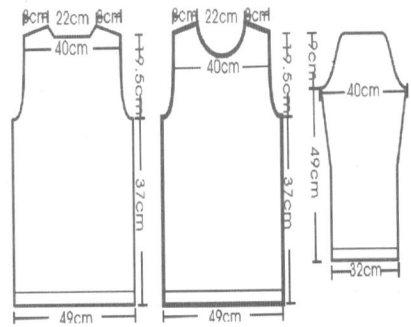

039

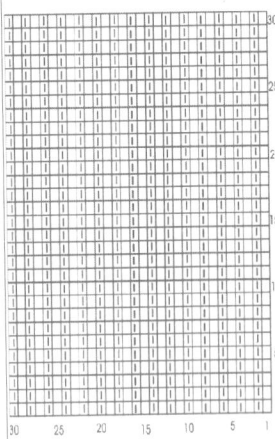
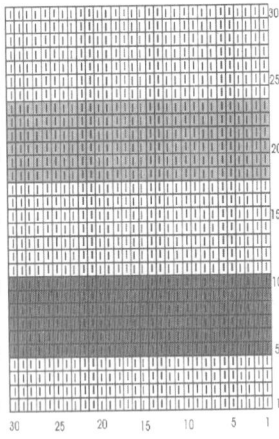
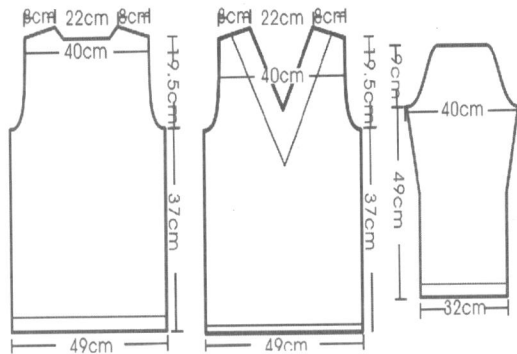

花样A

花样B

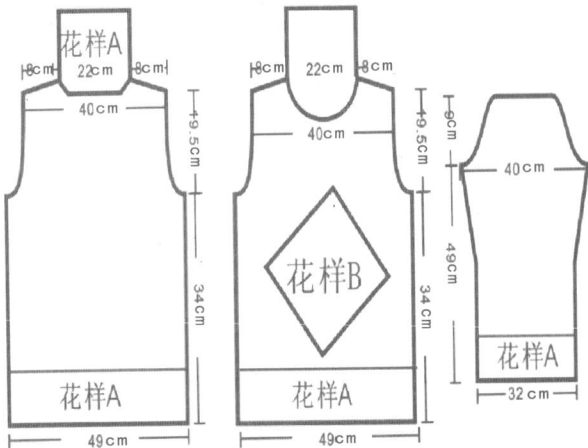

花样A
花样B
花样A
花样A

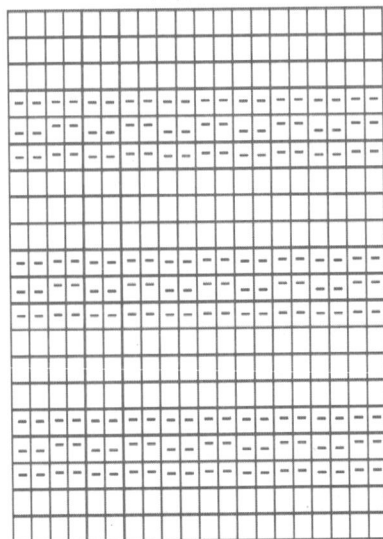
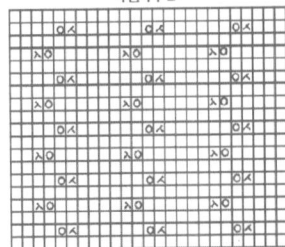

040

041

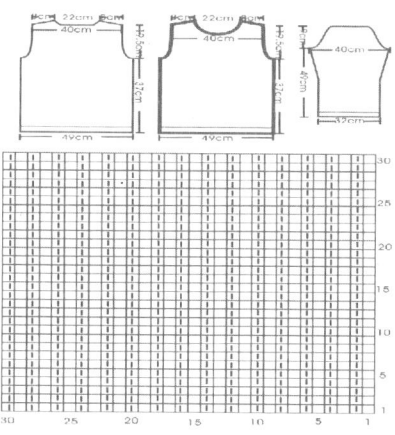

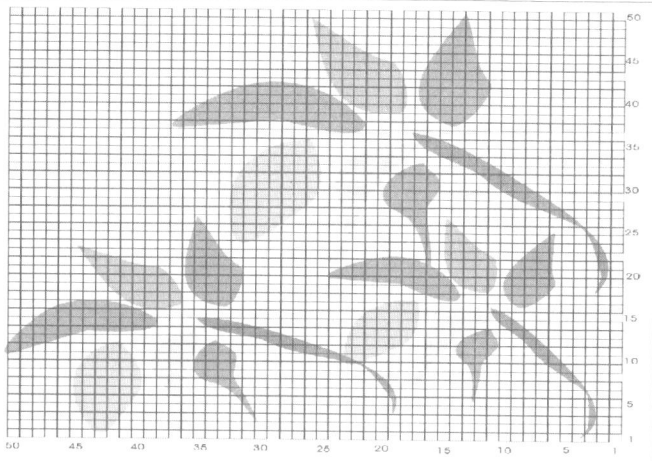

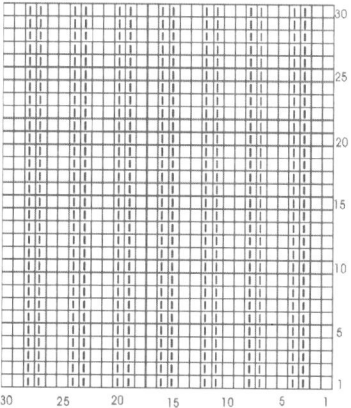

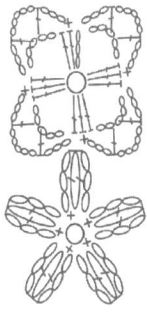

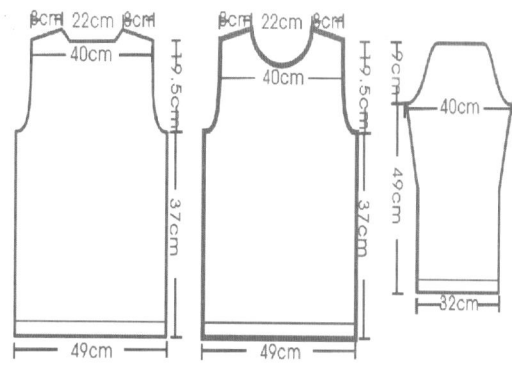

042

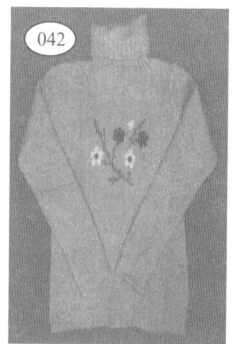

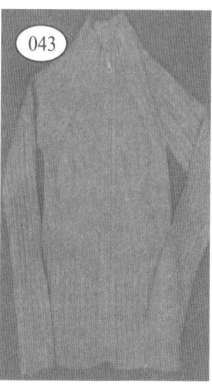

043

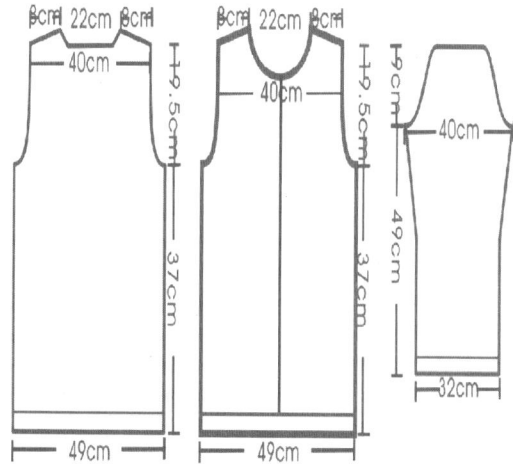

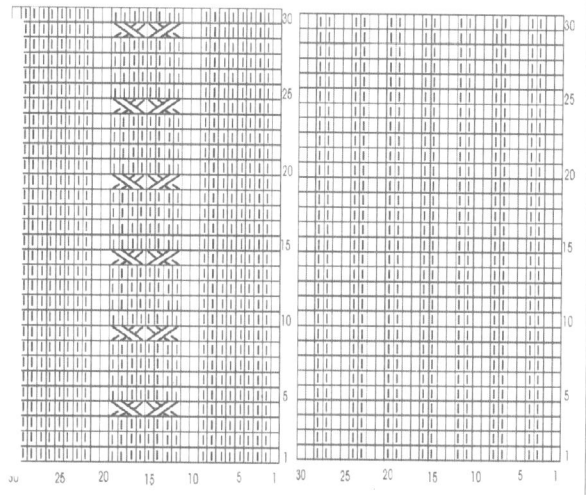

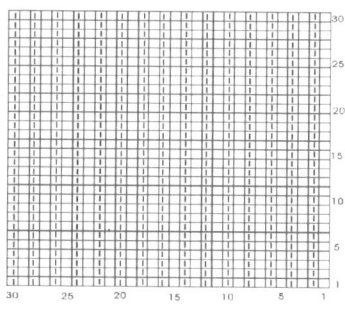

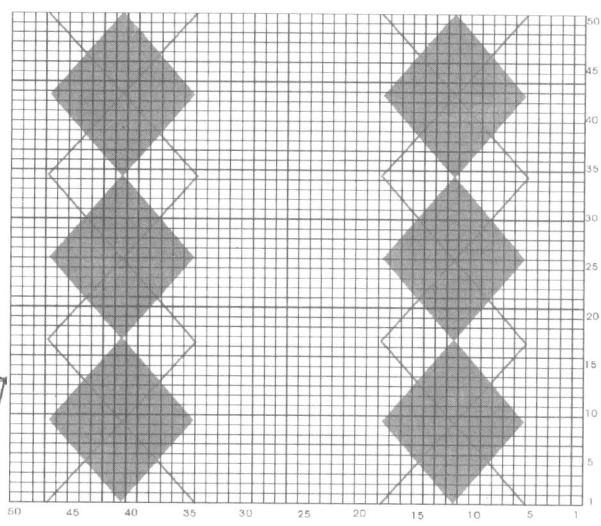

044

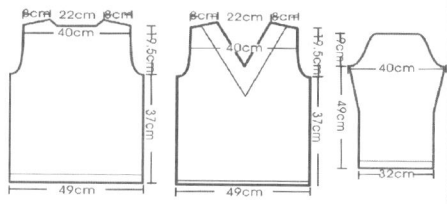

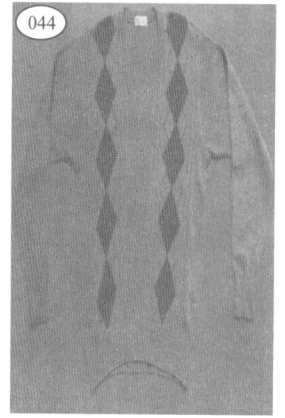

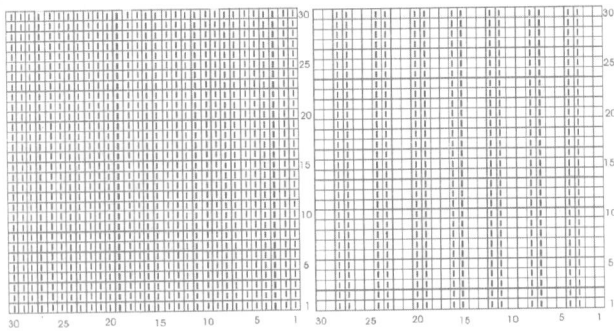

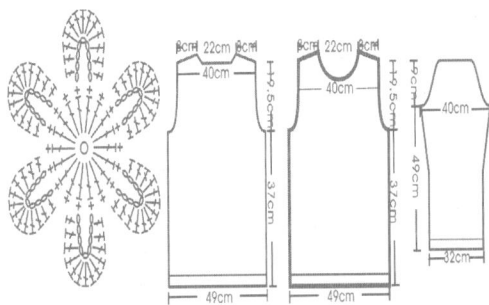

045

046

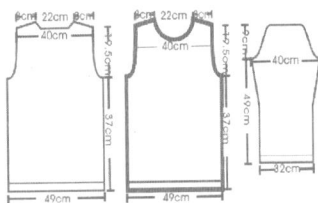

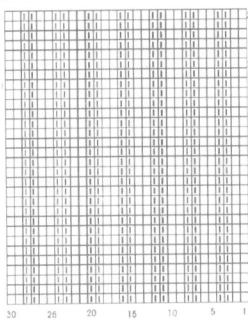

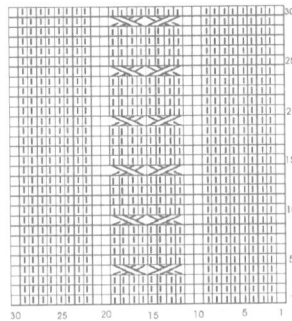

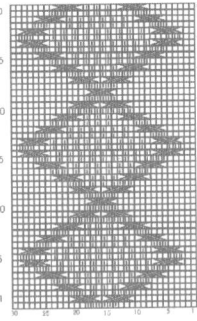

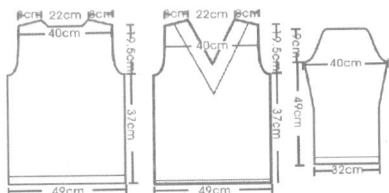

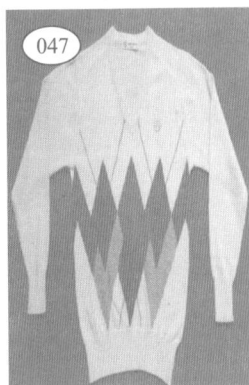

047

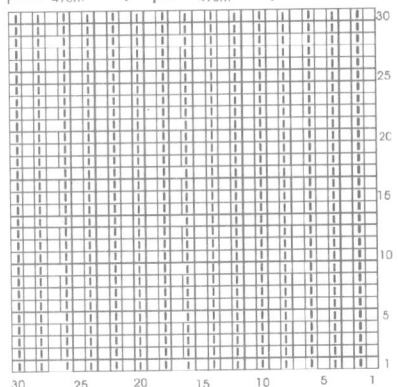

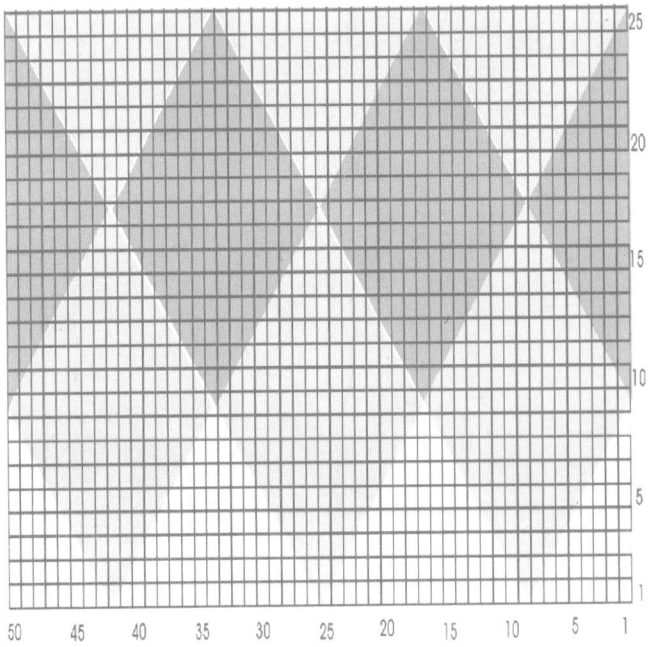

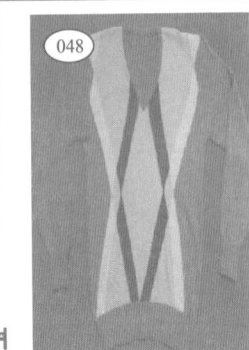

048

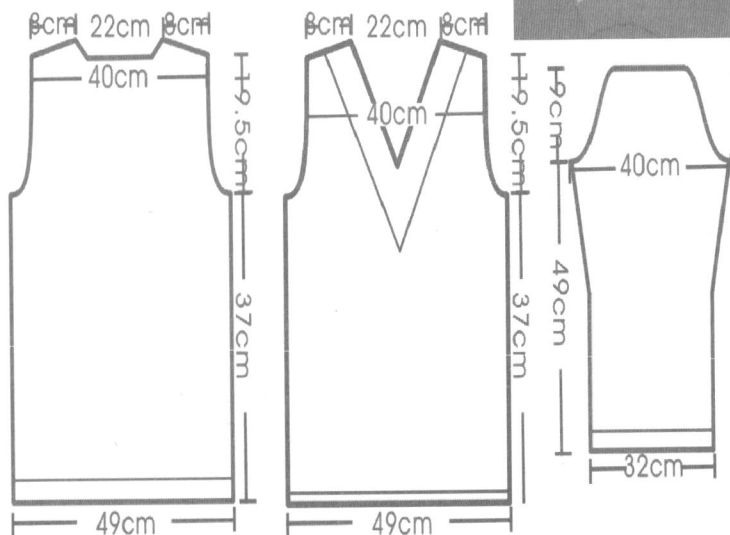

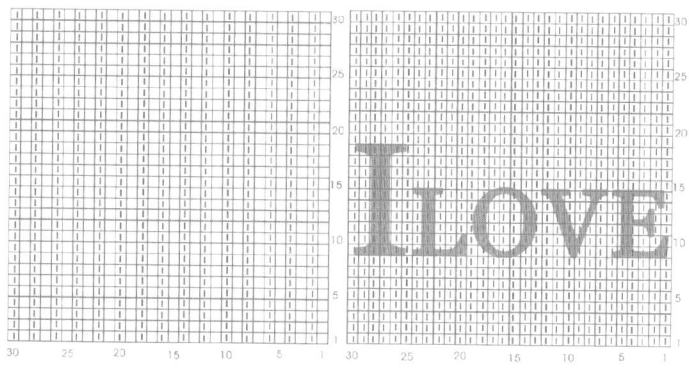

ILOVE

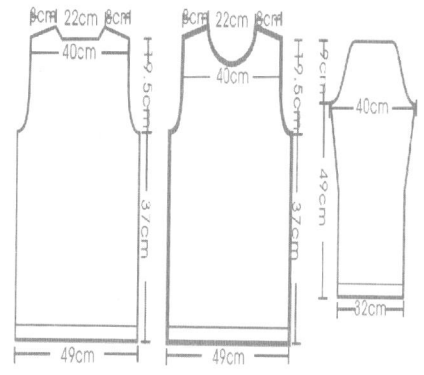

049

050

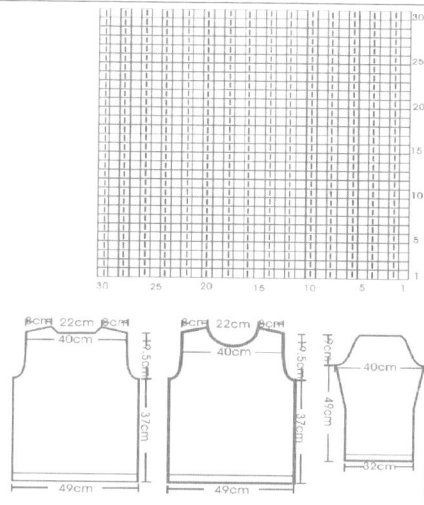

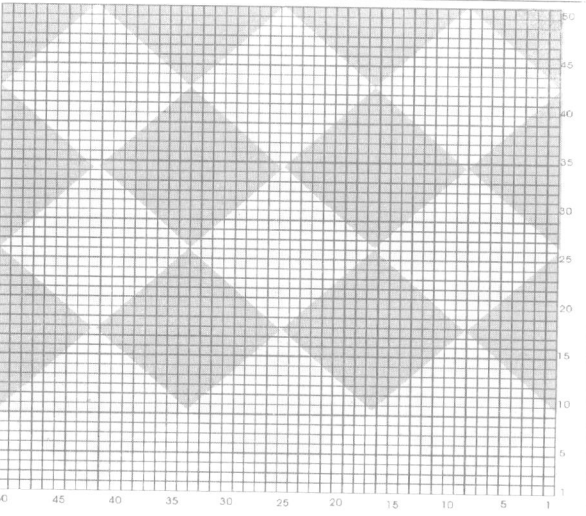

051

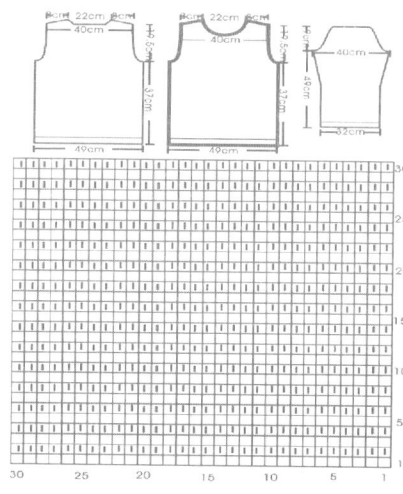

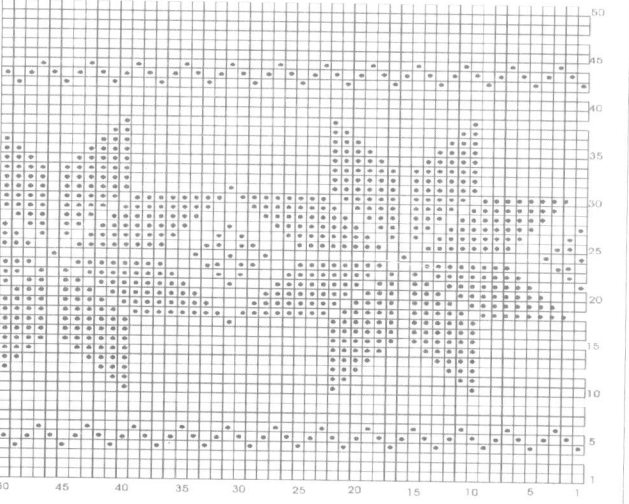

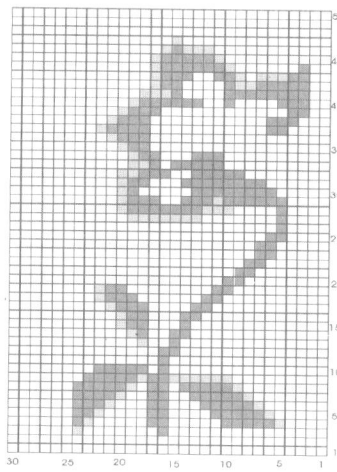

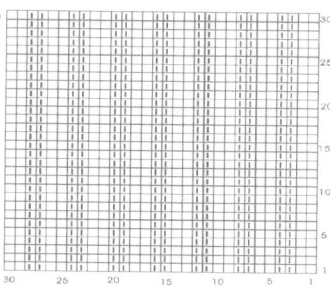

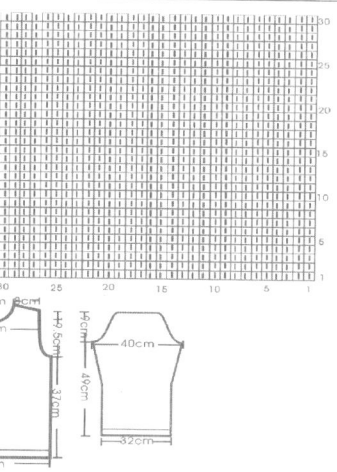
052

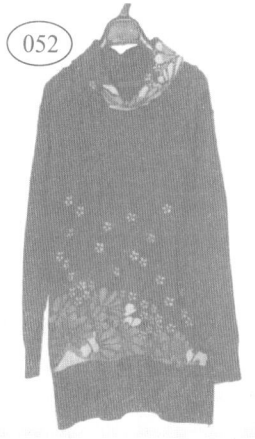

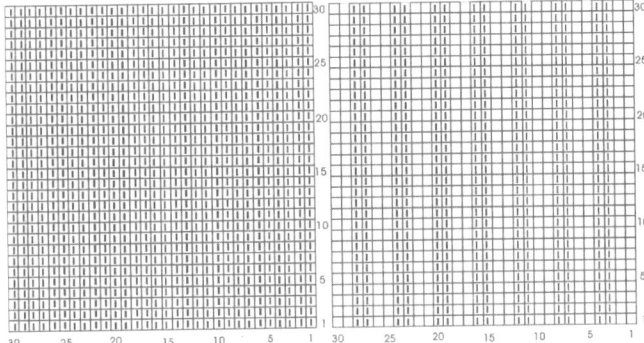

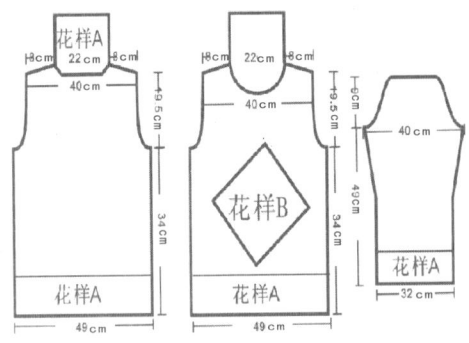

053

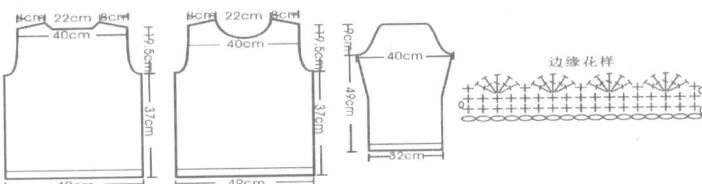

边缘花样

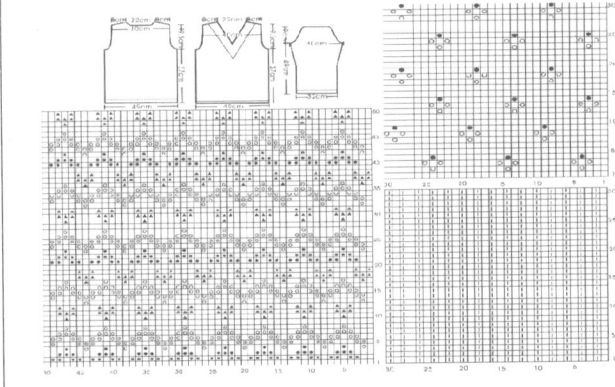

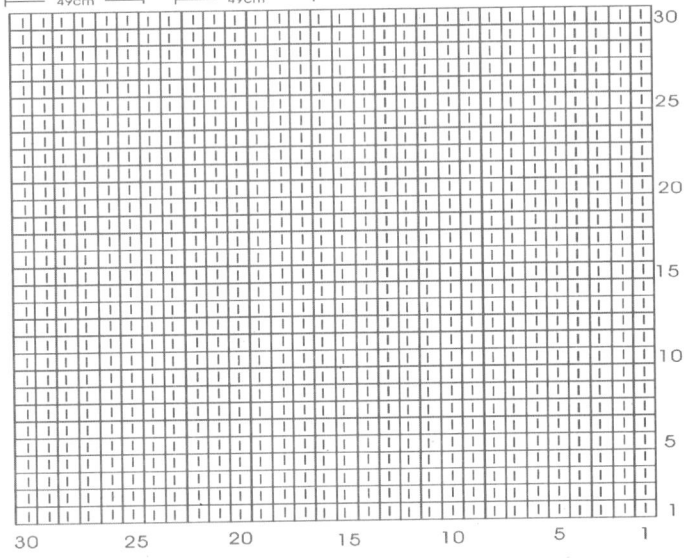

056

054

055

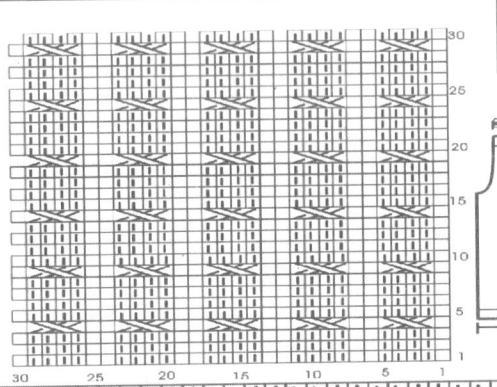

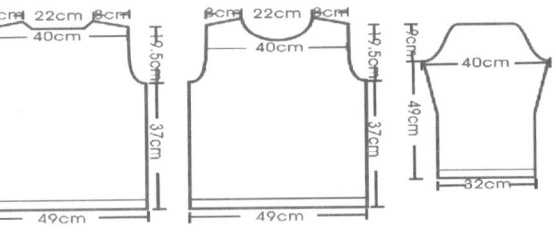

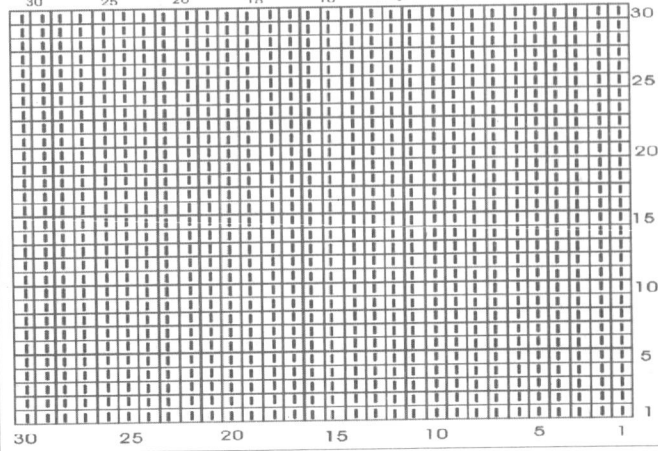

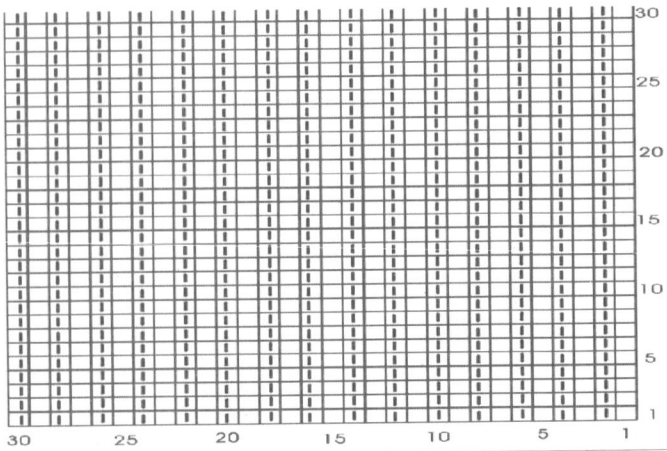

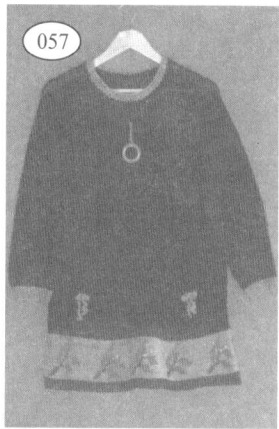

057

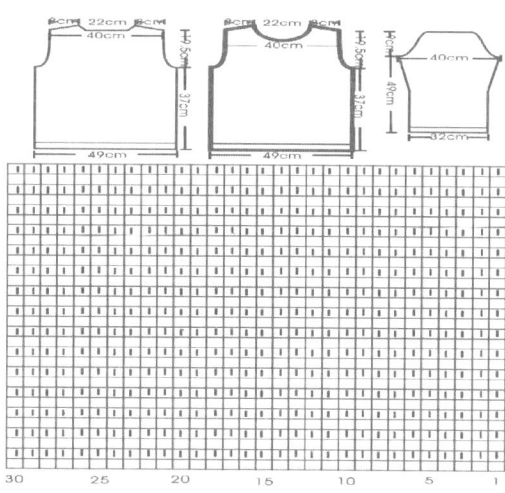

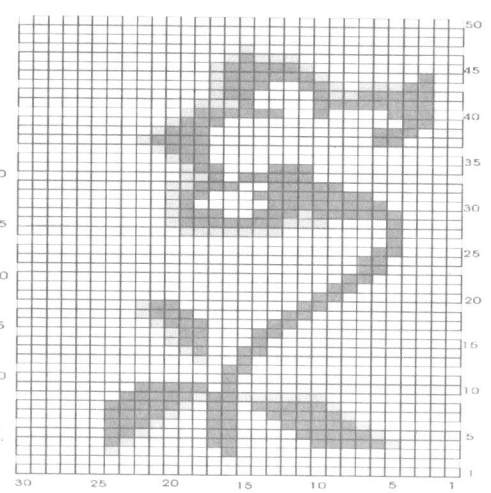

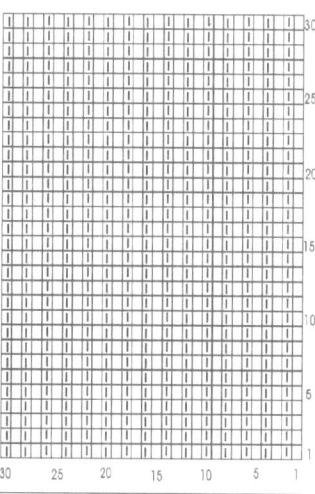

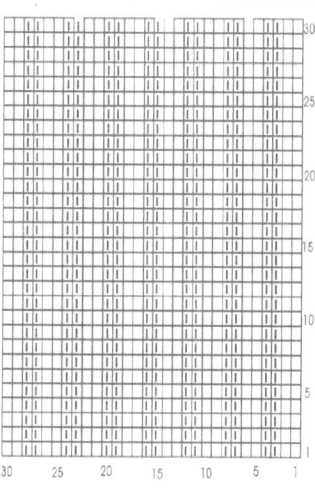

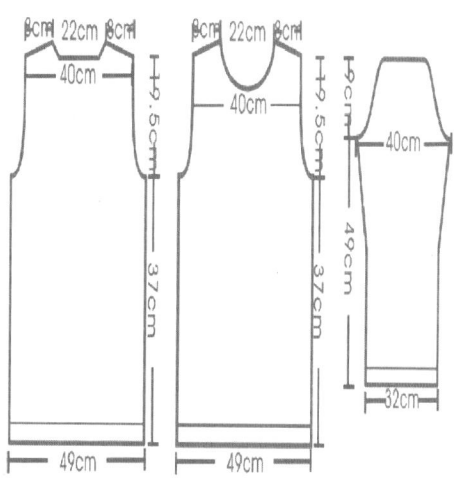

058

059

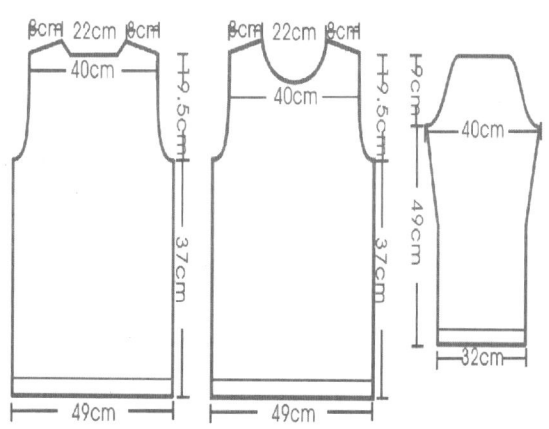

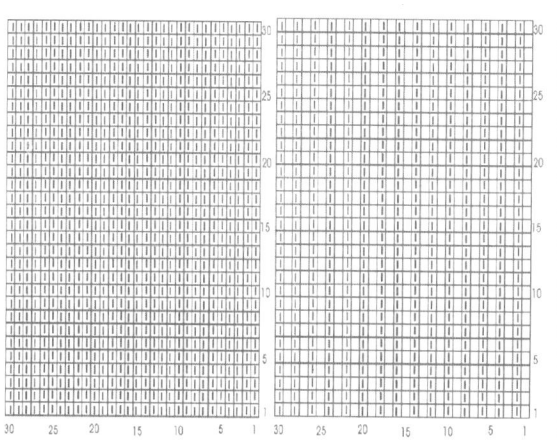

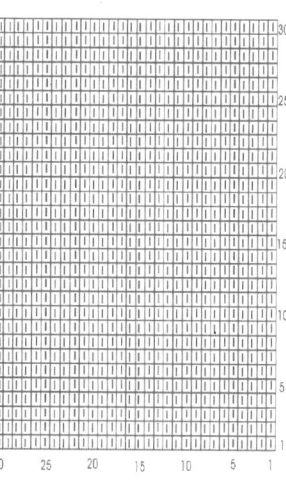

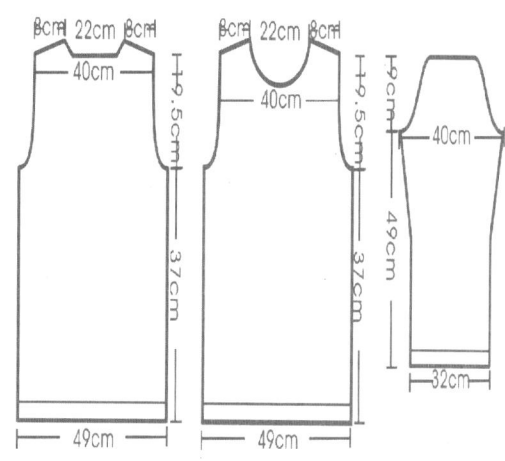

060

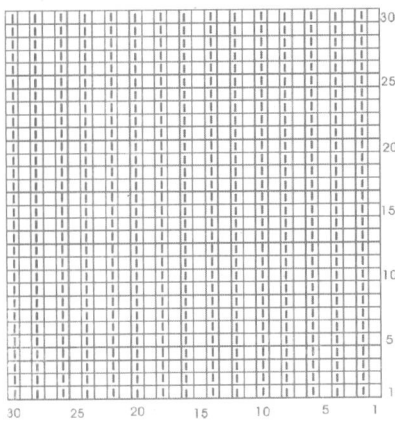

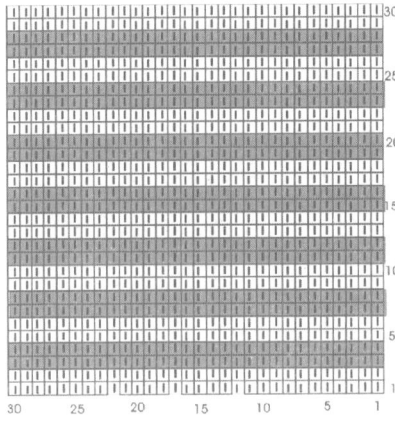

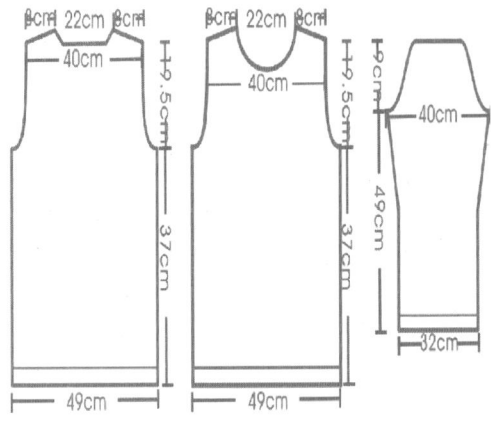

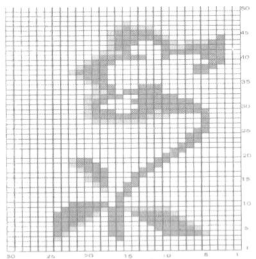

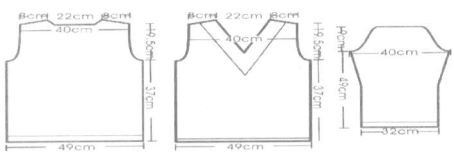

061

064

062

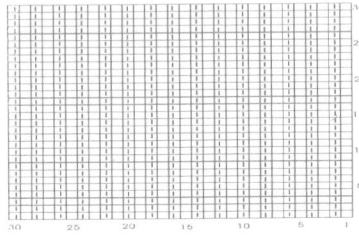

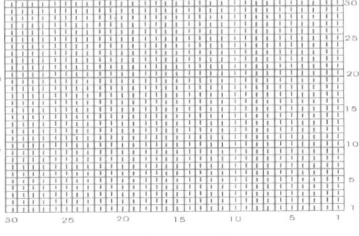

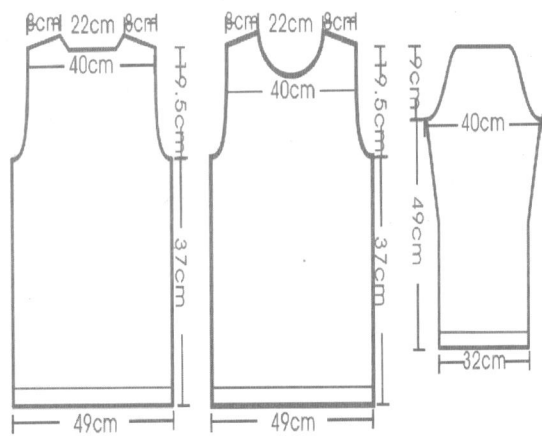

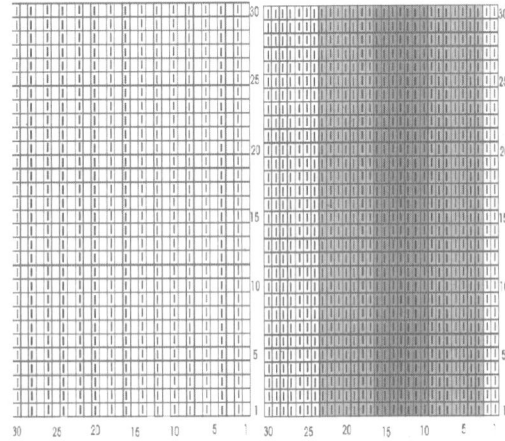

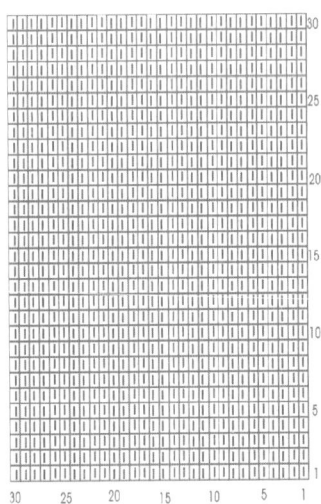

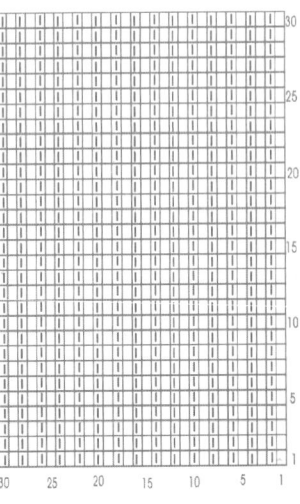

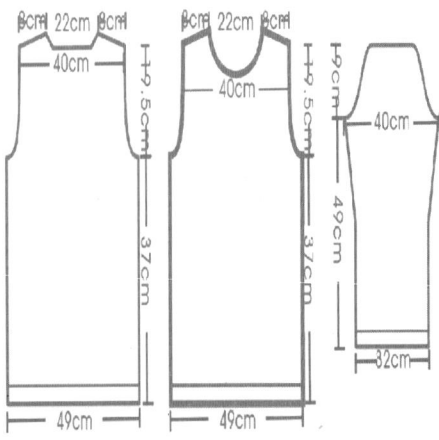

063

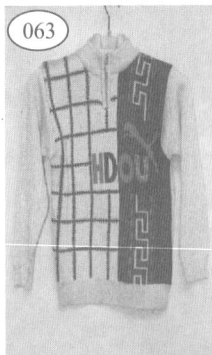

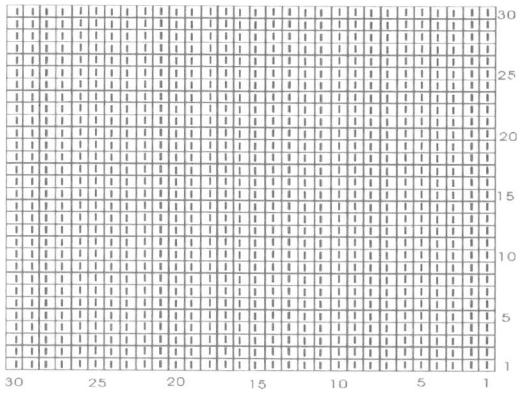

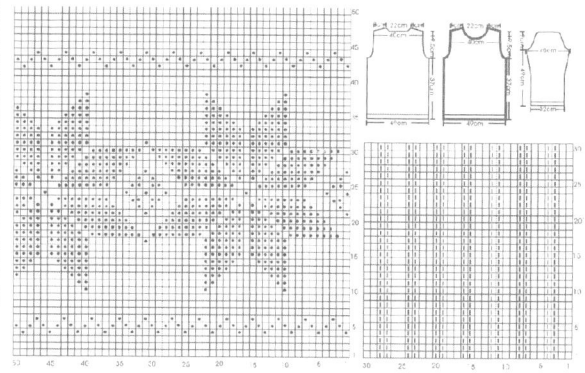

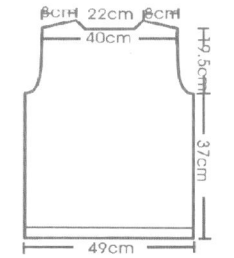

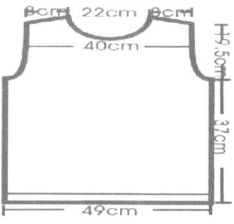

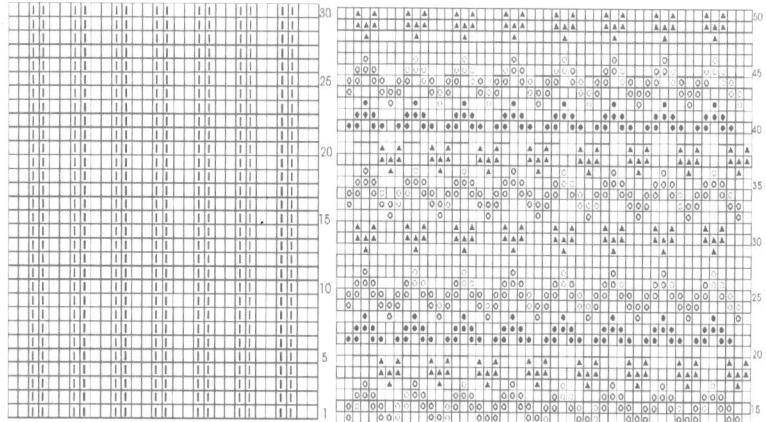

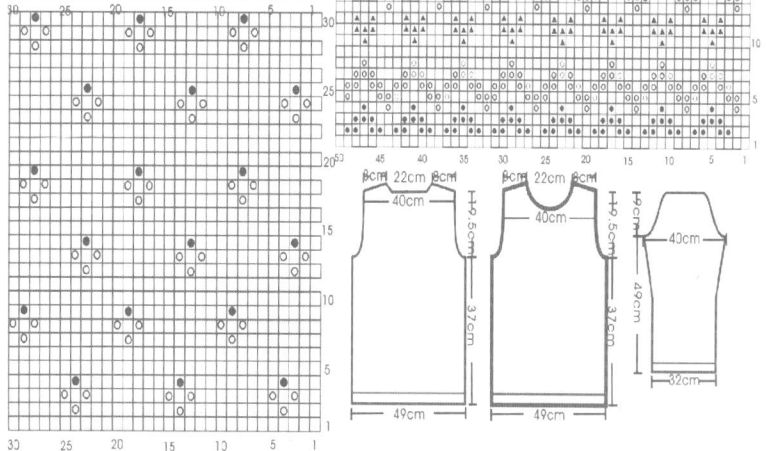

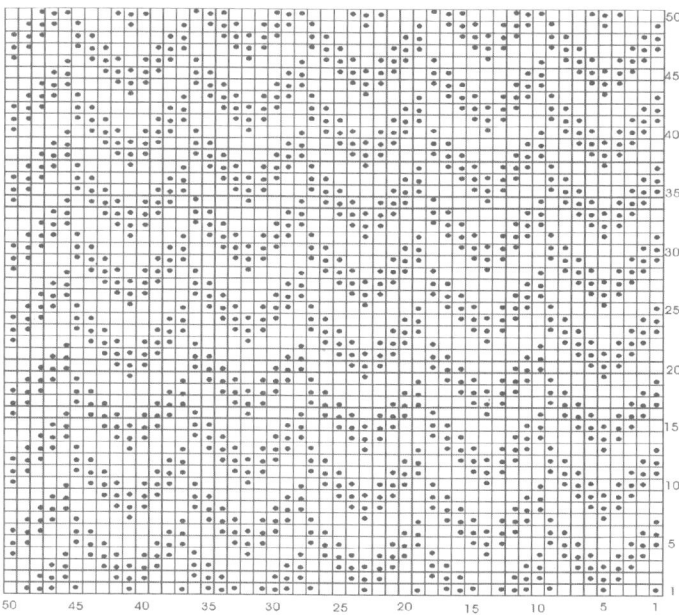

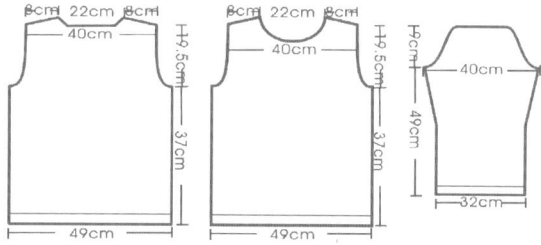

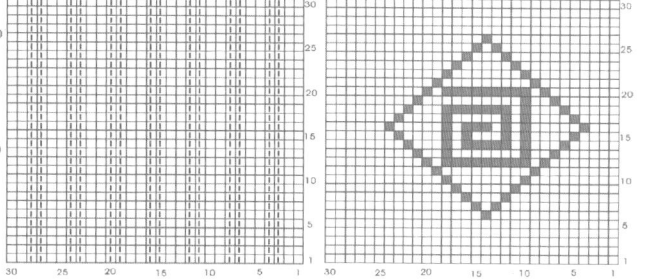

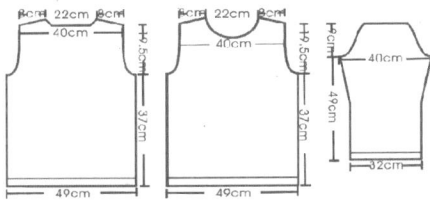

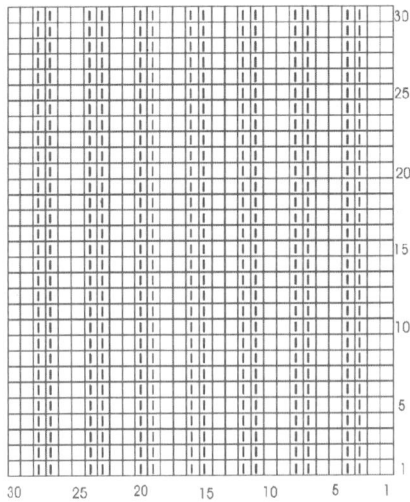

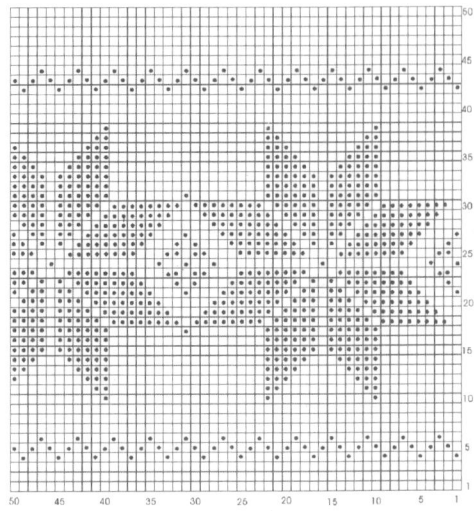

069

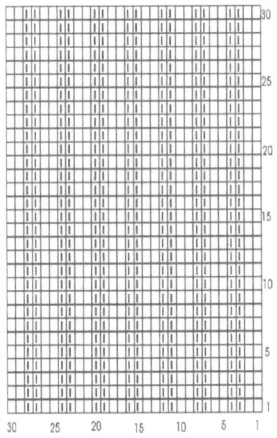

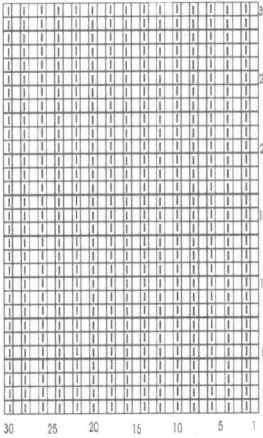

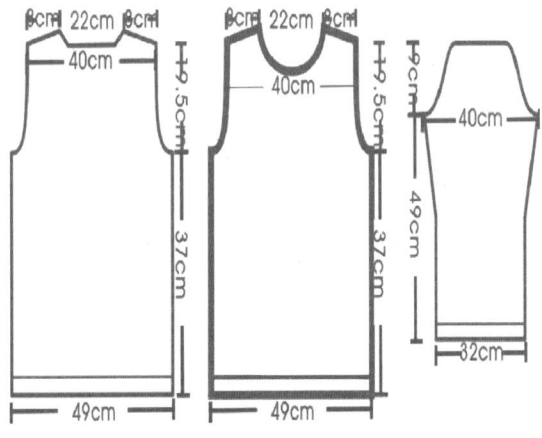

070

.071

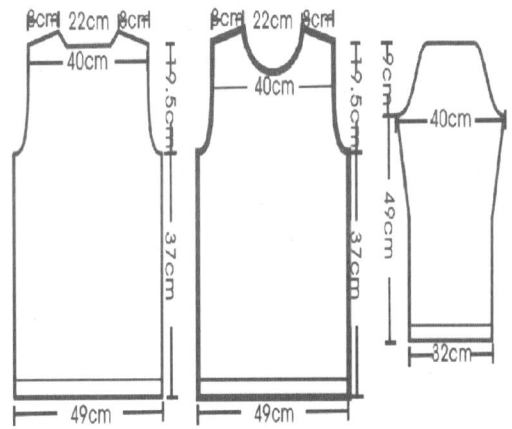

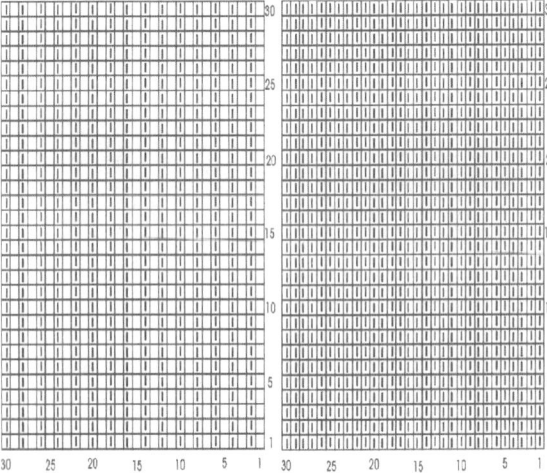

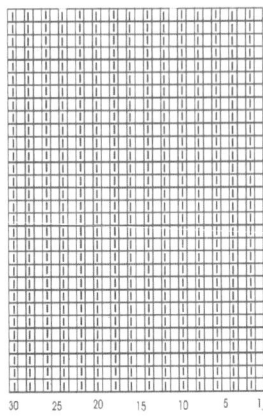

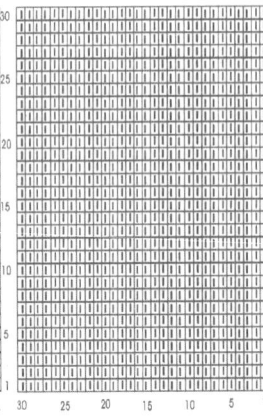

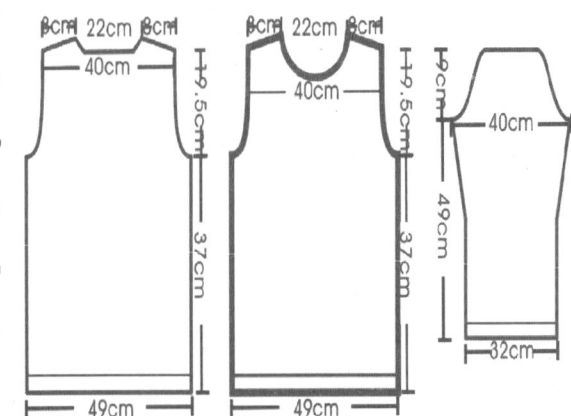

072

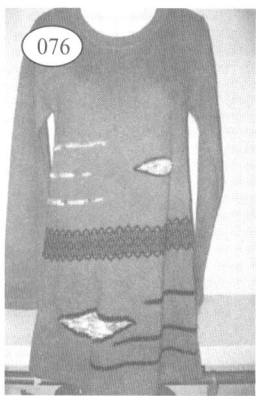

076

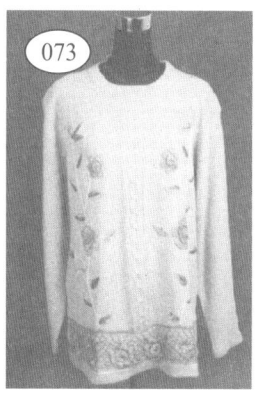

073

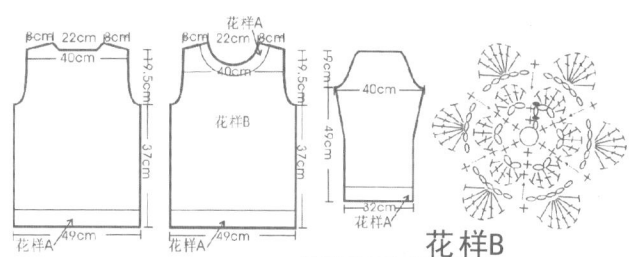

花样A

花样B

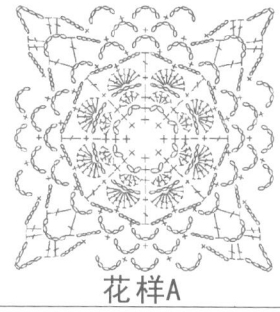

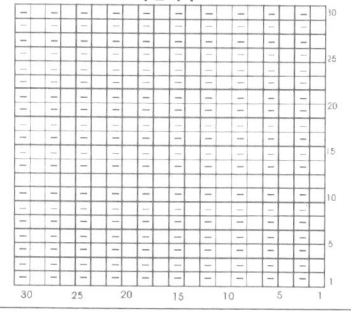

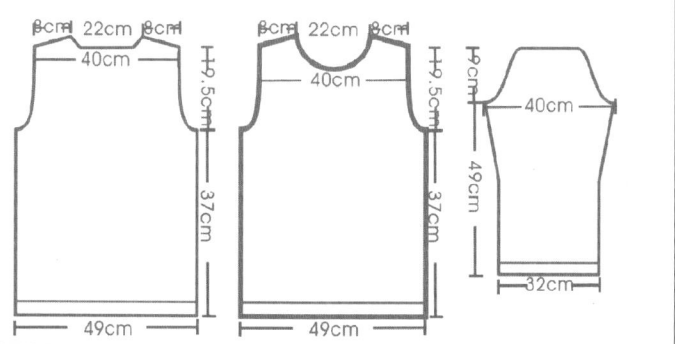

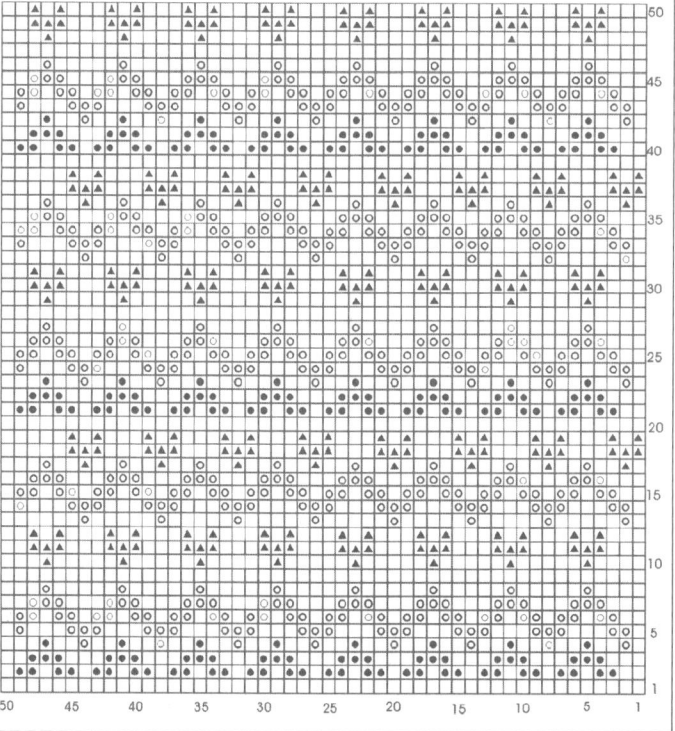

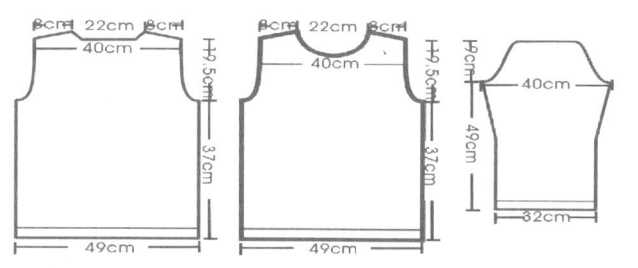

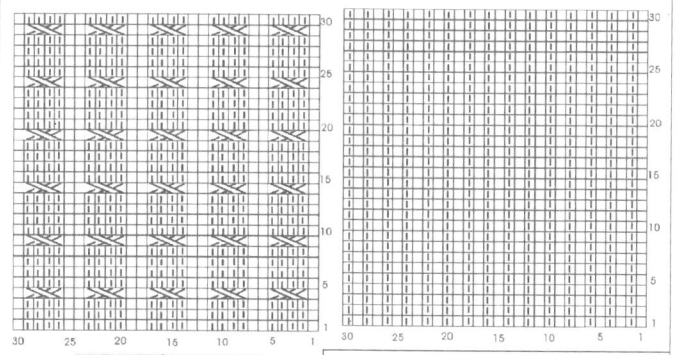

075

074

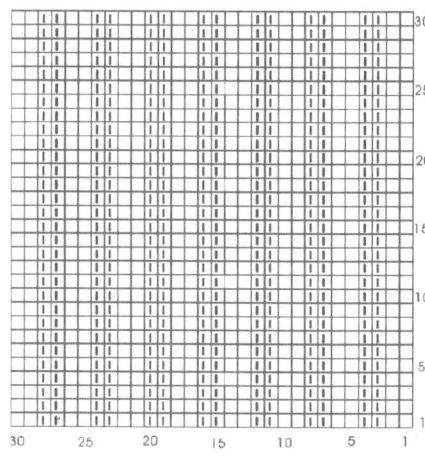

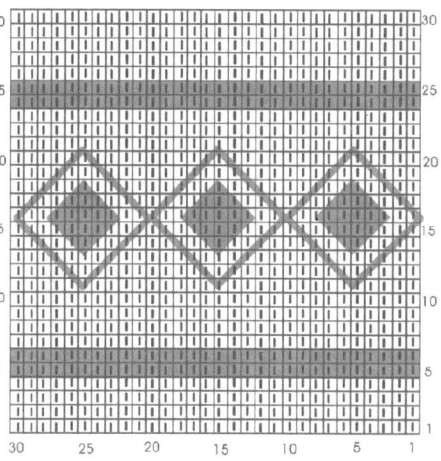

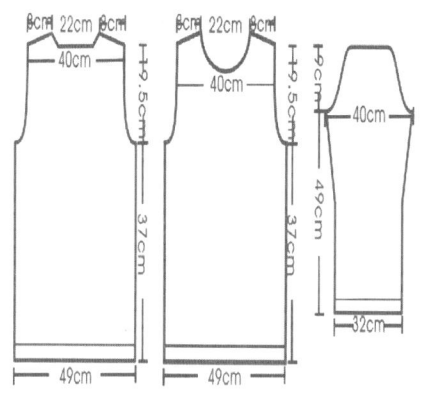

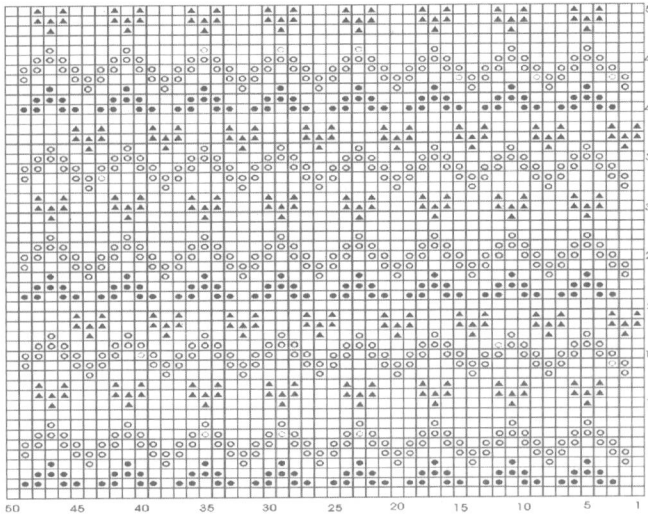

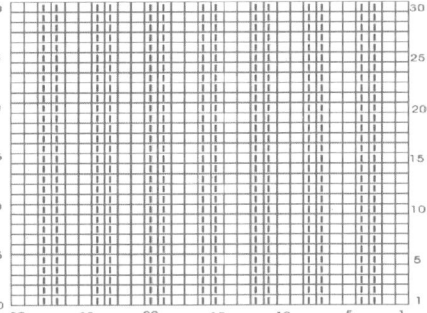

077

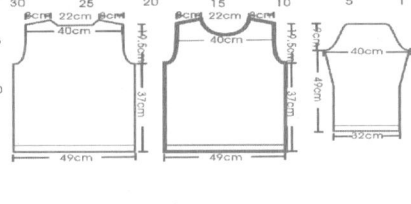

078

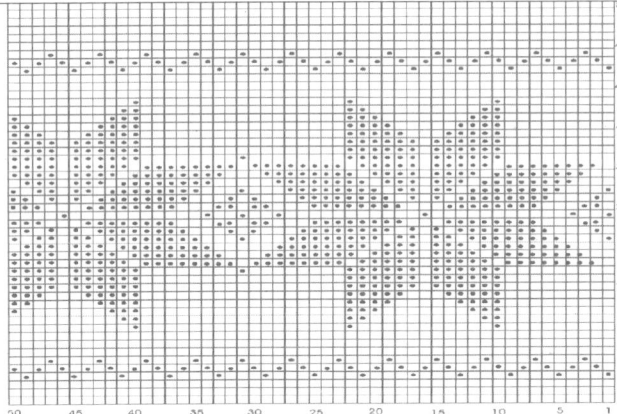

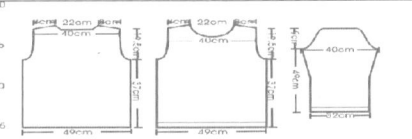

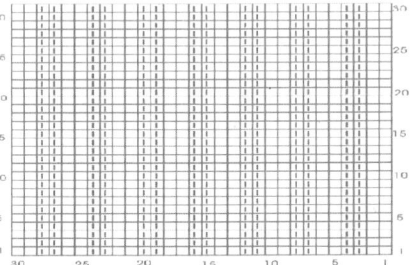

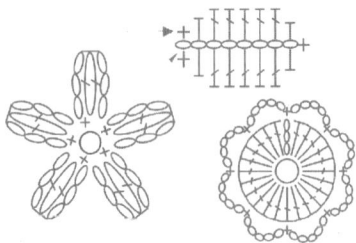

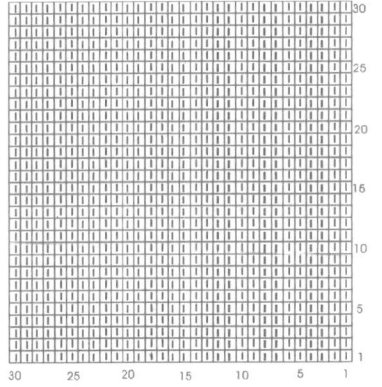

079

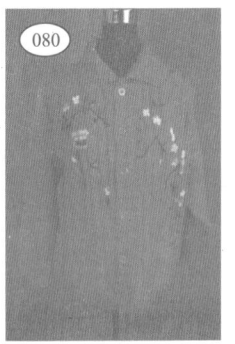
080

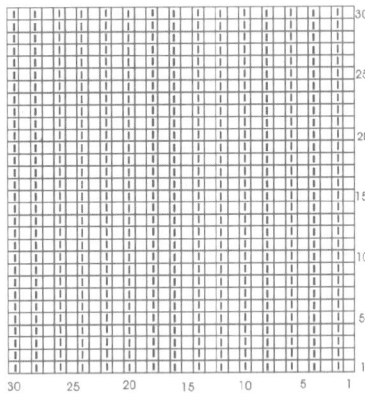

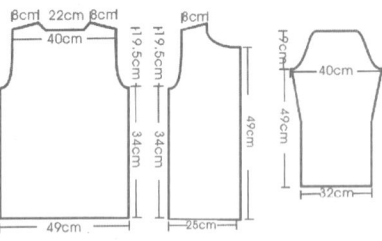

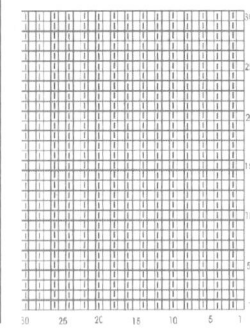

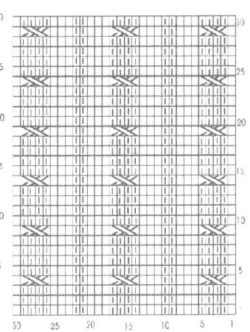

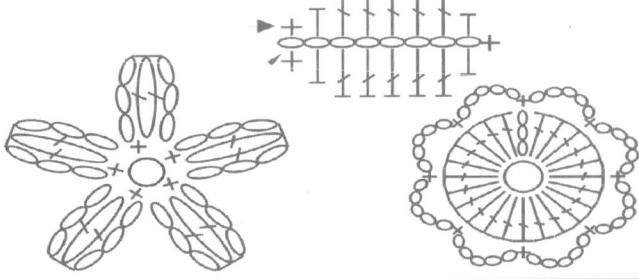

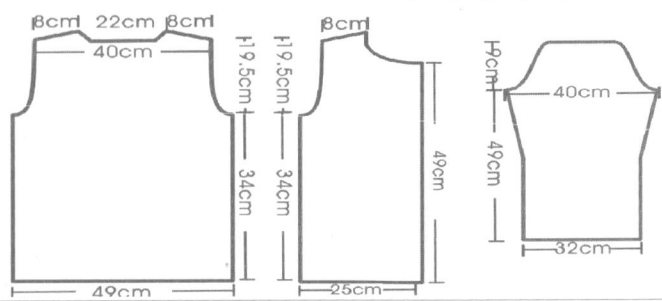

081

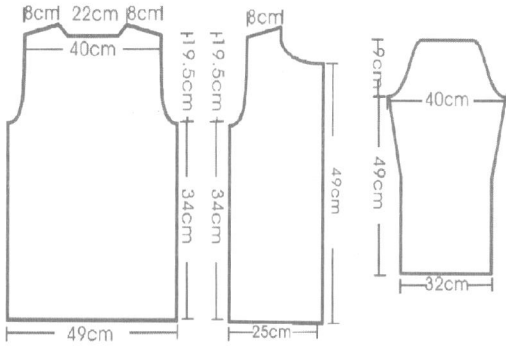

8cm 22cm 8cm
40cm
19.5cm 19.5cm
34cm 34cm
49cm
49cm
8cm
25cm

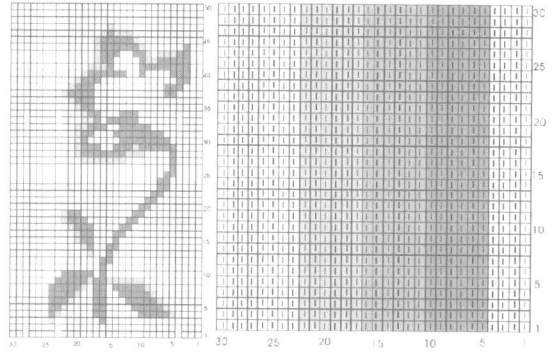

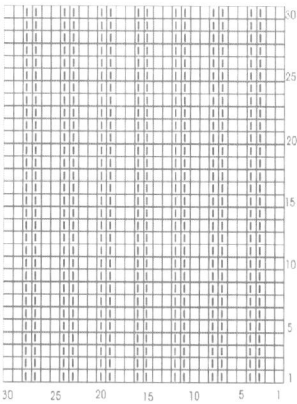

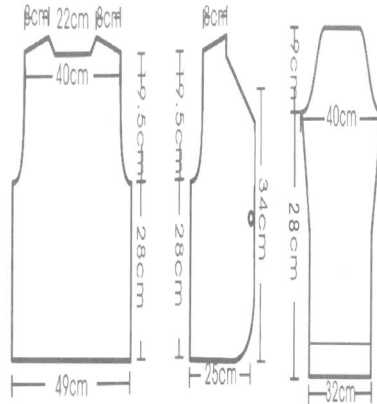

8cm 22cm 8cm
40cm
19.5cm 19.5cm
28cm 28cm
49cm
8cm
40cm
28cm
25cm
34cm
32cm

082

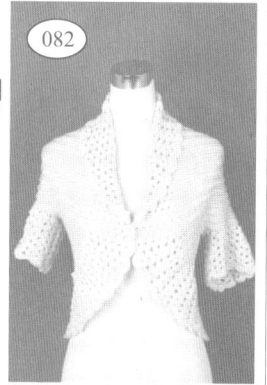

083

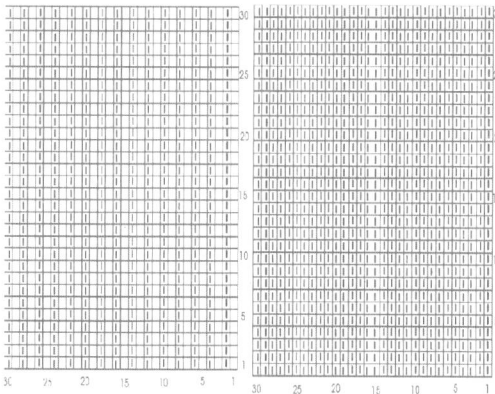

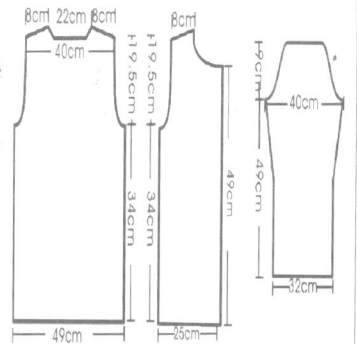

8cm 22cm 8cm
40cm
19.5cm 19.5cm
34cm 34cm
49cm
8cm
40cm
49cm
25cm
32cm

8cm 22cm 8cm
40cm
19.5cm 19.5cm
34cm 34cm
49cm
8cm
40cm
49cm 49cm
25cm
32cm

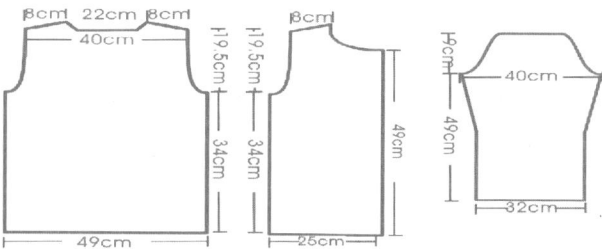

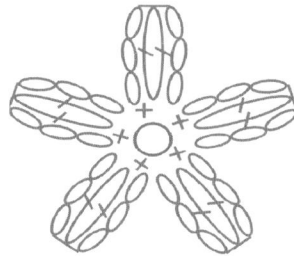

084

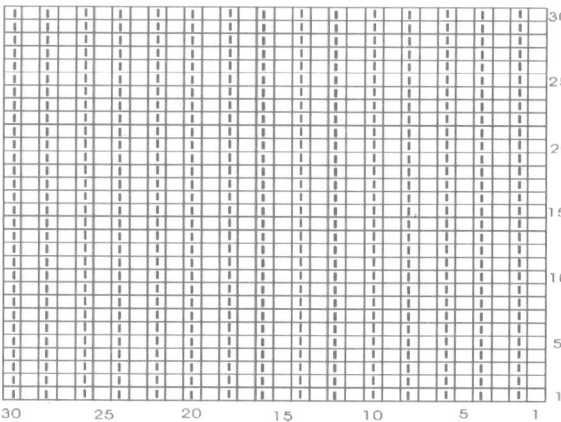

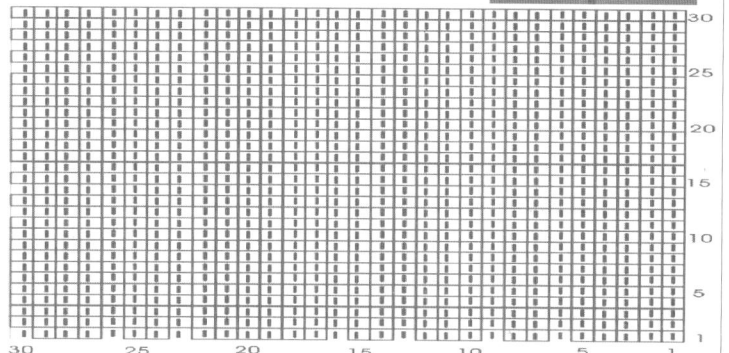

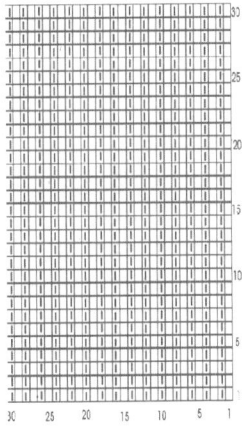
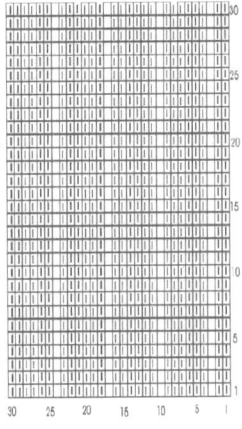
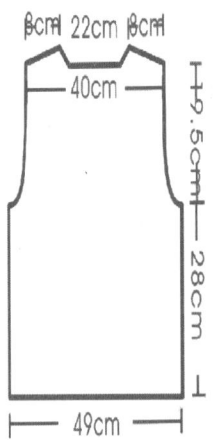
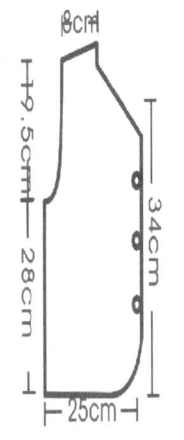
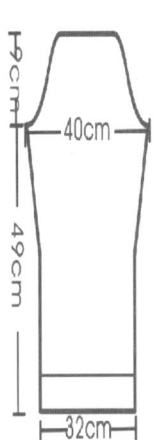
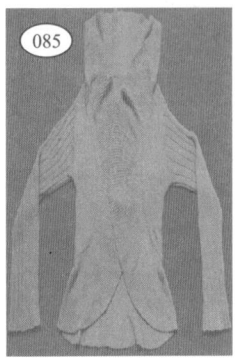

085

086

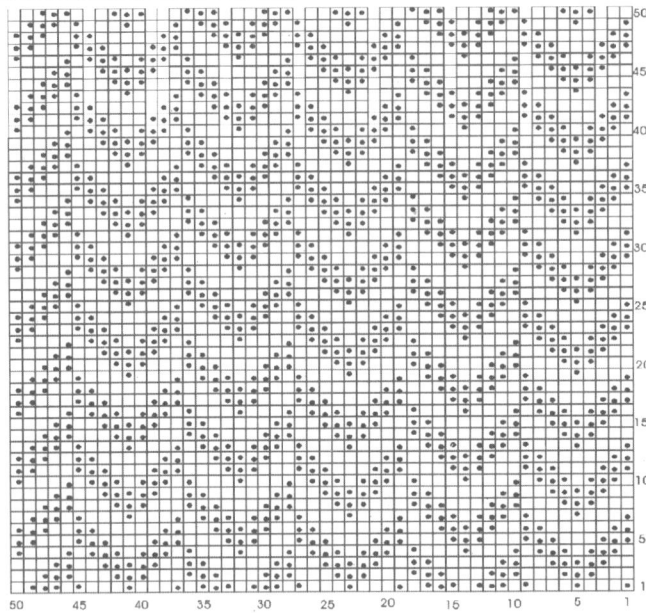
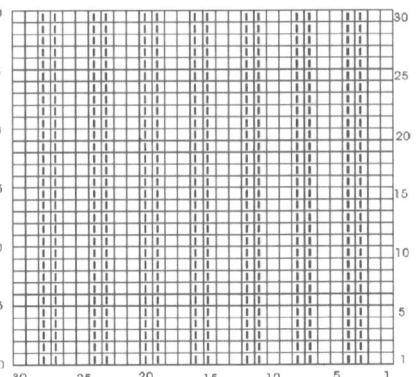
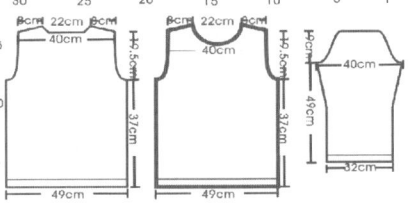

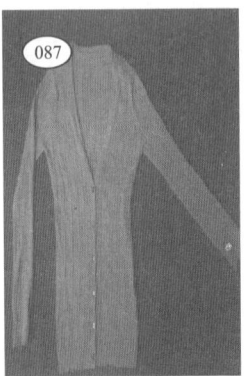

087

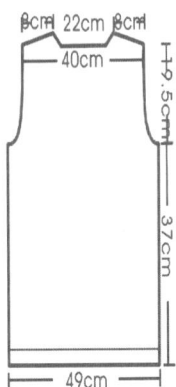
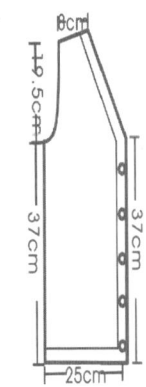
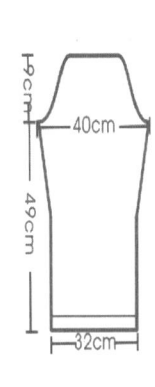
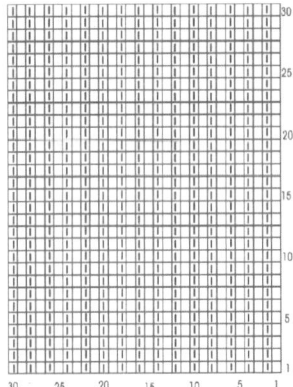
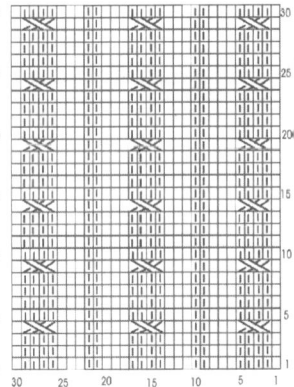

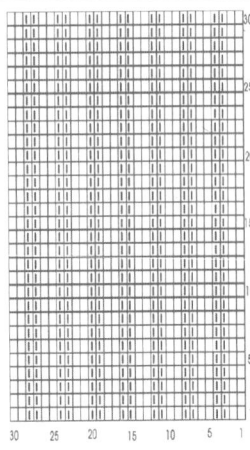
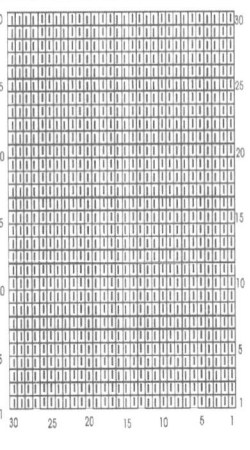
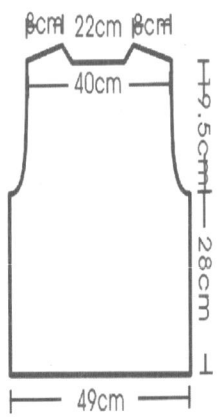
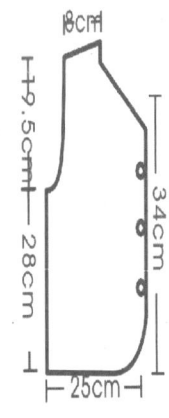
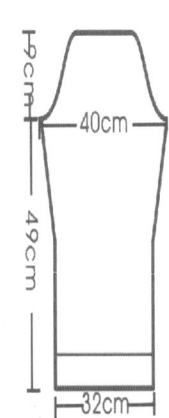

088

089

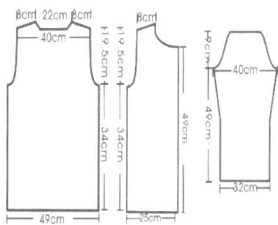

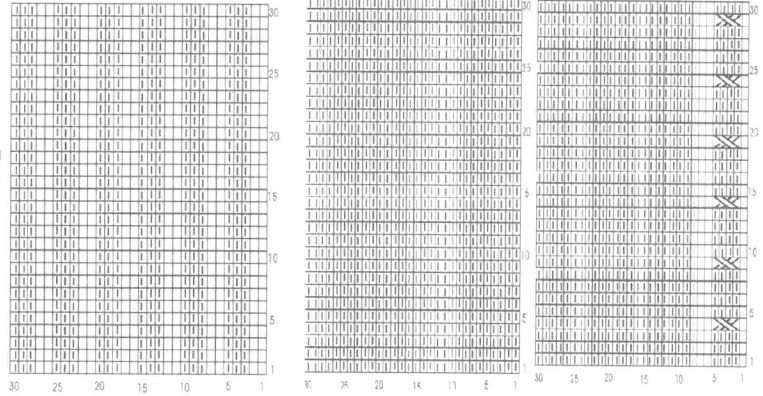

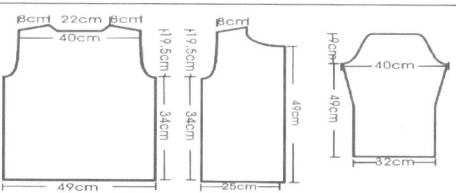

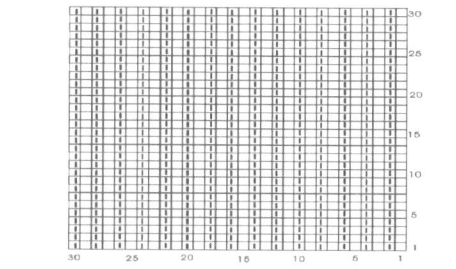

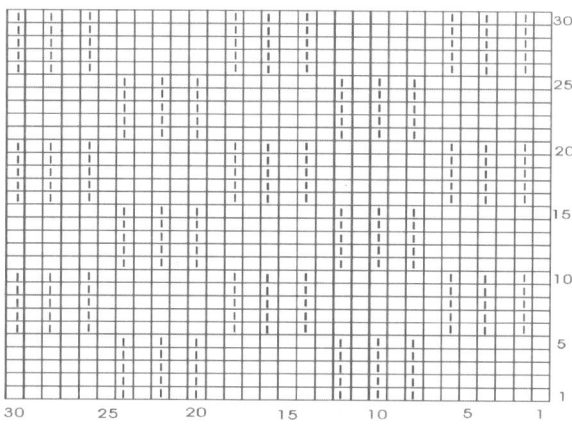

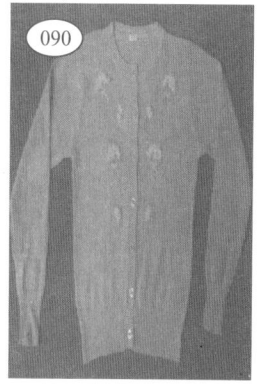

090

091

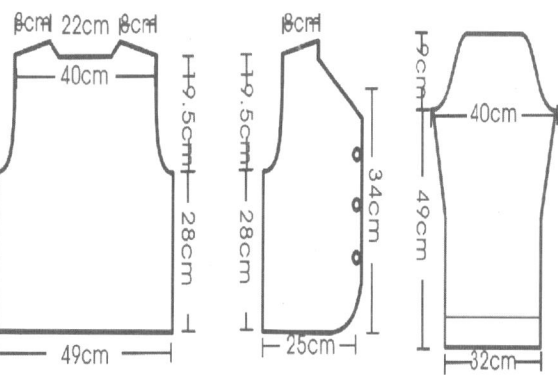

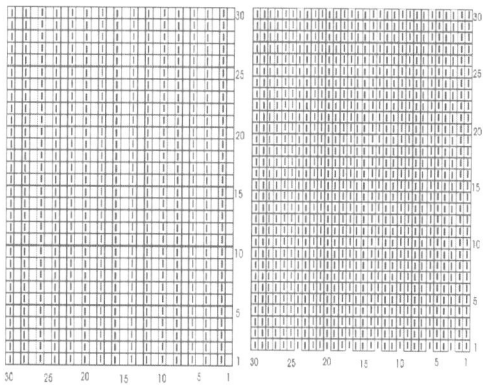

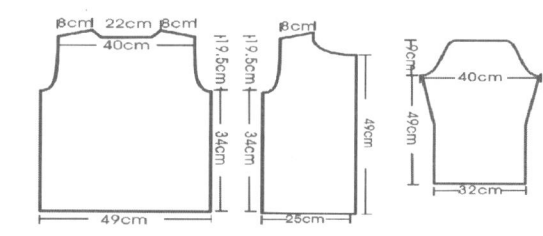

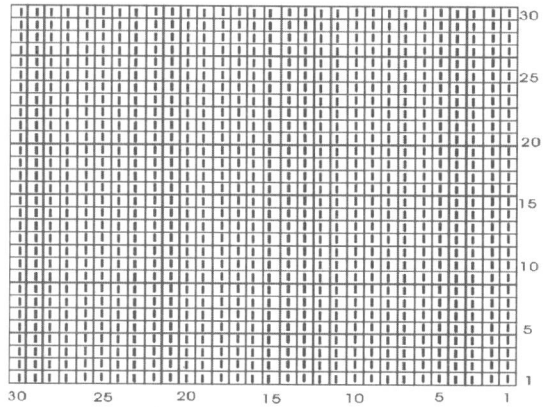

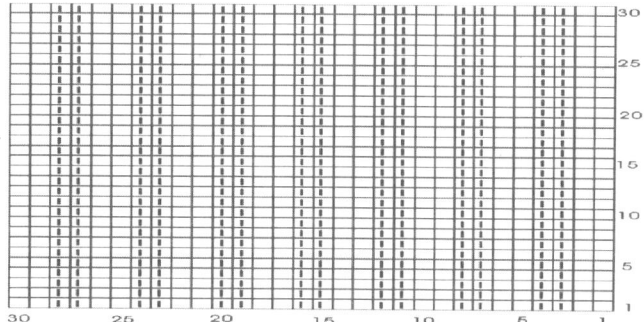

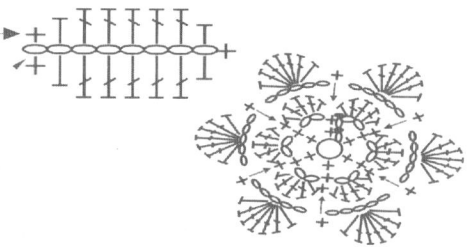

092

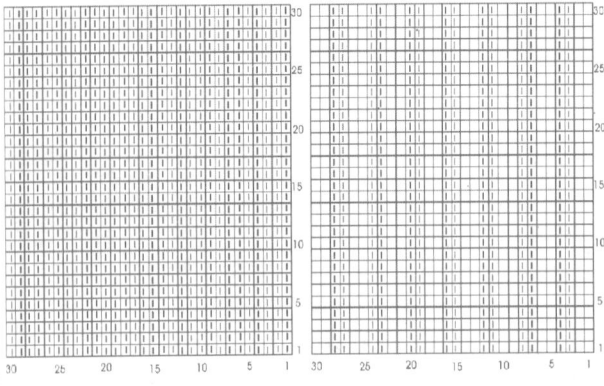

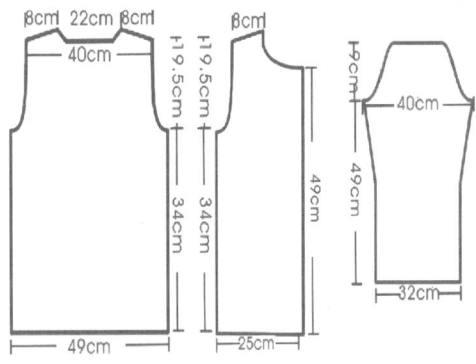

093

094

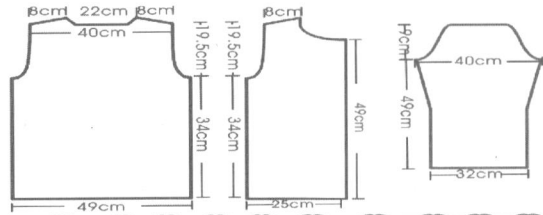

边缘花样

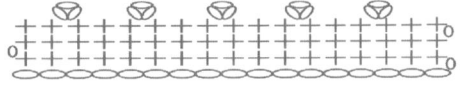

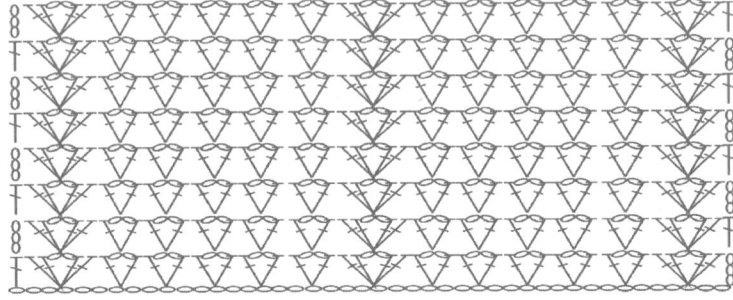

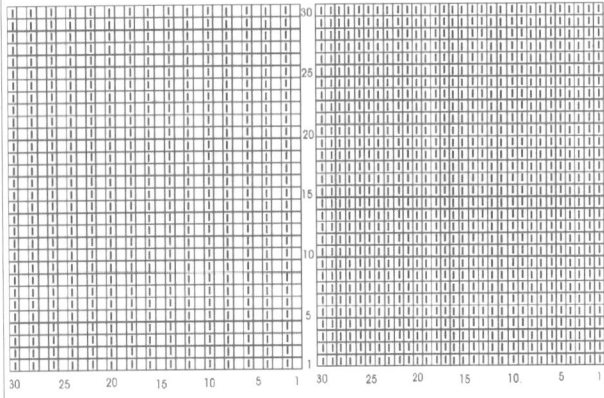

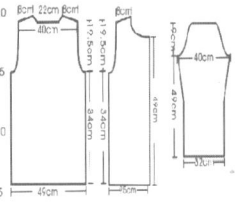

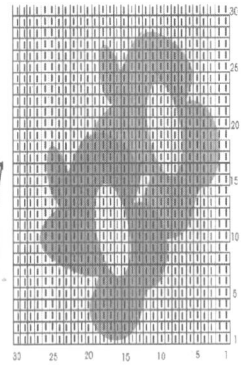
095

096

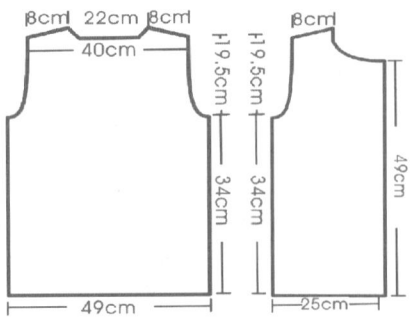

边缘花样

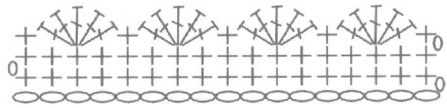

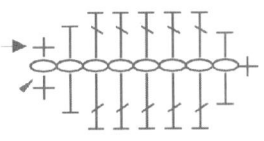

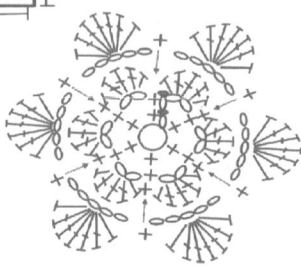

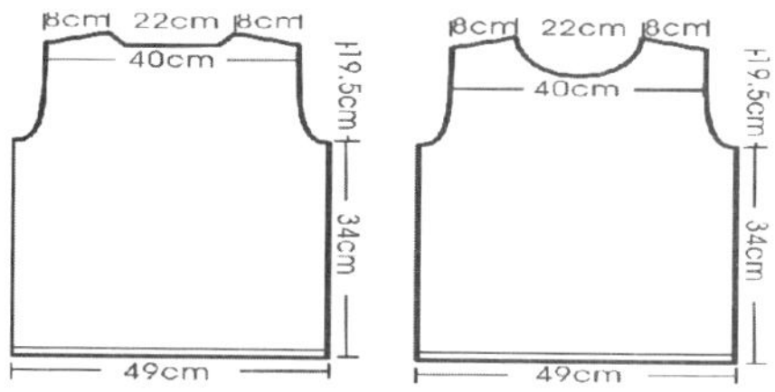

097

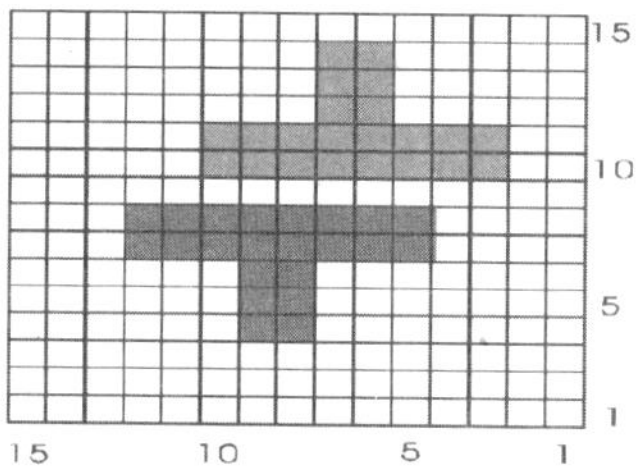

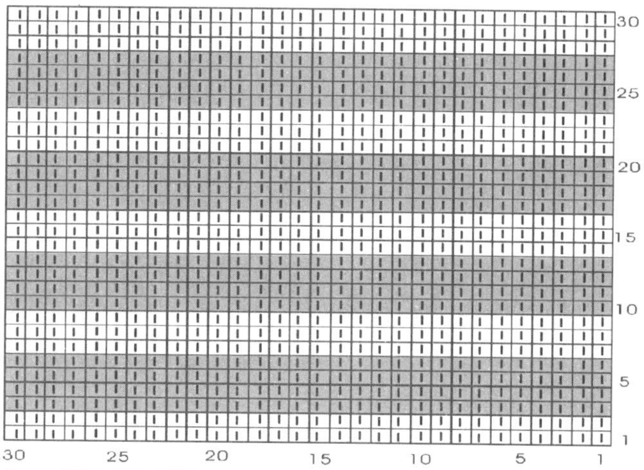

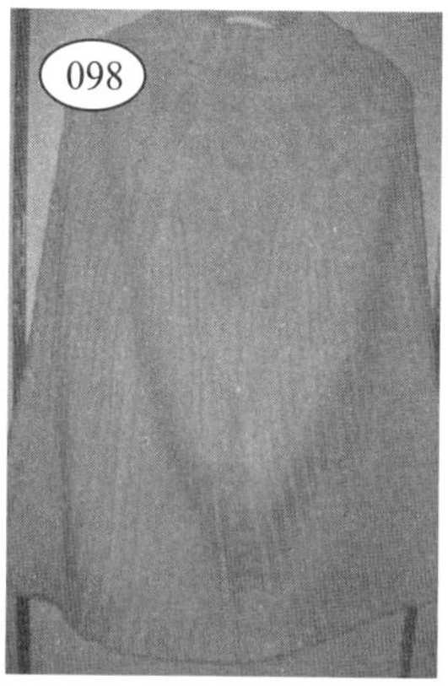

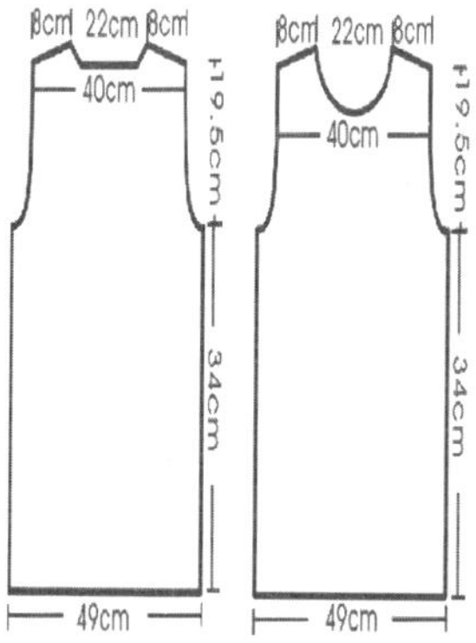

098

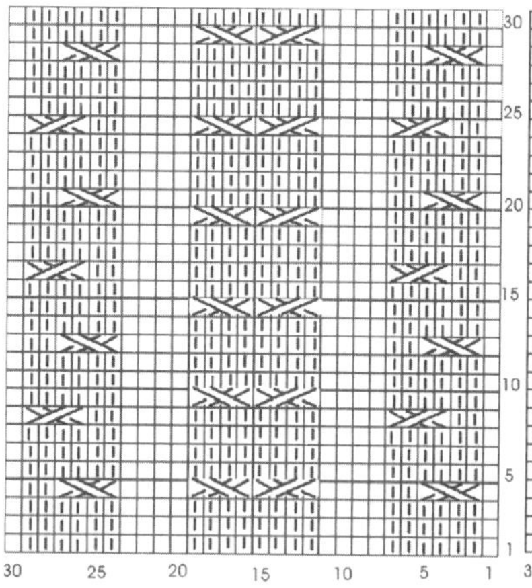

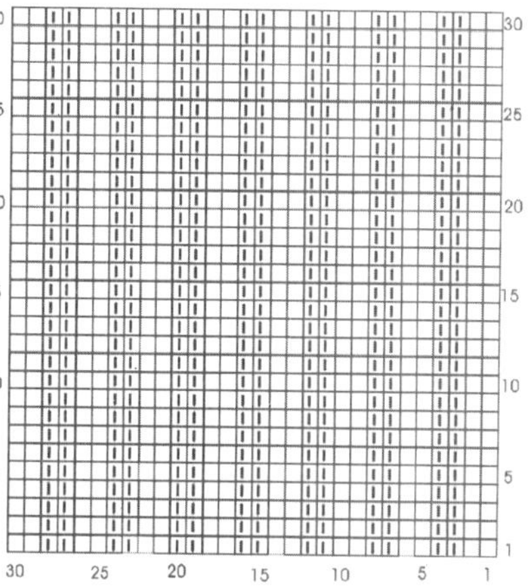

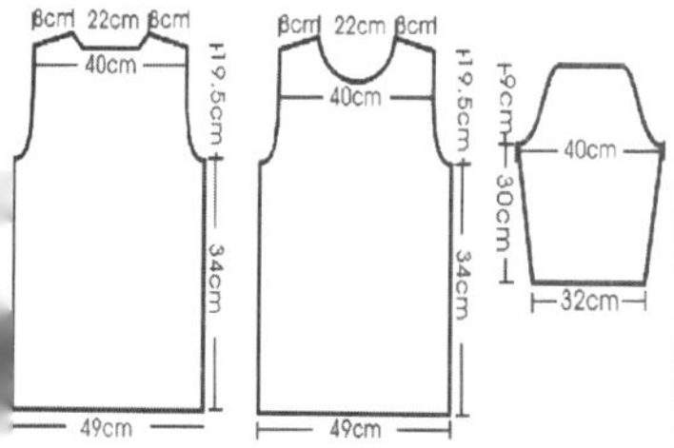

099

100

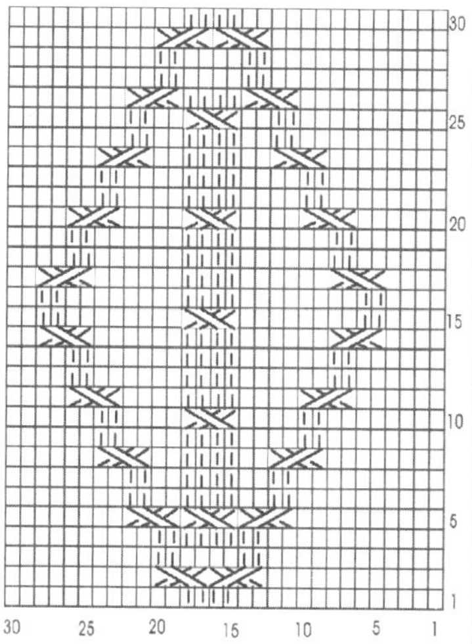

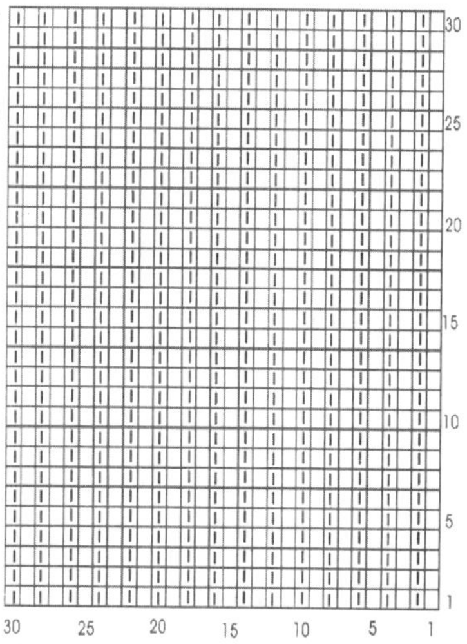

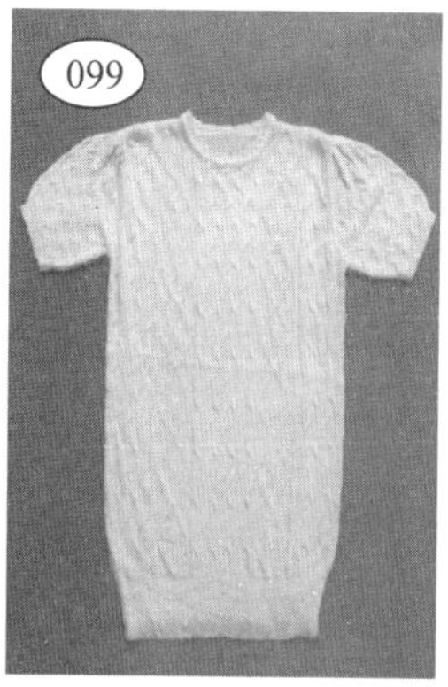

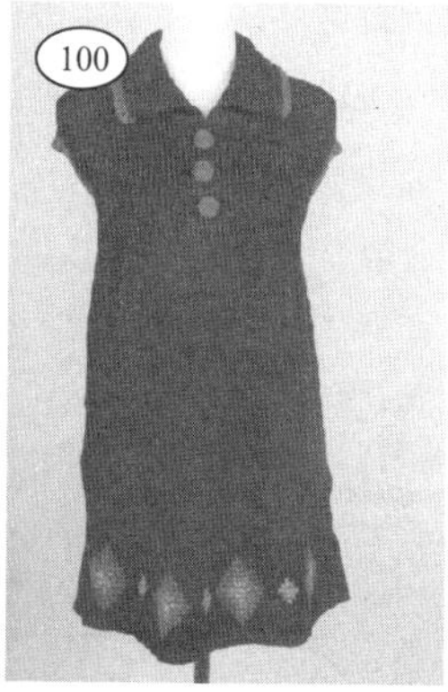

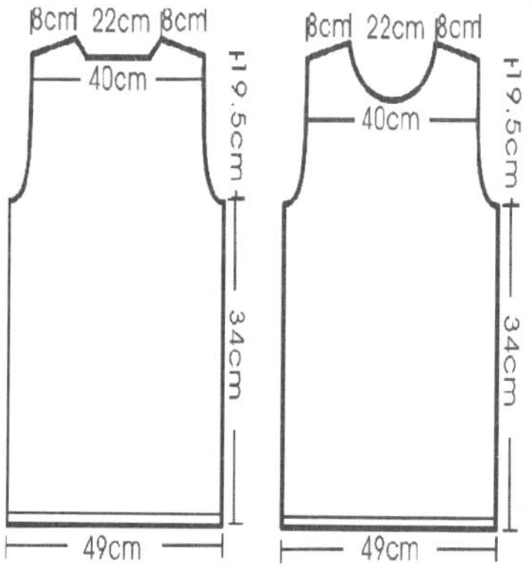

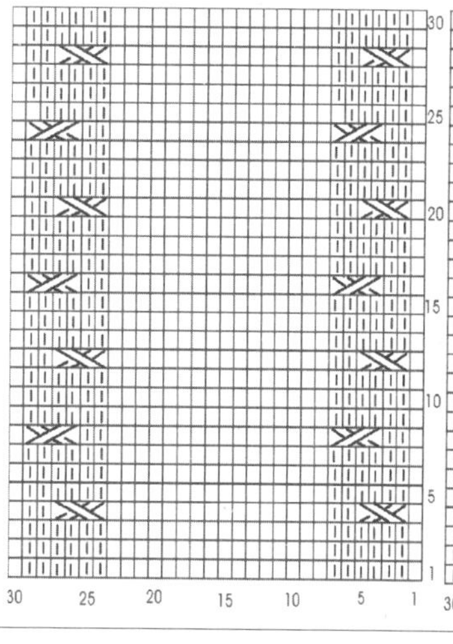

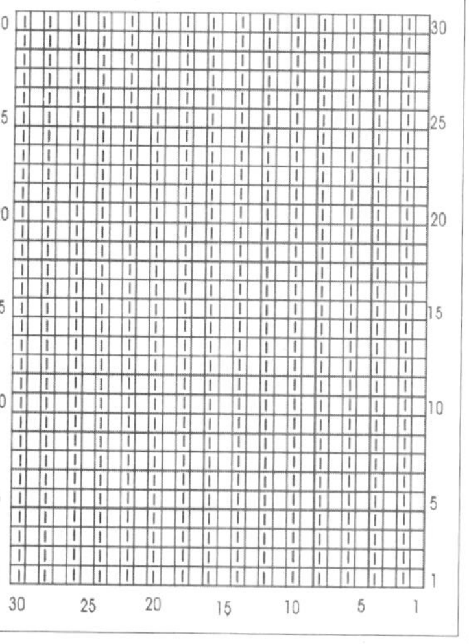

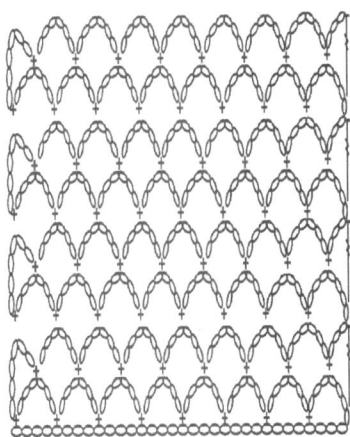

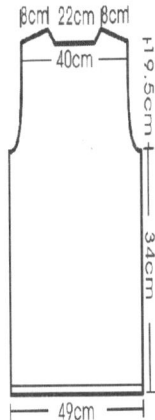

8cm 22cm 8cm
40cm
19.5cm
34cm
49cm

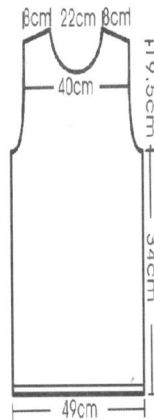

8cm 22cm 8cm
40cm
19.5cm
34cm
49cm

101

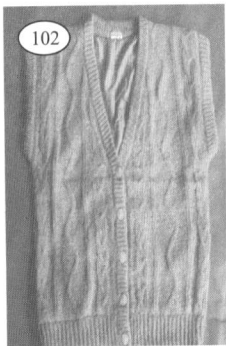

102

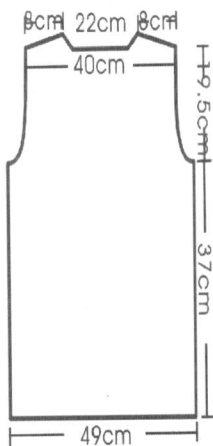

8cm 22cm 8cm
40cm
19.5cm
37cm
49cm

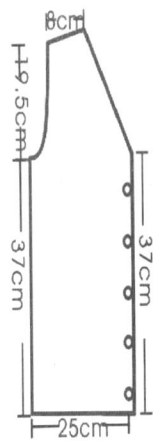

8cm
19.5cm
37cm
25cm

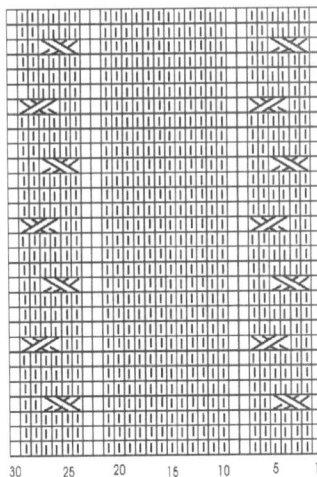

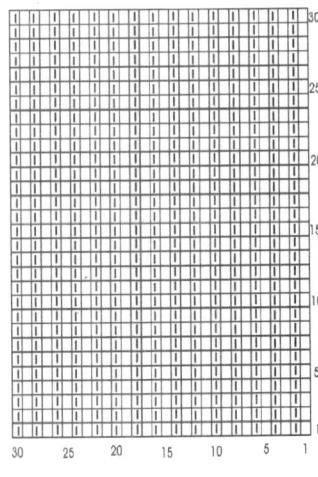

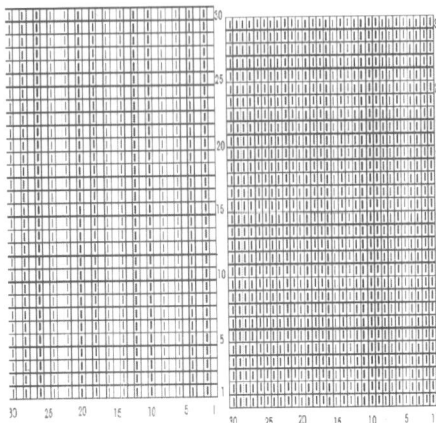

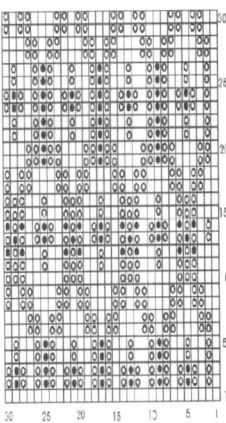

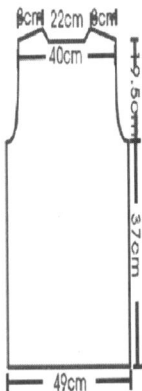

8cm 22cm 8cm
40cm
19.5cm
37cm
49cm

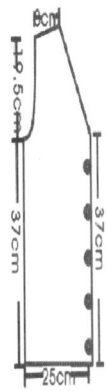

8cm
19.5cm
37cm
25cm

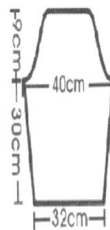

9cm 30cm
40cm
37cm
32cm

103

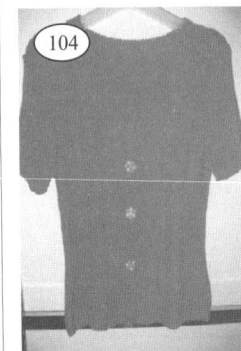

104

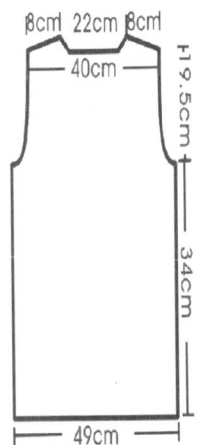

8cm 22cm 8cm
40cm
19.5cm
34cm
49cm

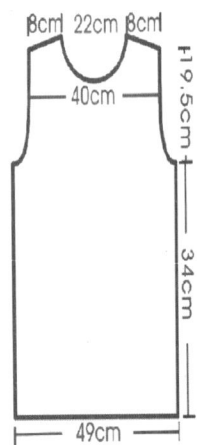

8cm 22cm 8cm
40cm
19.5cm
34cm
49cm

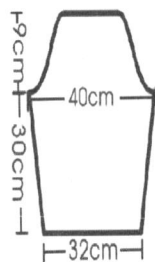

9cm 30cm
40cm
32cm

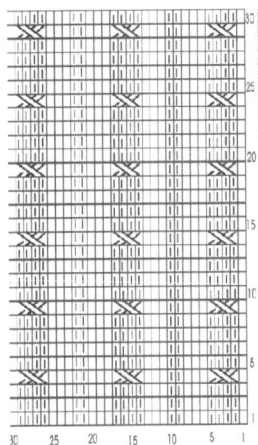

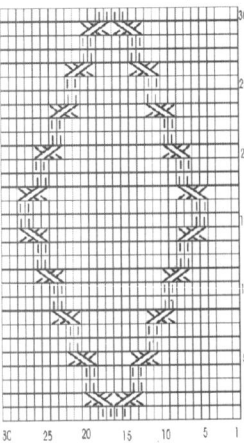

流行毛衣编织广场 2588

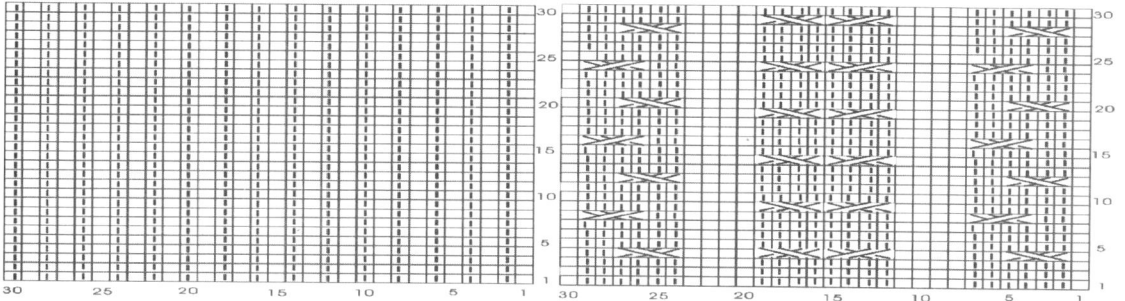

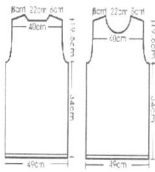

边缘花样

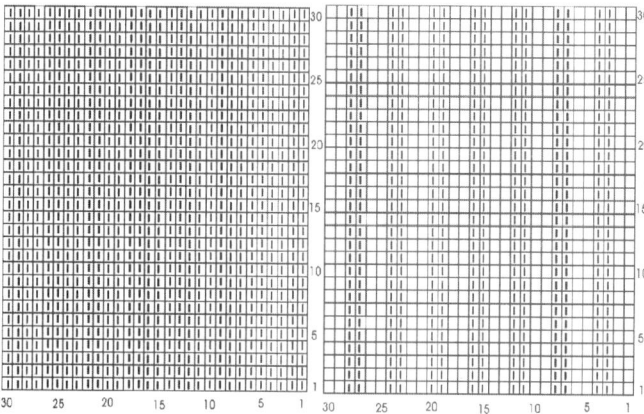

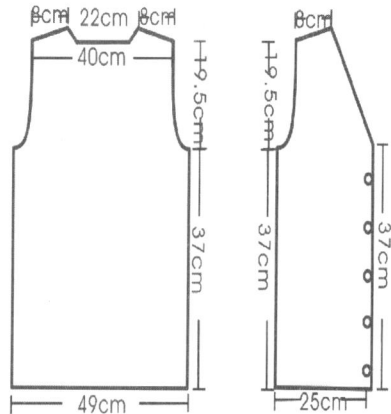

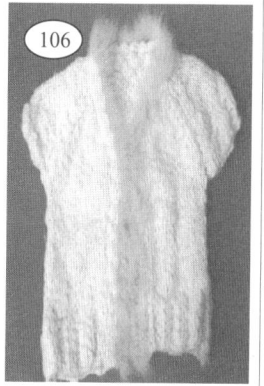

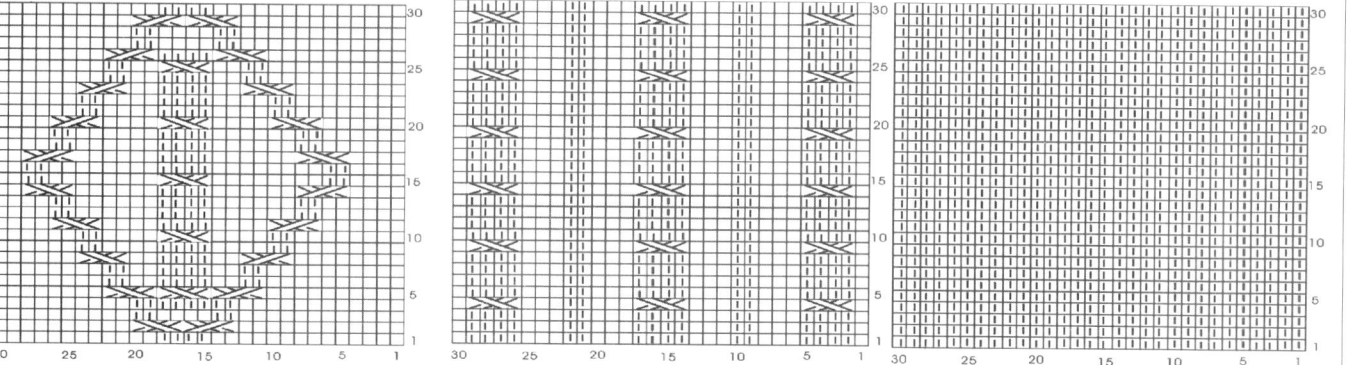

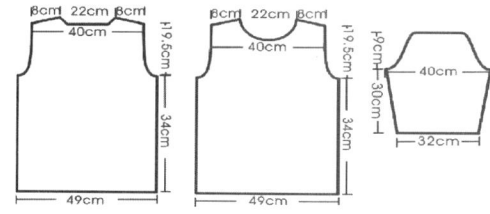

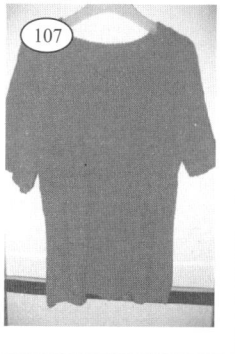

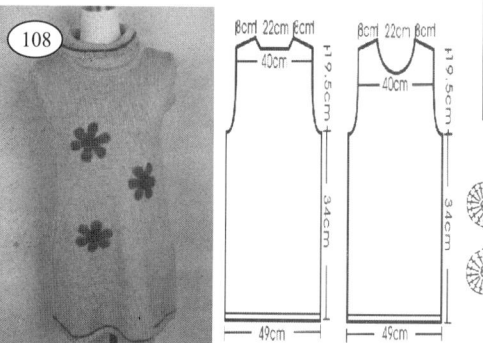

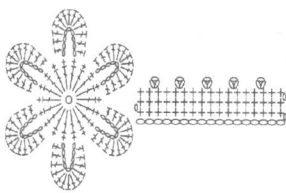

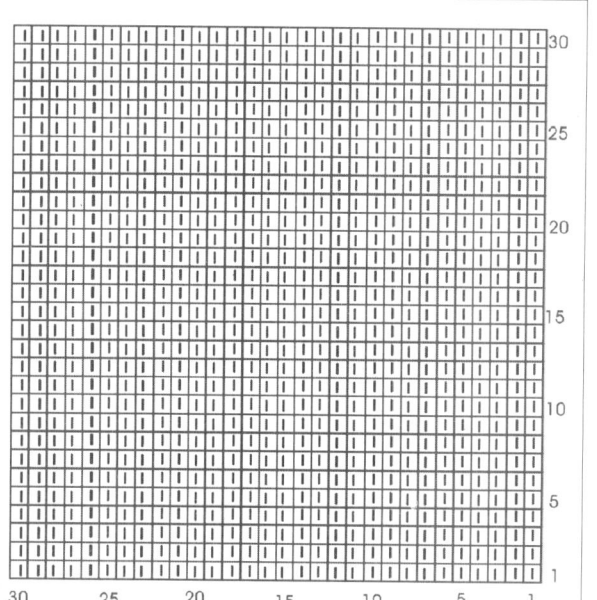

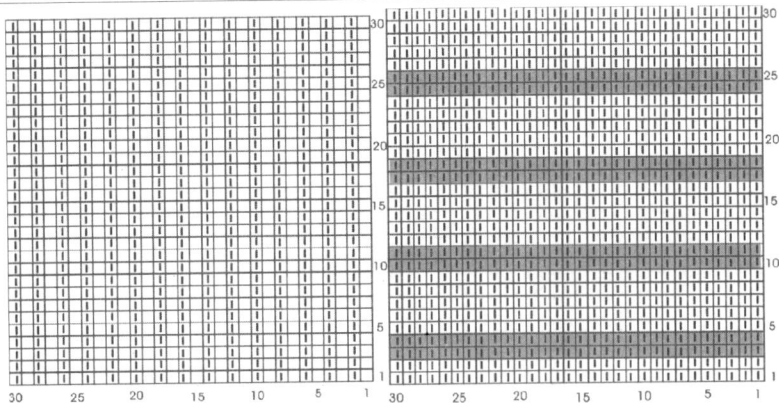

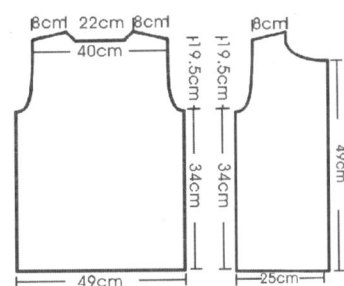

109

112

110

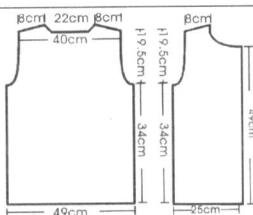

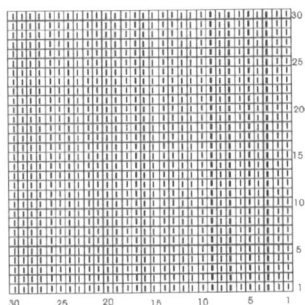

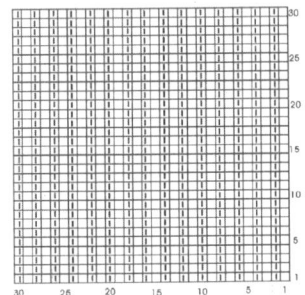

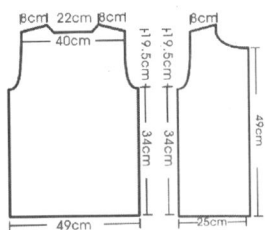

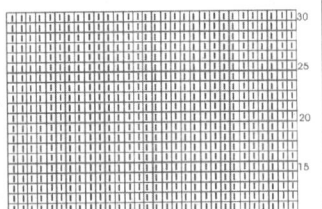

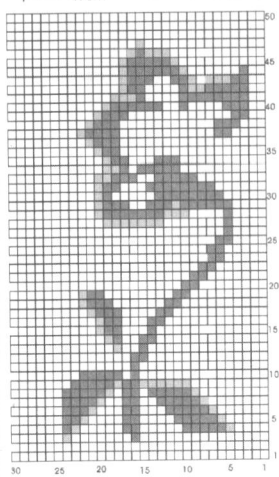

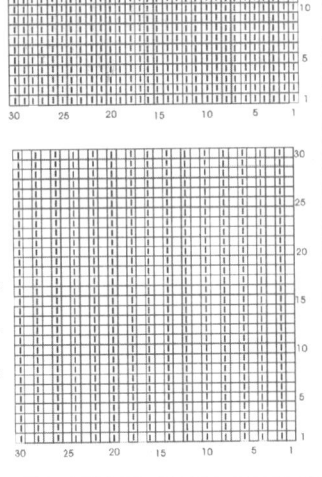

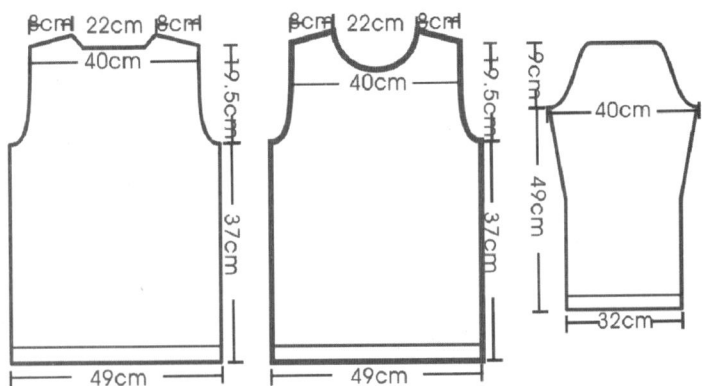

111

边缘花样

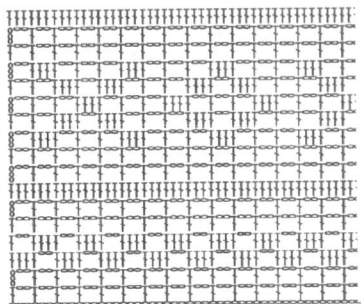

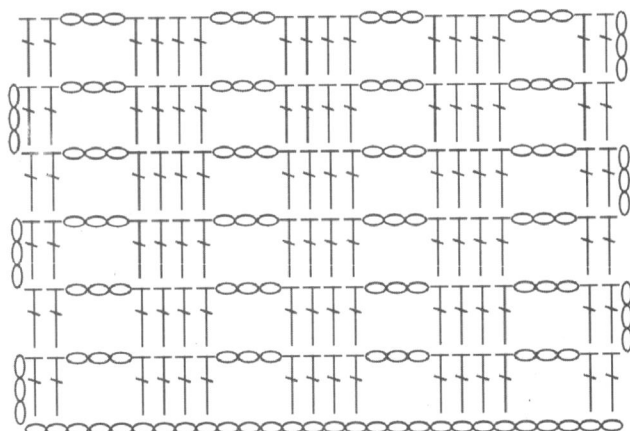

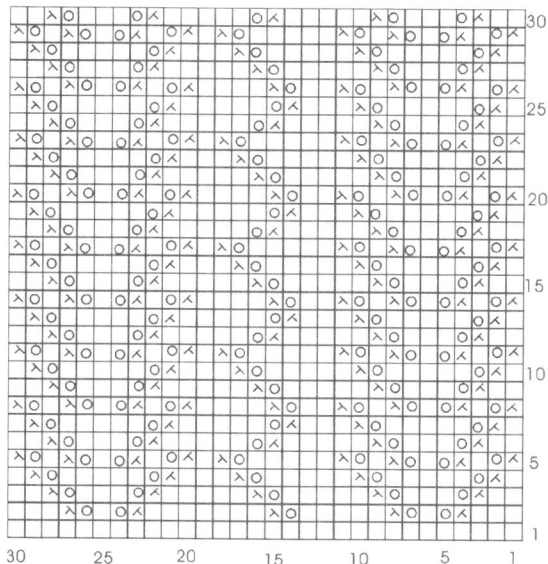

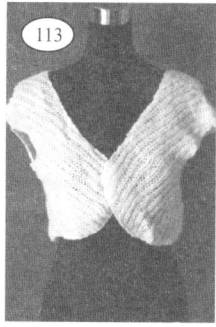

113

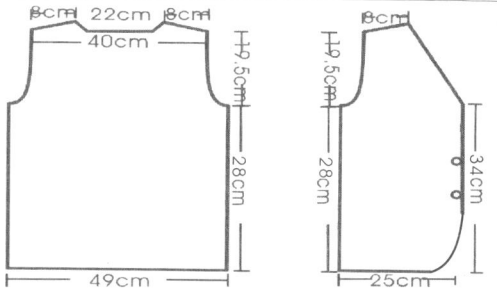

114

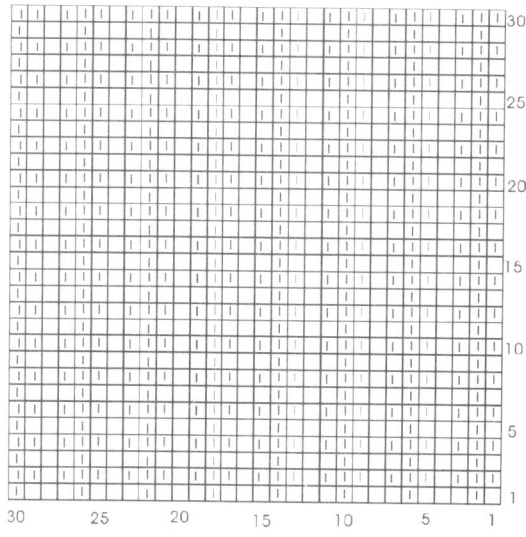

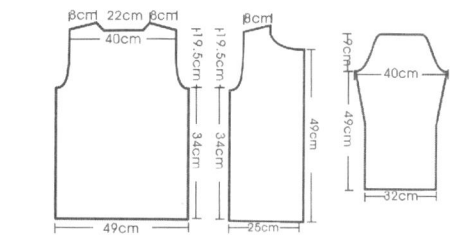

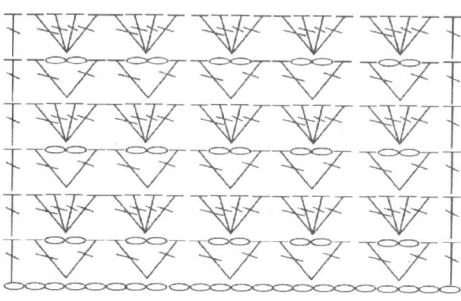

边缘花样

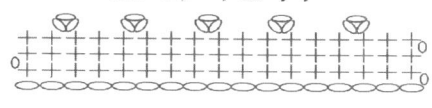

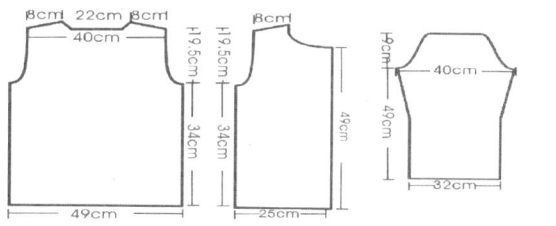

115

116

边缘花样

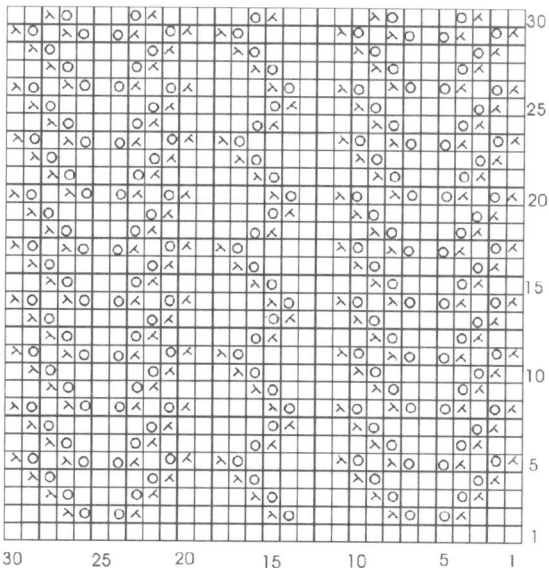

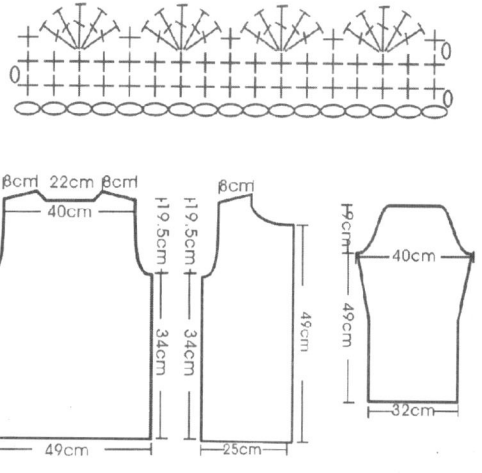

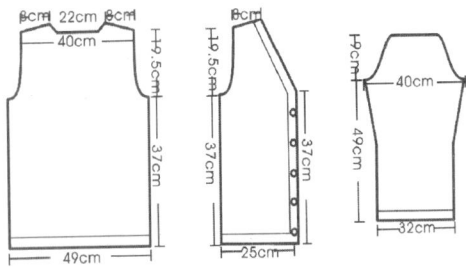

8cm 22cm 8cm
40cm
19.5cm 19.5cm
8cm
37cm 37cm 37cm
49cm 25cm
9cm
40cm
49cm
32cm

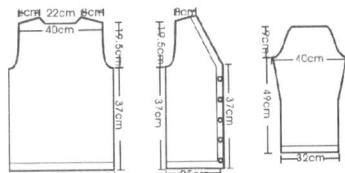

117

119

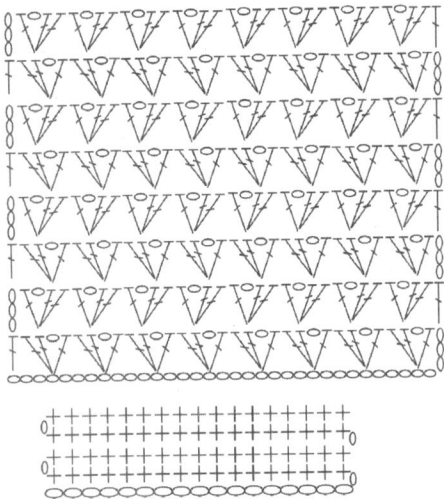

8cm 22cm 8cm
40cm
19.5cm 19.5cm
34cm 34cm
49cm 25cm
8cm
9cm
40cm
49cm
32cm

8cm 22cm 8cm
40cm
19.5cm 19.5cm
37cm 37cm
49cm
8cm
9cm
40cm
49cm
32cm

30
25
20
15
10
5
1
30 25 20 15 10 5 1

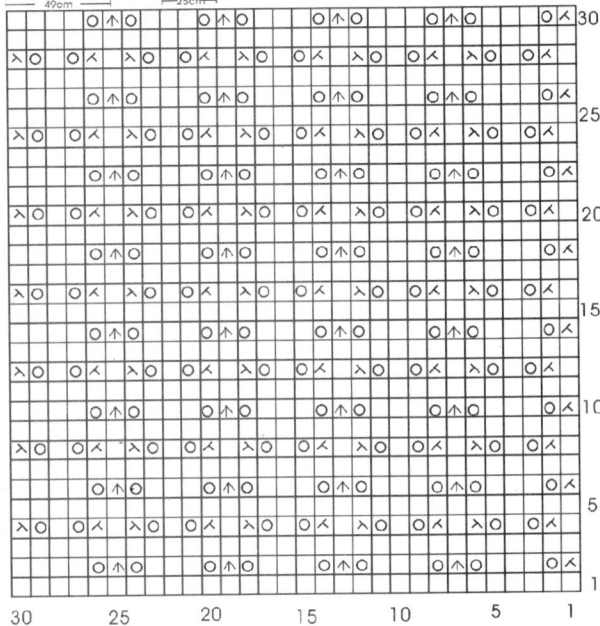

边缘花样

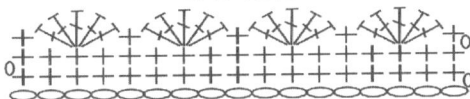

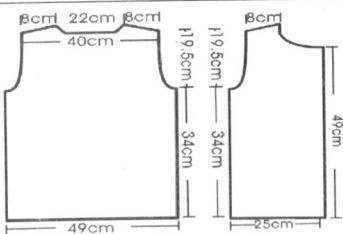

118

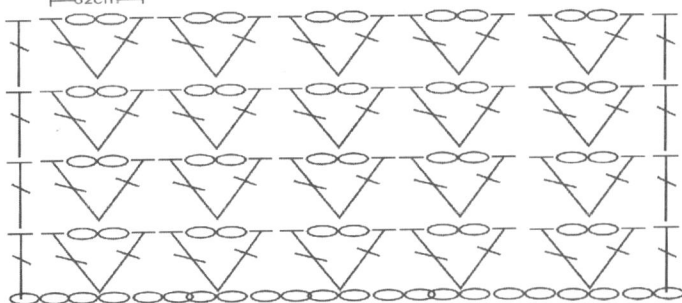

120

8cm 22cm 8cm
40cm
19.5cm 19.5cm
34cm 34cm
49cm 25cm
8cm
9cm
40cm
49cm
32cm

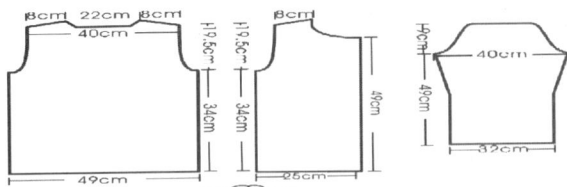

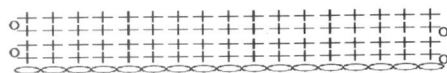

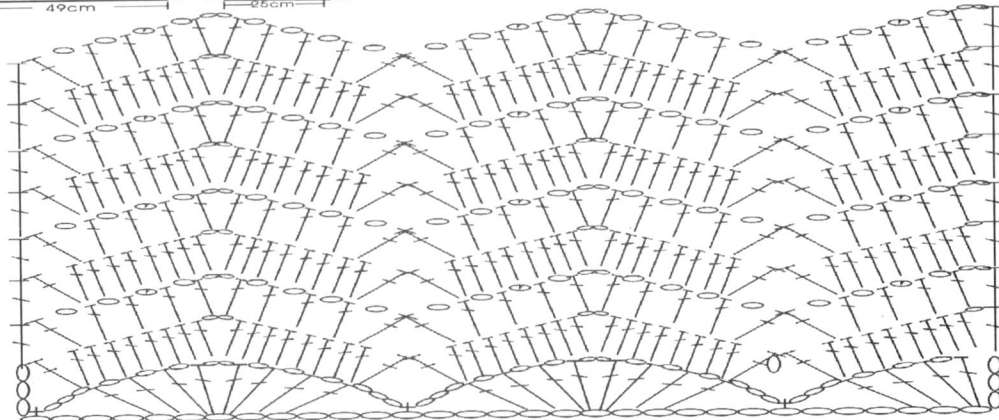

124

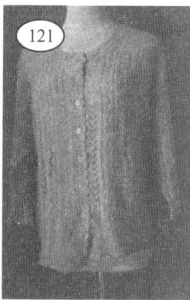

121

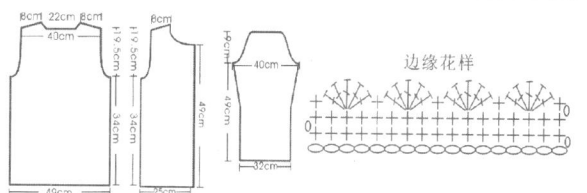

边缘花样

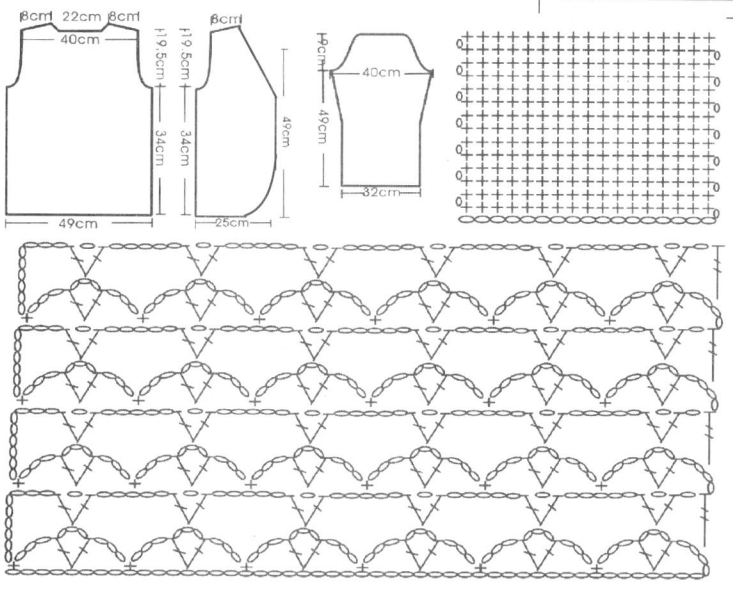

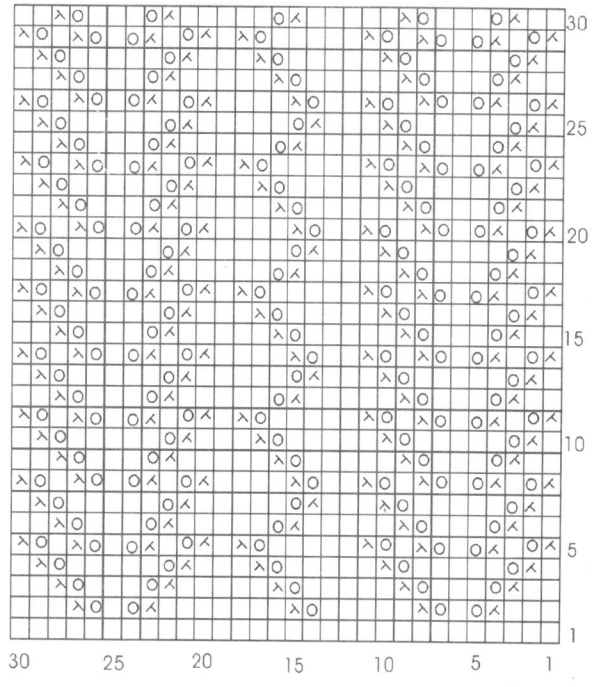

123

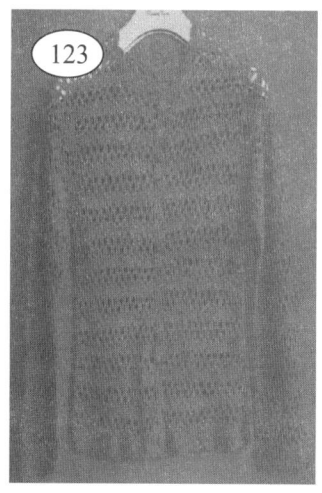

边缘花样

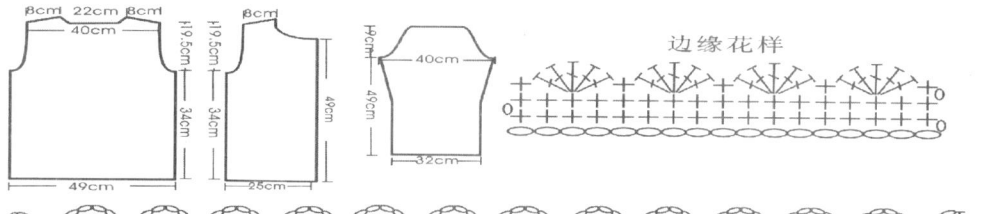

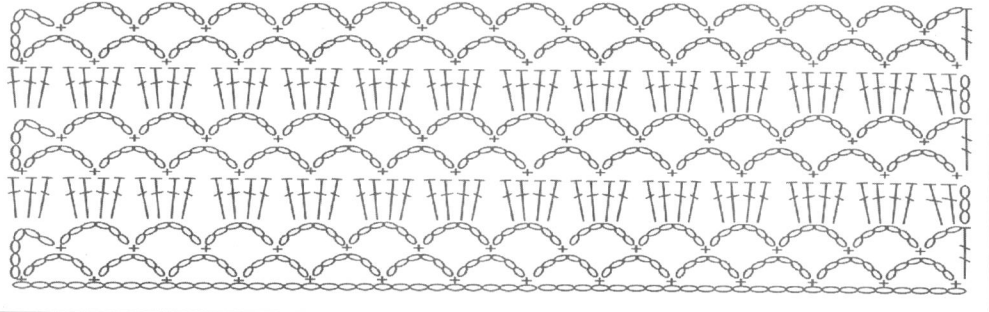

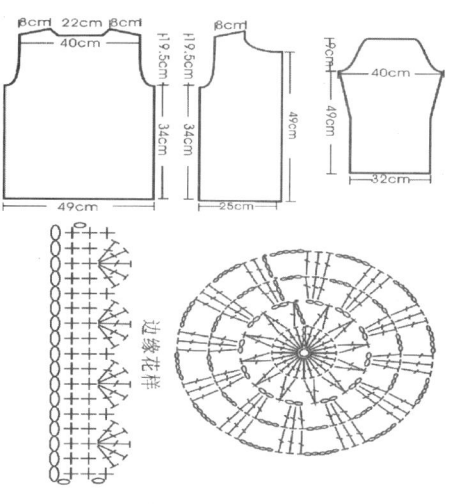

边缘花样

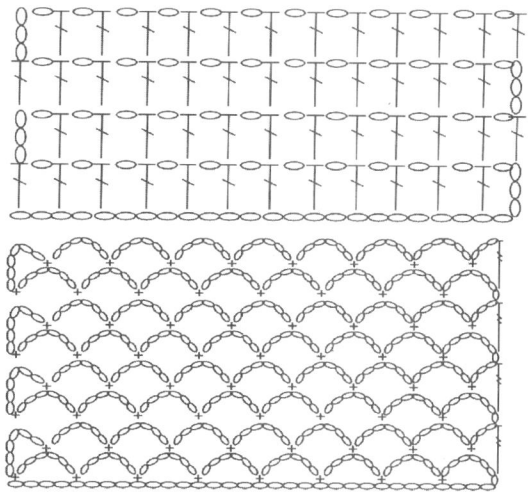

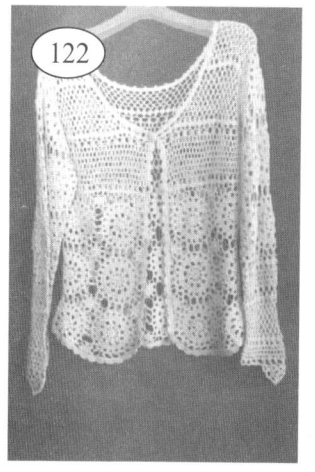

122

8cm 22cm 8cm
40cm
19.5cm
28cm
49cm

8cm
19.5cm
28cm
34cm
25cm

9cm
40cm
49cm
32cm

125

8cm 22cm 8cm
40cm
19.5cm
34cm
49cm

8cm
19.5cm
34cm
25cm

9cm
40cm
49cm
32cm

边缘花样

8cm 22cm 8cm
40cm
19.5cm
34cm
49cm

8cm
19.5cm
34cm
25cm

9cm
40cm
49cm
32cm

边缘花样

30
25
20
15
10
5
1
30 25 20 15 10 5 1

126

127

边缘花样

128

8cm 22cm 8cm
40cm
19.5cm
28cm
49cm

8cm
19.5cm
28cm
34cm
25cm

9cm
40cm
49cm
32cm

129

8cm 22cm 8cm
40cm
17.5cm 17.5cm 8cm
34cm 34cm
49cm 25cm

40cm
49cm
32cm

边缘花样

130

8cm 22cm 8cm
40cm
37cm 37cm 8cm
49cm 25cm

40cm
32cm

131

8cm 22cm 8cm
40cm
9.5cm 9.5cm 8cm
28cm 28cm
34cm
49cm 25cm

9cm
40cm
49cm
32cm

132

8cm 22cm 8cm
40cm
9.5cm 9.5cm 8cm
37cm 37cm 37cm
49cm 25cm

9cm
40cm
49cm
32cm

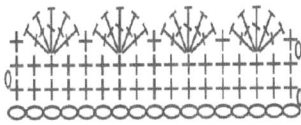

边缘花样

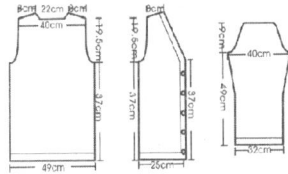

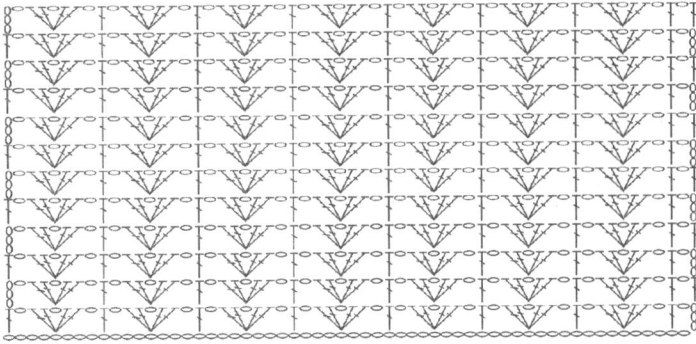

133

134

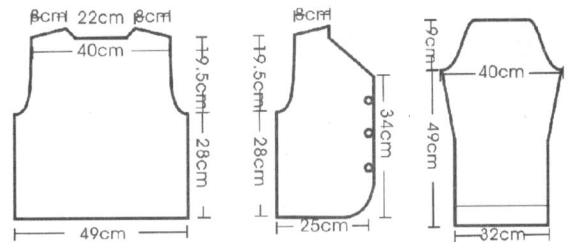

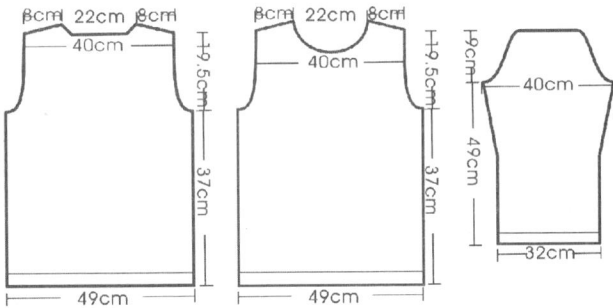

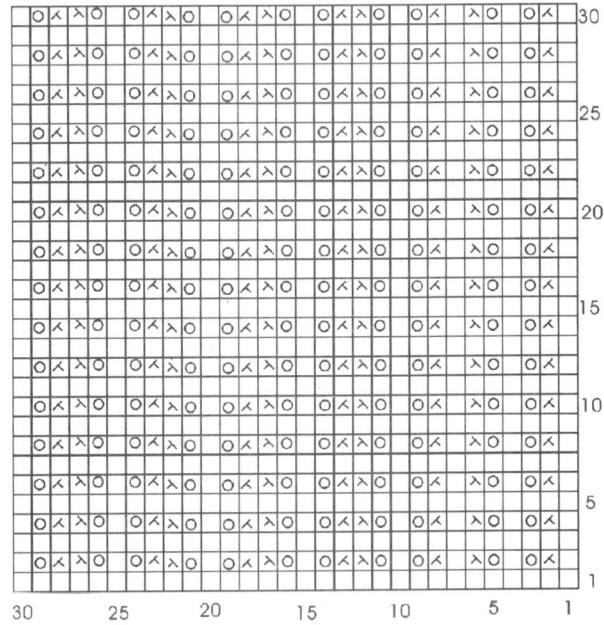

135

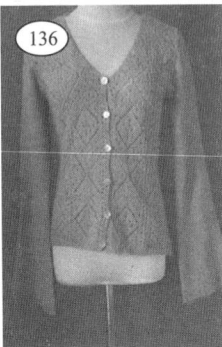

136

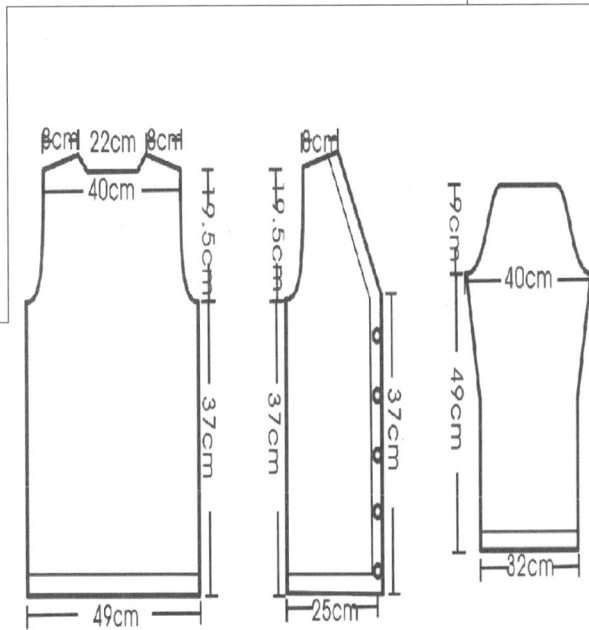

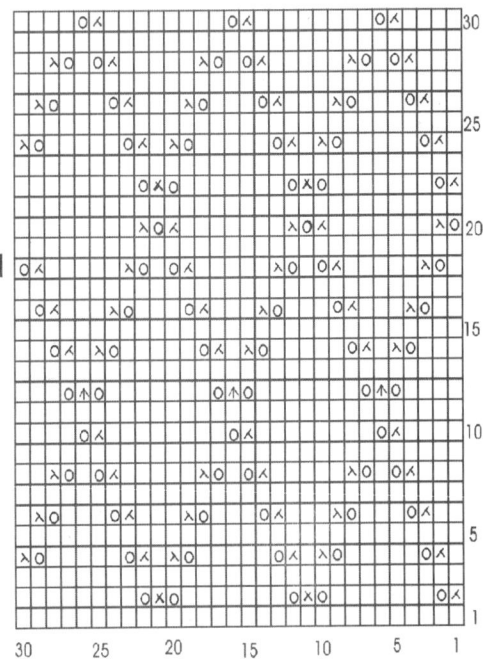

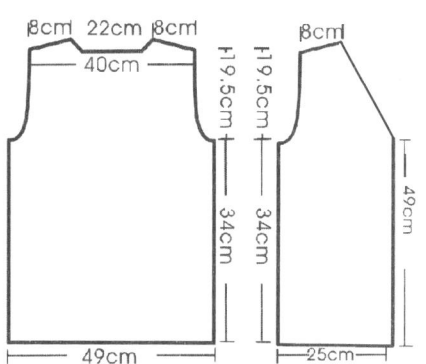

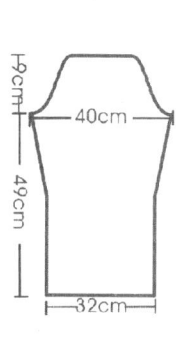

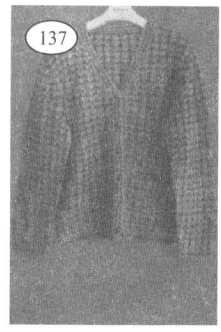

137

139

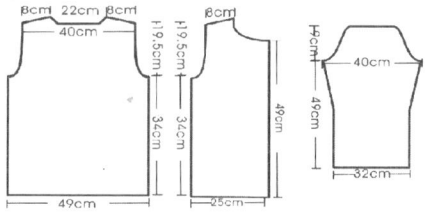

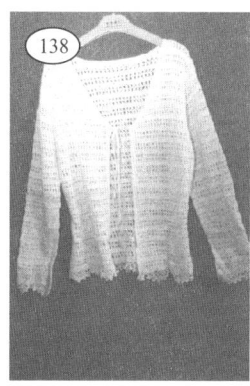

138

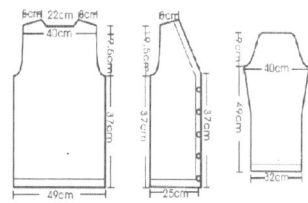

边缘花样

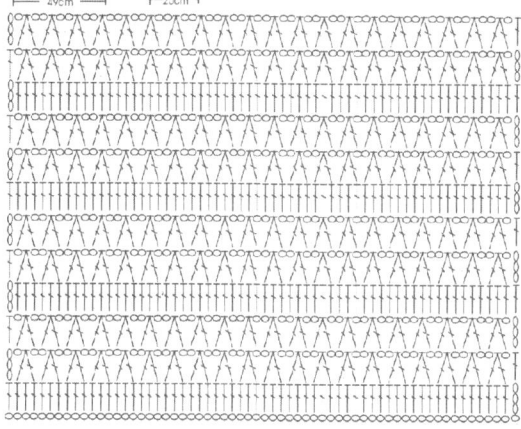

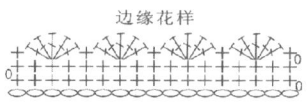

边缘花样

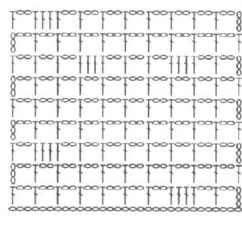

140

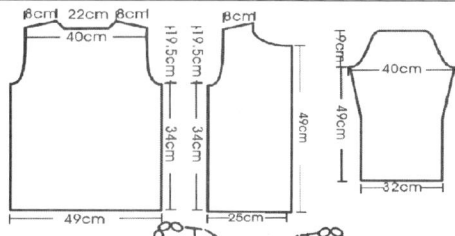

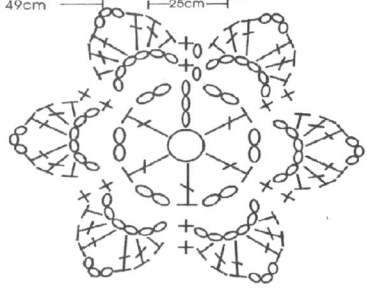

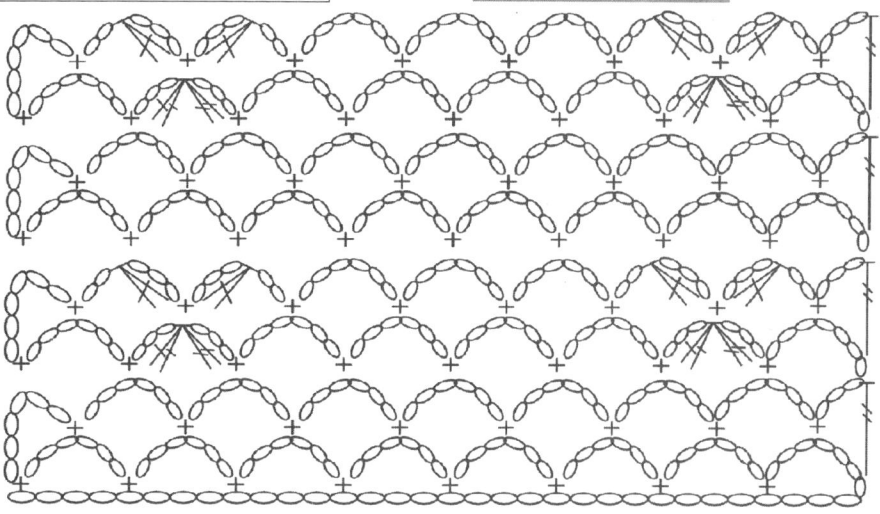

8cm 22cm 8cm
40cm
9.5cm 9.5cm 28cm 28cm
49cm

18cm
9.5cm 9.5cm 28cm 28cm
34cm
25cm

9cm
40cm
49cm
32cm

边缘花样

141

142

8cm 22cm 8cm
40cm
9.5cm 9.5cm 34cm
49cm

18cm
34cm 34cm
28cm
25cm

9cm
40cm
49cm
32cm

8cm 22cm 8cm
40cm
9.5cm 9.5cm 34cm 34cm
49cm

18cm
34cm 34cm
25cm

9cm
40cm
49cm
32cm

边缘花样

143

144

边缘花样

8cm 22cm 8cm
40cm
9.5cm 9.5cm 37cm

18cm
37cm 37cm

9cm
40cm
4cm
32cm

145

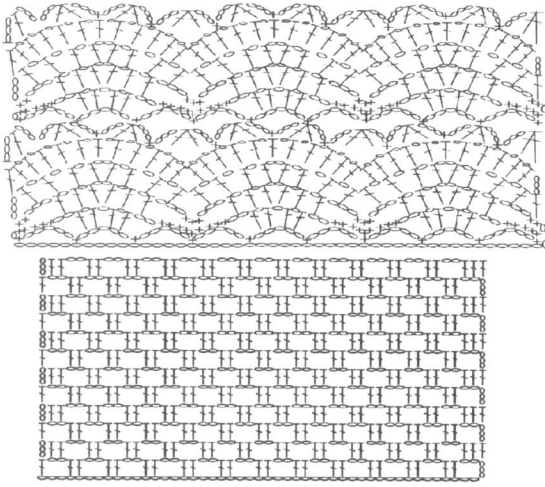

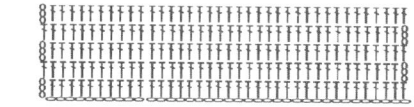

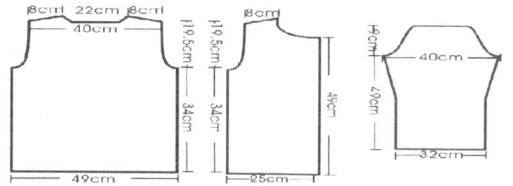

边缘花样

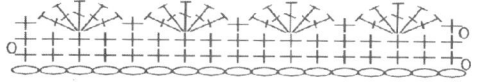

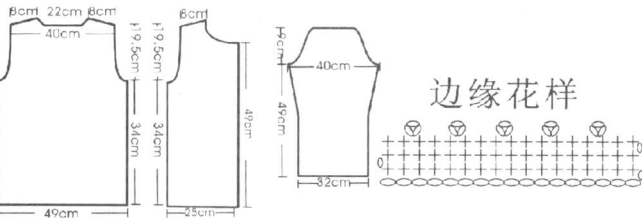

边缘花样

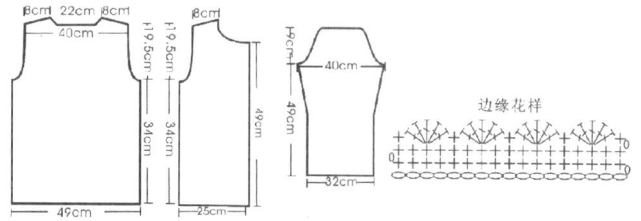

边缘花样

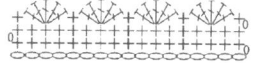

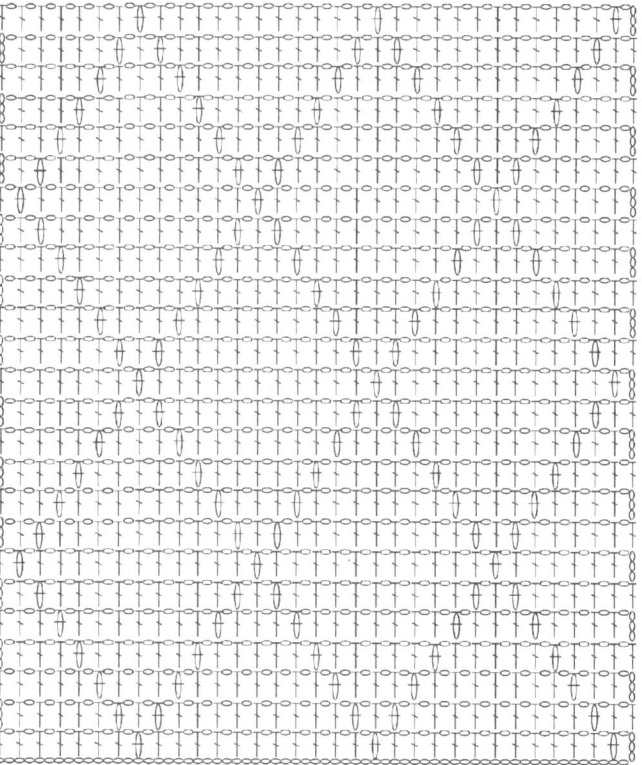

148

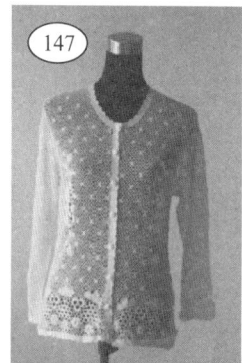

147

146

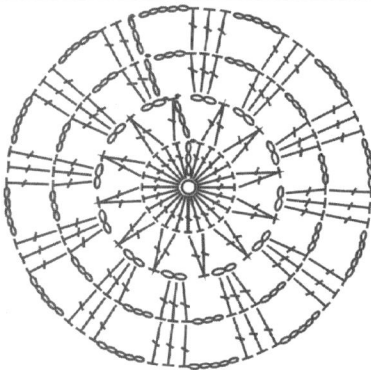

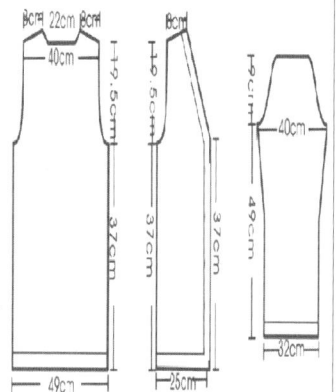

8cm 22cm 8cm
40cm
19.5cm
19.5cm
8cm
8cm
40cm
49cm
34cm
34cm
49cm
49cm
49cm
40cm
32cm
25cm

149

150

30
25
20
15
10
5
1

30 25 20 15 10 5 1

8cm 22cm 8cm
40cm
19.5cm
19.5cm
8cm
49cm
49cm
49cm
40cm
34cm
34cm
49cm
32cm
25cm

边缘花样

151

8cm 22cm 8cm
40cm
19.5cm
19.5cm
8cm
49cm
49cm
49cm
40cm
34cm
34cm
49cm
32cm
49cm
25cm

边缘花样

8cm 22cm 8cm
40cm
19.5cm
19.5cm
8cm
49cm
37cm
37cm
37cm
49cm
40cm
49cm
32cm
25cm

边缘花样

152

153

8cm 22cm 8cm
40cm
9.5cm
28cm
49cm

8cm
9.5cm
28cm
25cm

9cm
40cm
34cm
49cm
32cm

8cm 22cm 8cm
40cm
19.5cm
34cm
49cm

8cm
34cm
49cm
25cm

40cm
49cm
32cm

边缘花样

154

30

25

20

15

10

5

30   25   20   15   10   5   1

156

8cm 22cm 8cm
40cm
9.5cm
37cm
49cm

8cm
9.5cm
37cm
25cm

9cm
40cm
49cm
32cm

边缘花样

155

8cm 22cm 8cm
40cm
19.5cm
34cm
49cm

8cm
34cm
25cm

40cm
49cm
32cm

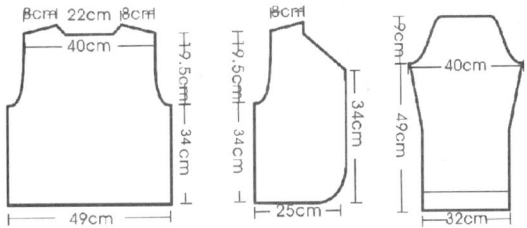

8cm 22cm 8cm
40cm
49cm

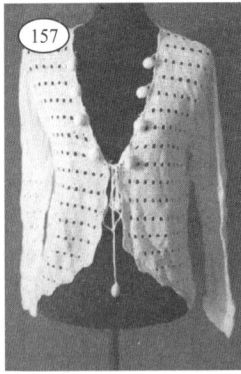

157

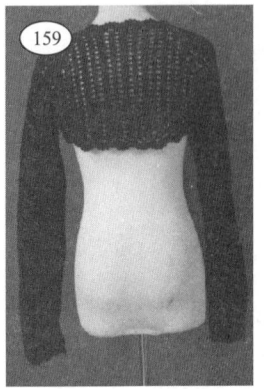

159

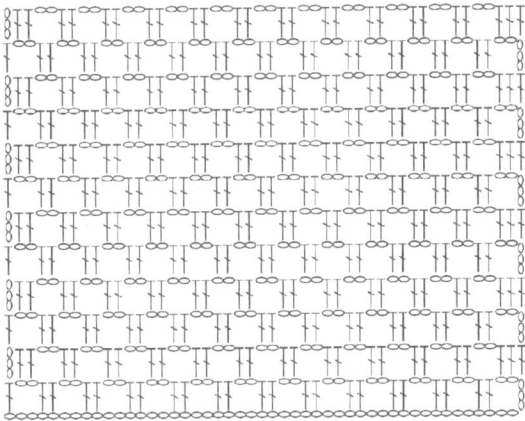

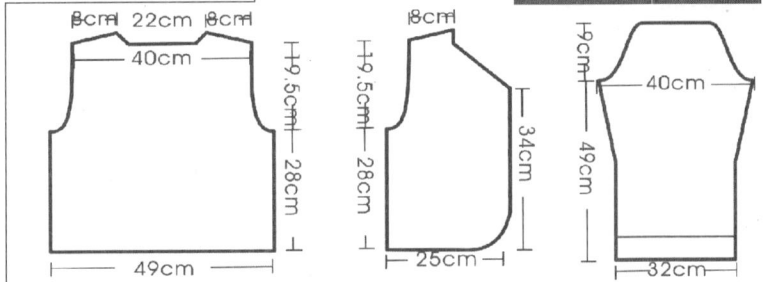

8cm 22cm 8cm
40cm
49cm

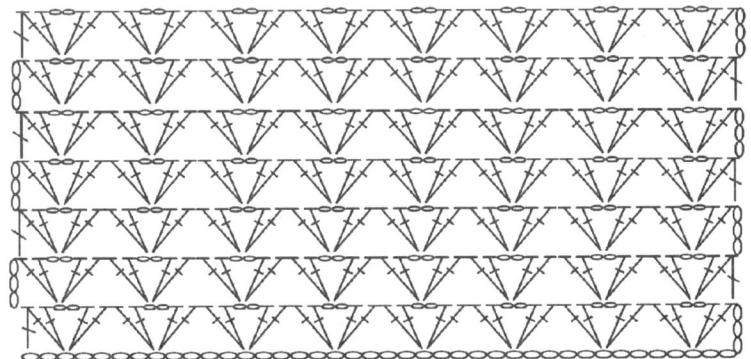

边缘花样

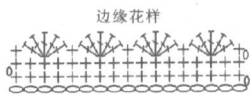

边缘花样

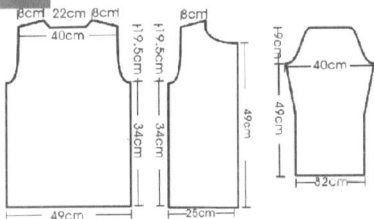

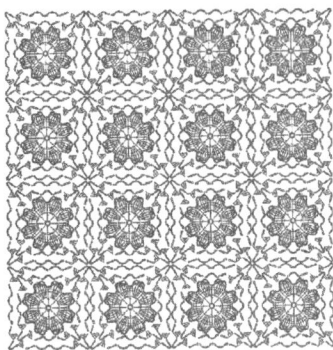

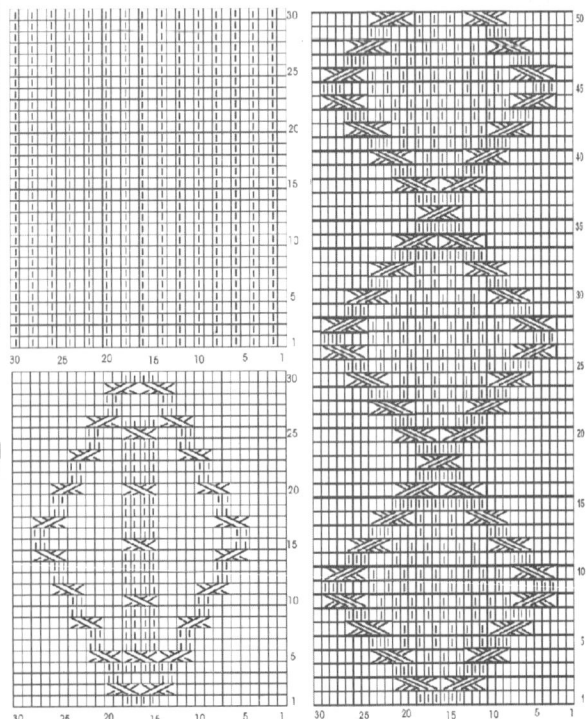

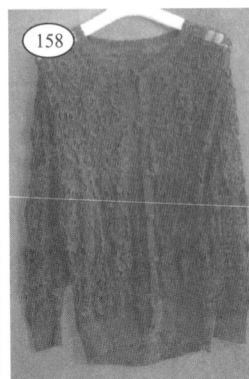

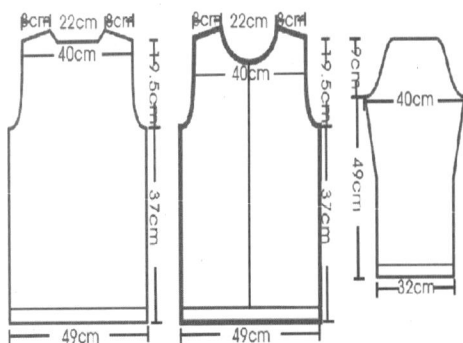

8cm 22cm 8cm
40cm
49cm
8cm 22cm 8cm
40cm
49cm

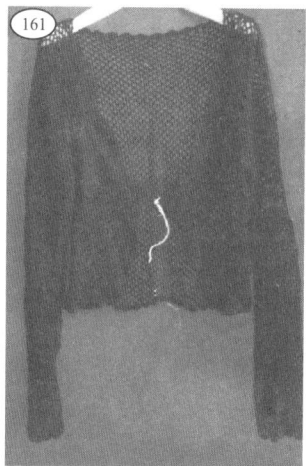

161

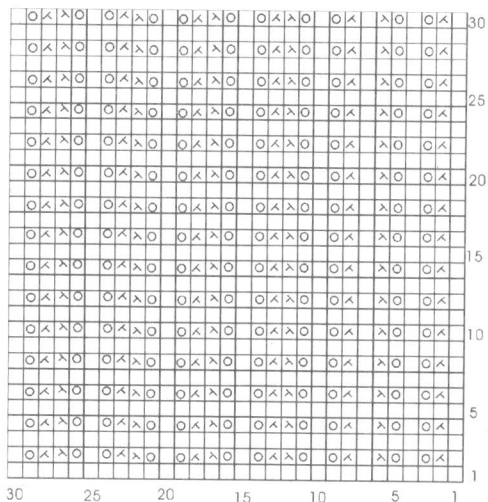

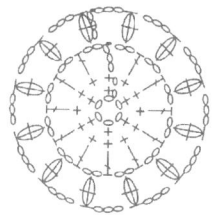

163

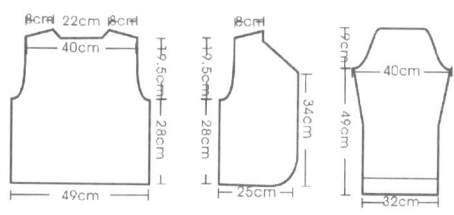

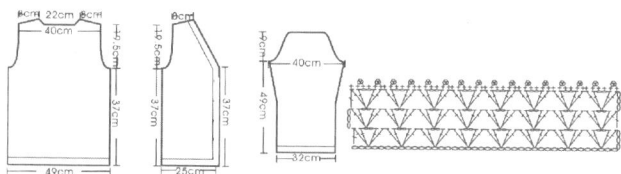

162

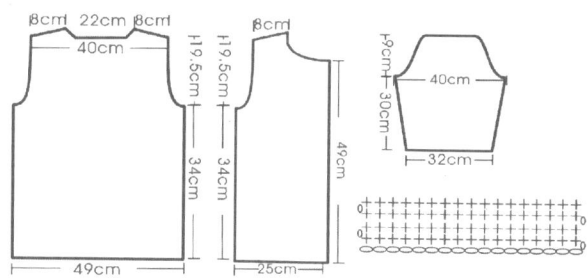

164

边缘花样

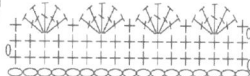

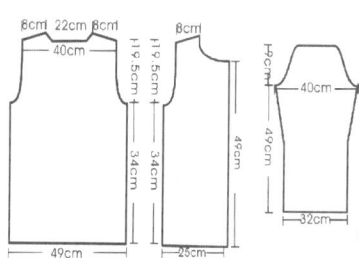

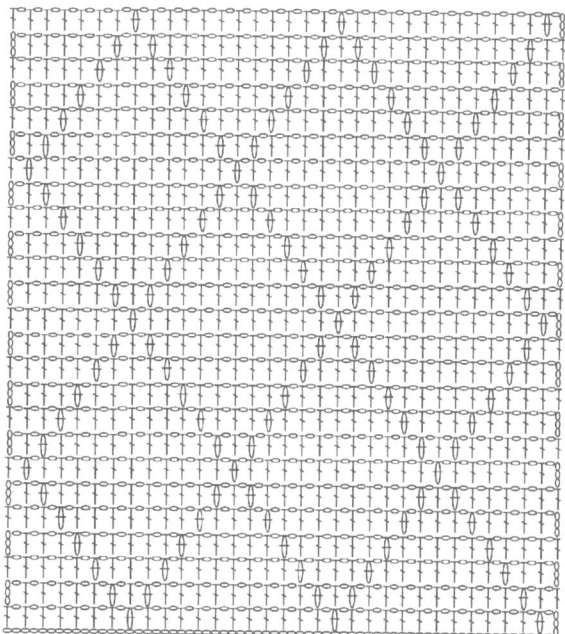

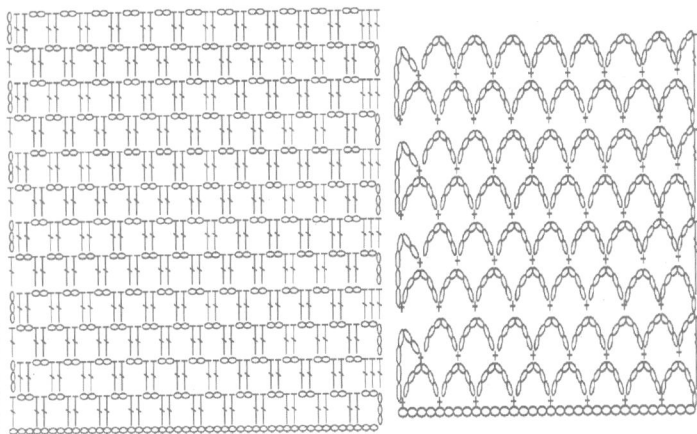

边缘花样

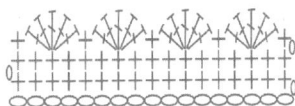

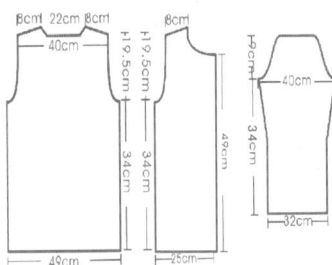

165

8cm 22cm 8cm　　8cm
40cm　　19.5cm
19.5cm
34cm　34cm
49cm
9cm
40cm
34cm
49cm　25cm
32cm

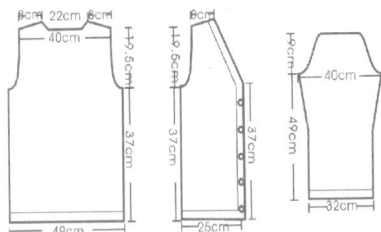

8cm 22cm 8cm　8cm
40cm　19.5cm
19.5cm
37cm　37cm　37cm
49cm　25cm
9cm
40cm
49cm
32cm

边缘花样

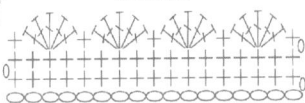

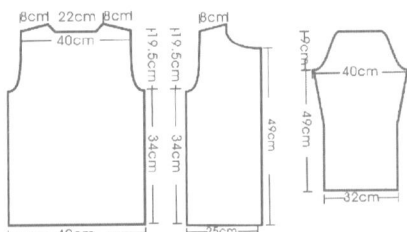

8cm 22cm 8cm　8cm
40cm　19.5cm
19.5cm
34cm　34cm
49cm　25cm
9cm
40cm
49cm
32cm

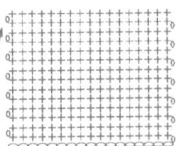

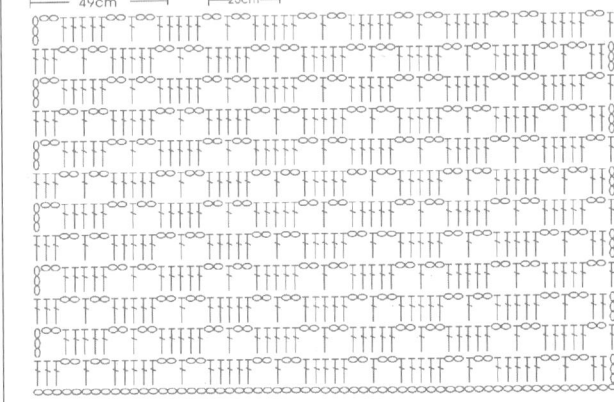

167

166

8cm 22cm 8cm　8cm
40cm　19.5cm
19.5cm
28cm　28cm
49cm
9cm
40cm
34cm
49cm
32cm

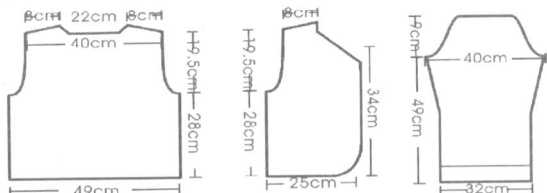

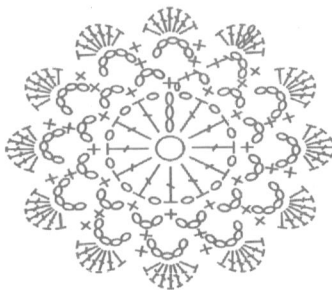

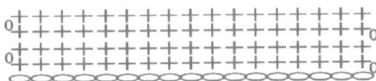

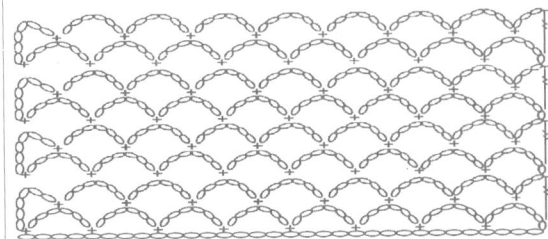

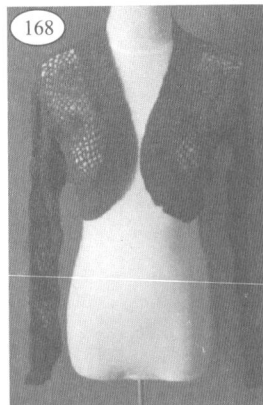

168

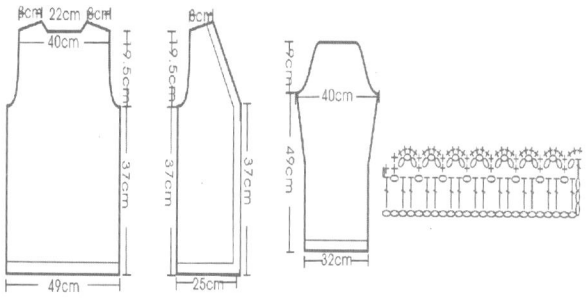

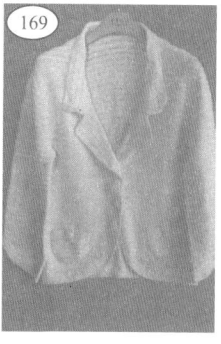

169

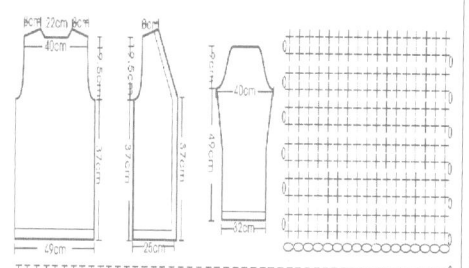

流行毛衣编织广场 2588

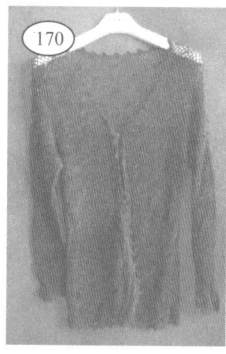

170

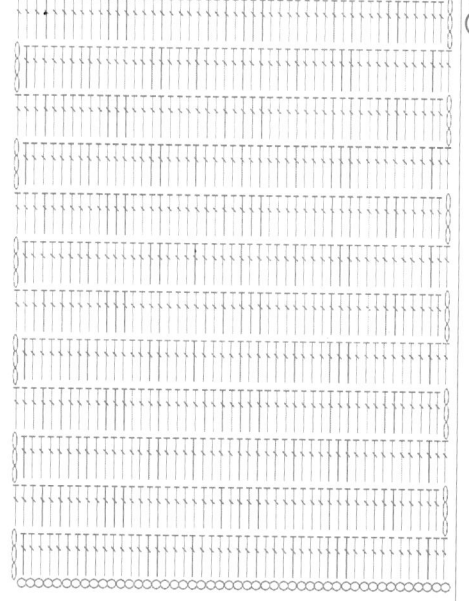

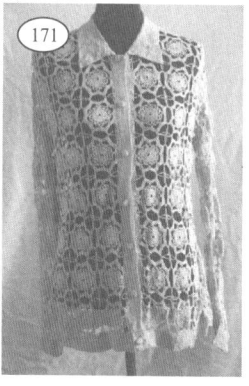

171

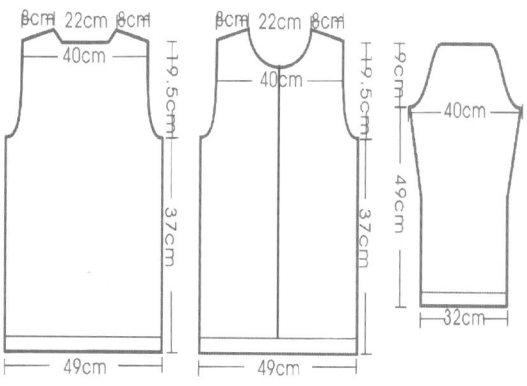

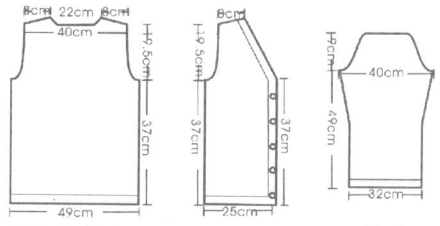

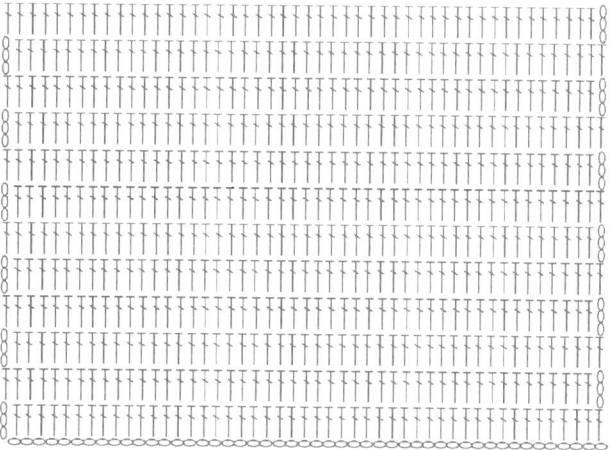

172

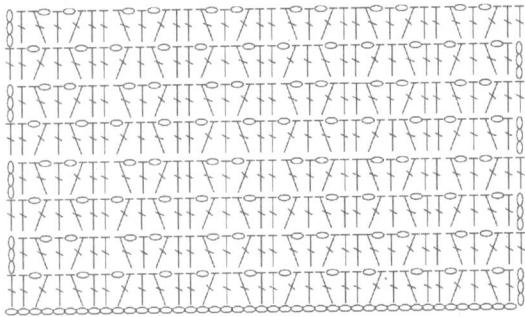

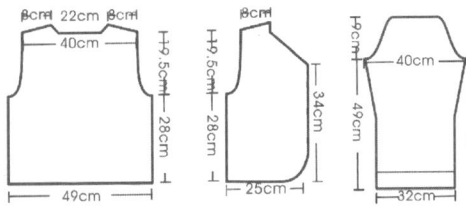

8cm 22cm 8cm
40cm
49cm
28cm

8cm
19.5cm
28cm
34cm
25cm

40cm
49cm
32cm

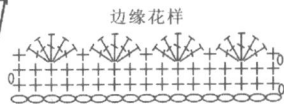

边缘花样

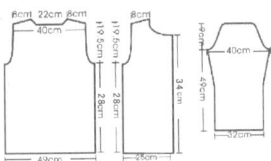

8cm 22cm 8cm
40cm
49cm
28cm
28cm
34cm
49cm
25cm
40cm
32cm

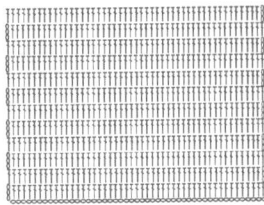

173

174

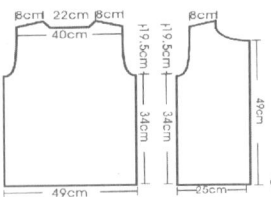

8cm 22cm 8cm
40cm
19.5cm 19.5cm
34cm 34cm
49cm
49cm
25cm
40cm
32cm

边缘花样

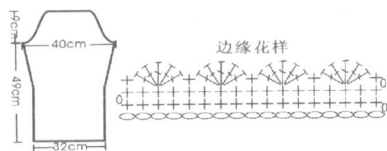

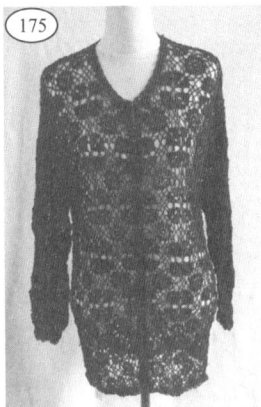

175

176

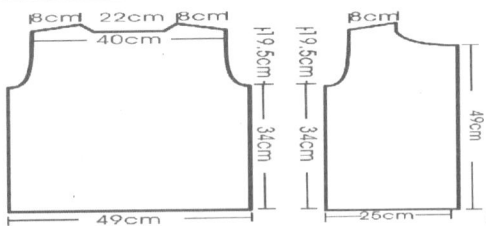

8cm 22cm 8cm
40cm
19.5cm 19.5cm
34cm 34cm
49cm
49cm
25cm
40cm
32cm

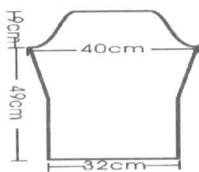

边缘花样

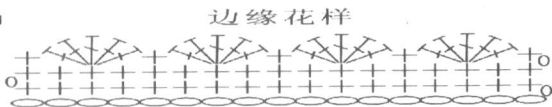

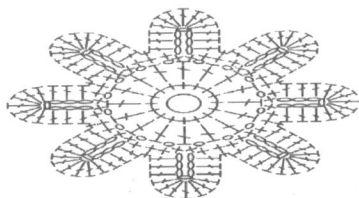

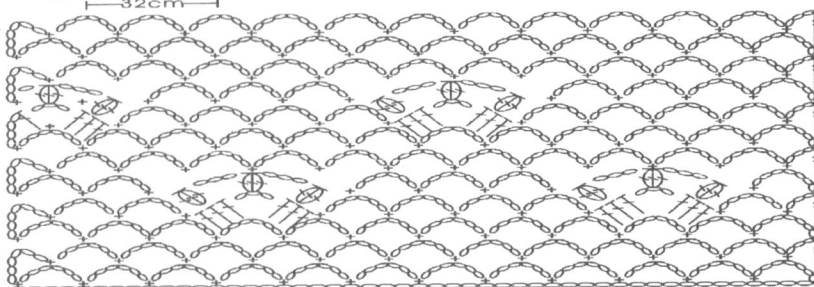

流行毛衣编织广场 2588

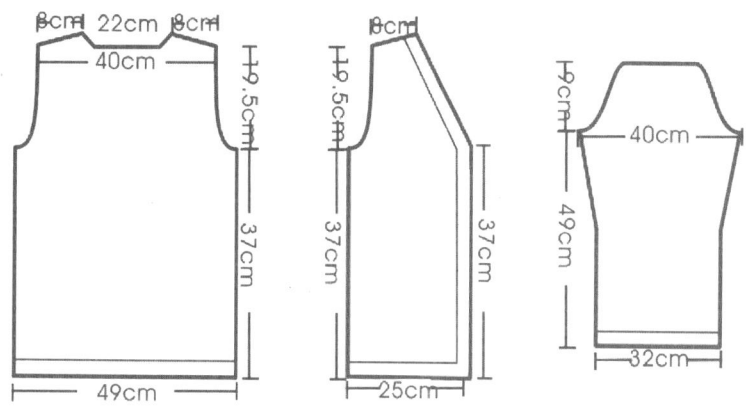

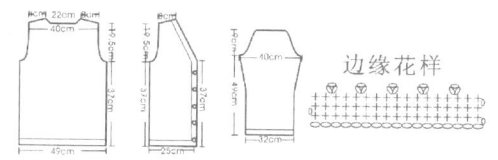

边缘花样

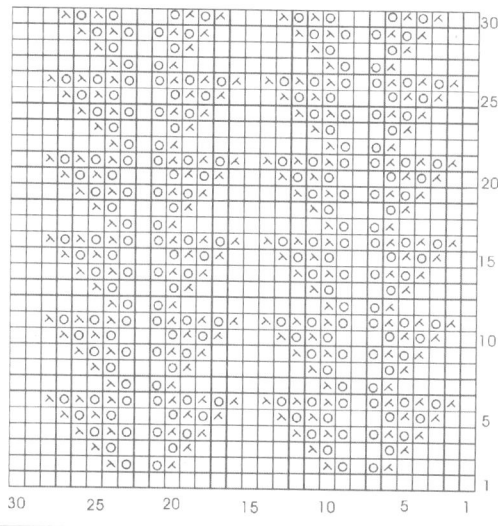

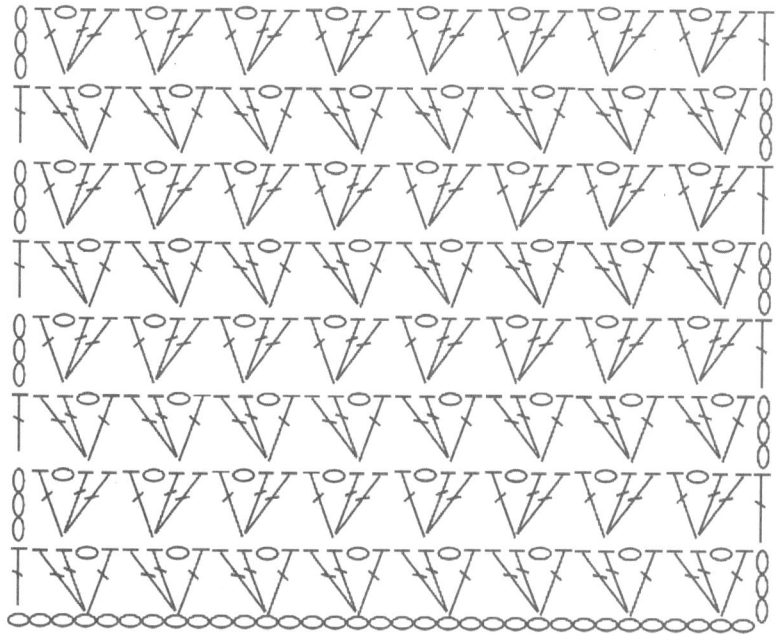

180

177

边缘花样

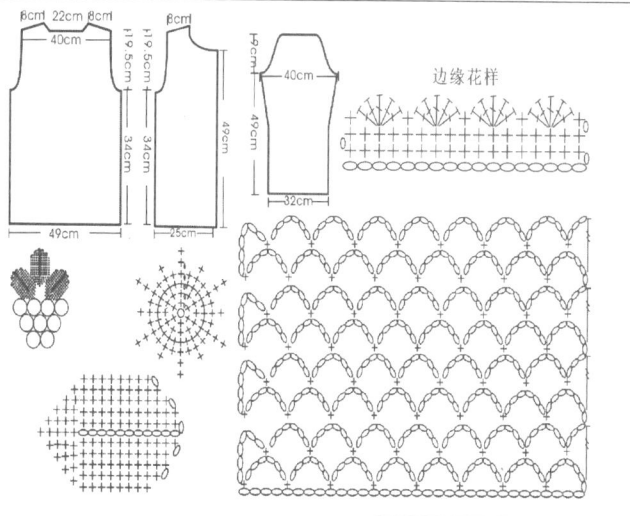

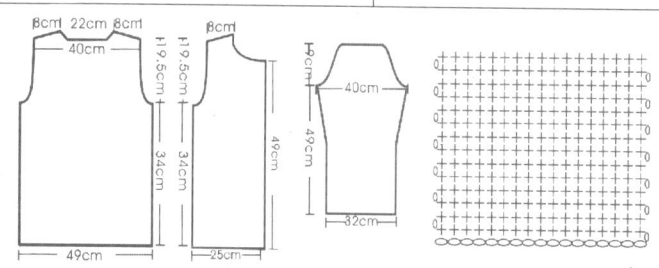

边缘花样

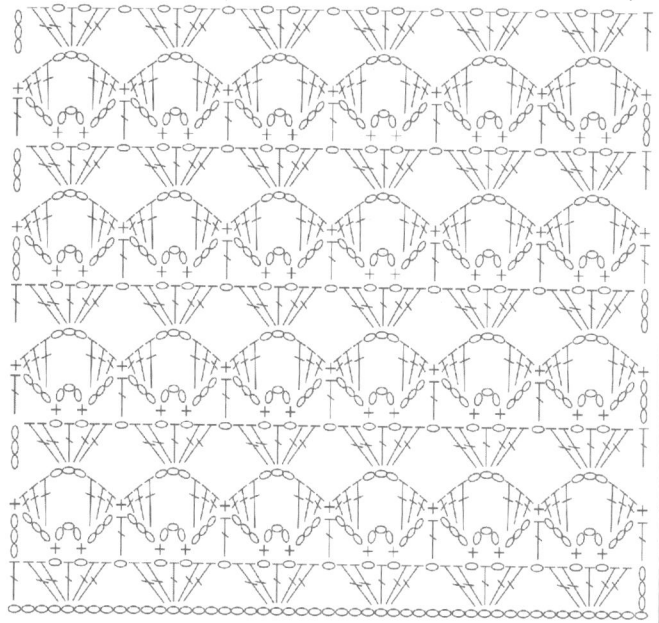

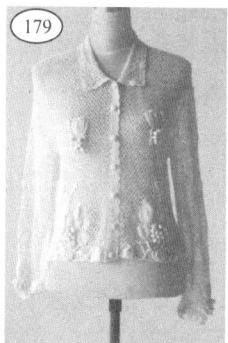

179

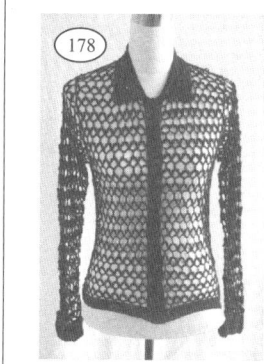

178

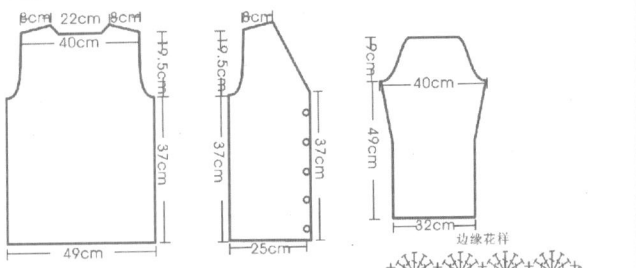

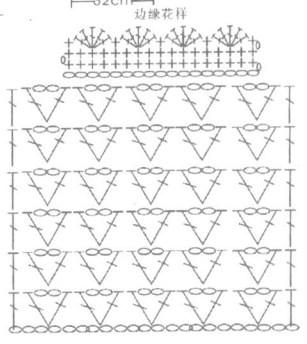

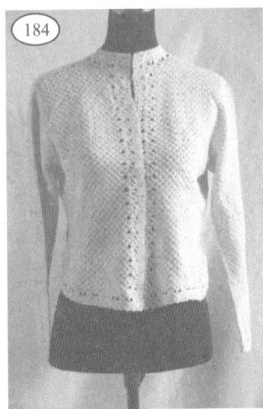

边缘花样

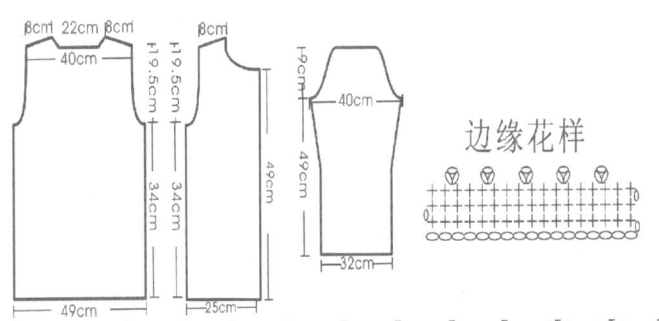

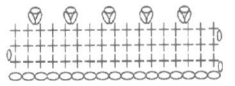

边缘花样

181

184

边缘花样

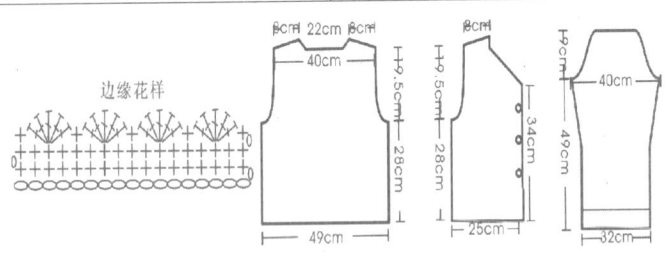

183

182

边缘花样

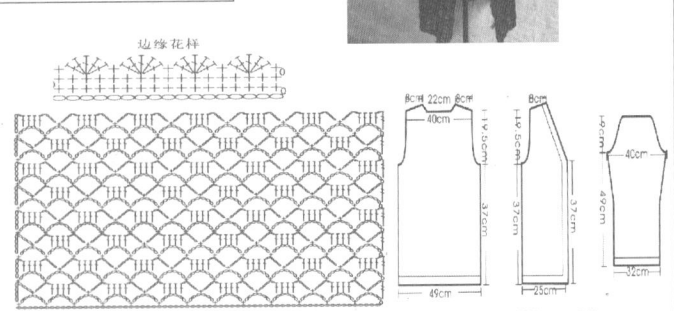

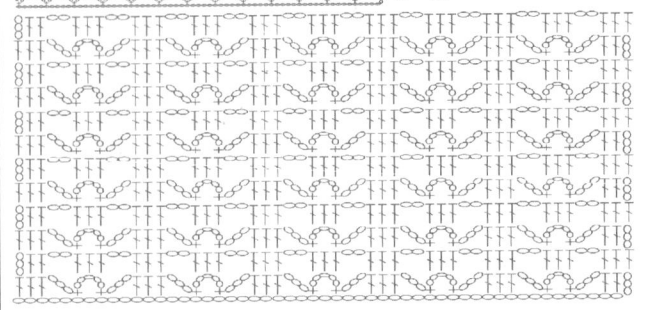

(187)

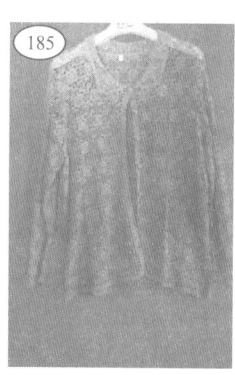

(185)

8cm 22cm 8cm
40cm
19.5cm
37cm
49cm

8cm
19.5cm
37cm
25cm

9cm
40cm
49cm
32cm

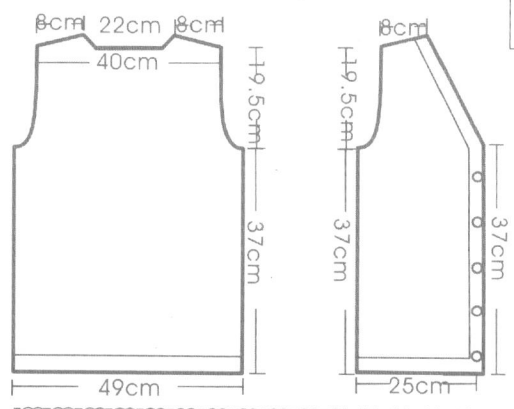

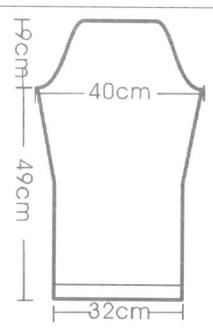

8cm 22cm 8cm
40cm
19.5cm
34cm
49cm

8cm
19.5cm
34cm
25cm

40cm
49cm
32cm

边缘花样

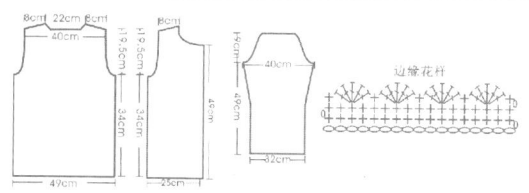

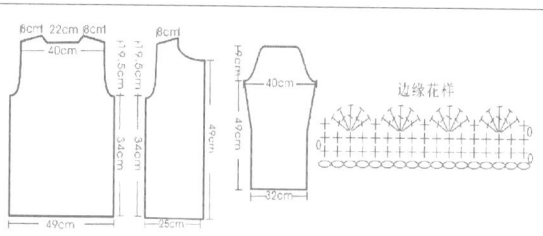

8cm 22cm 8cm
40cm
19.5cm
34cm
49cm

8cm
19.5cm
34cm
25cm

9cm
40cm
49cm
32cm

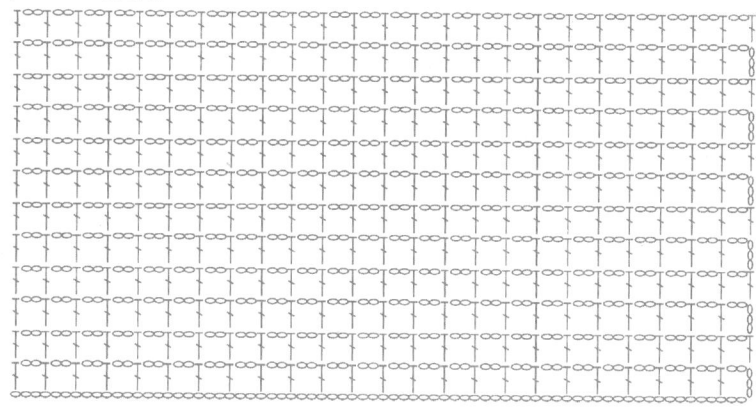

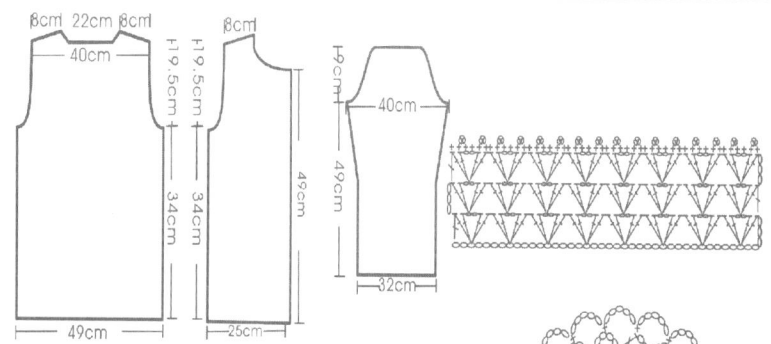

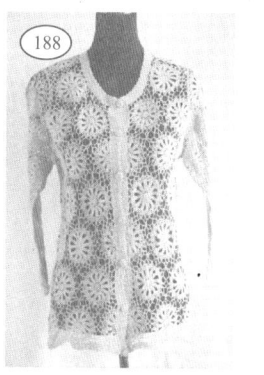

(188)

(186)

8cm 22cm 8cm
40cm
49cm
25cm
34cm
40cm
32cm

8cm 22cm 8cm
40cm
49cm
28cm
25cm
28cm
34cm
40cm
49cm
32cm

189

192

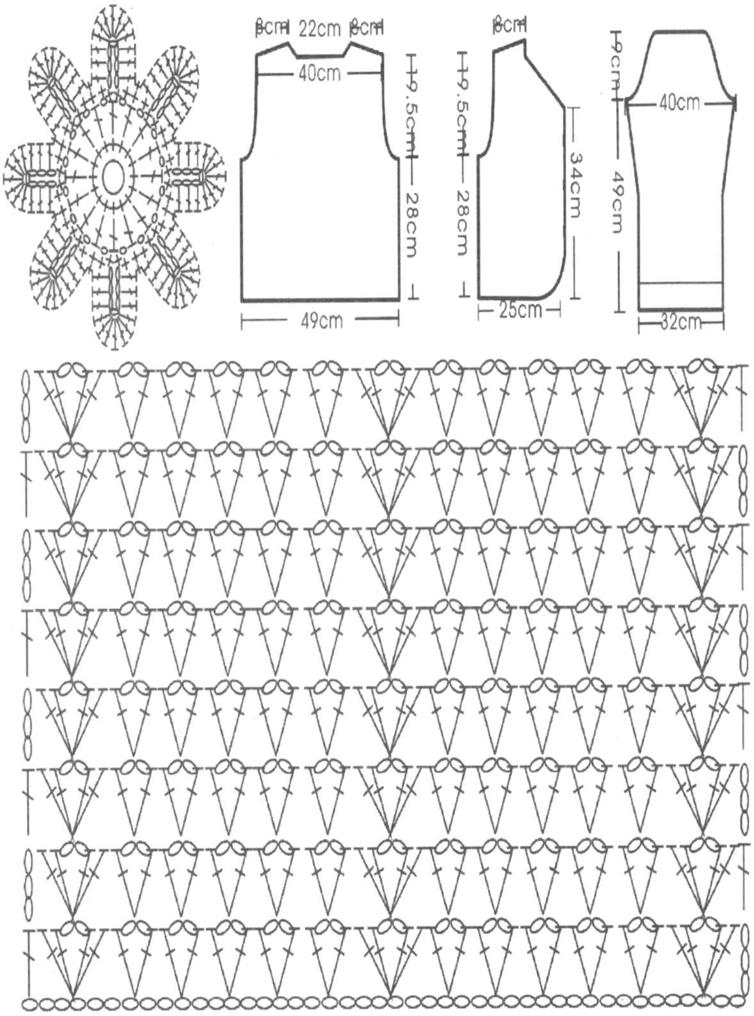

8cm 22cm 8cm
40cm
49cm
19.5cm
34cm
25cm
40cm
49cm
32cm

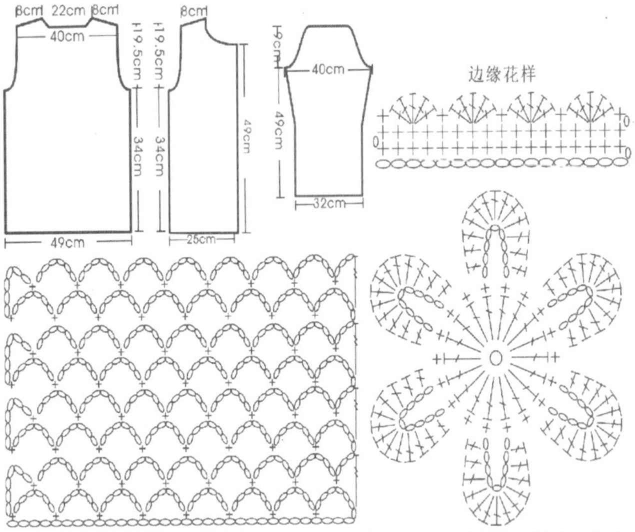

边缘花样

8cm 22cm 8cm
40cm
49cm
37cm
25cm
37cm
40cm
49cm
32cm

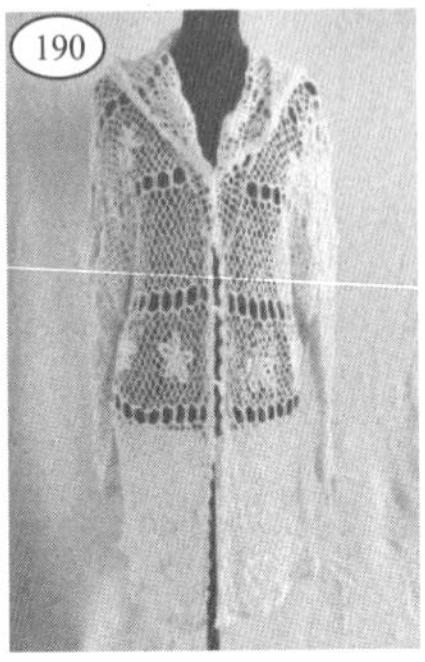

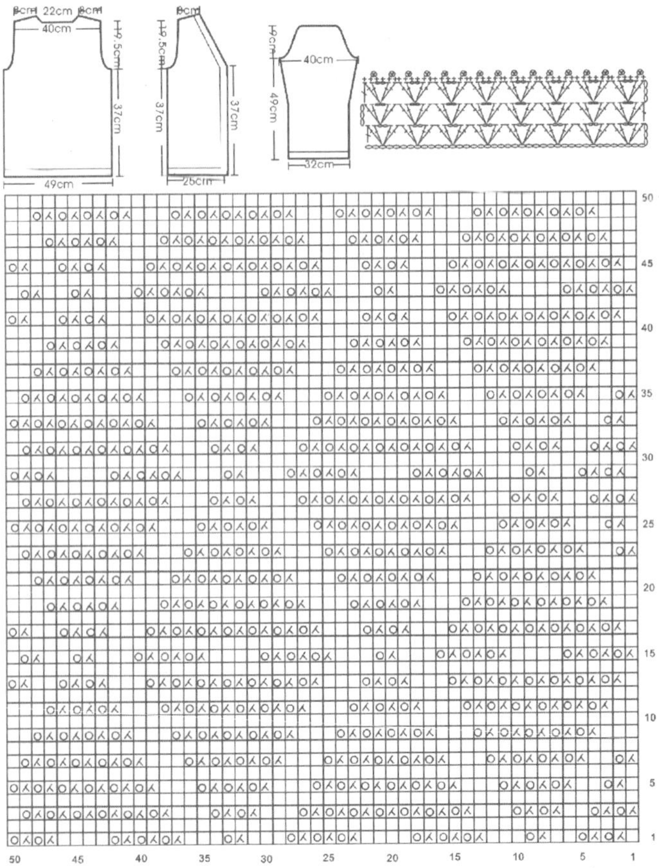

190

191

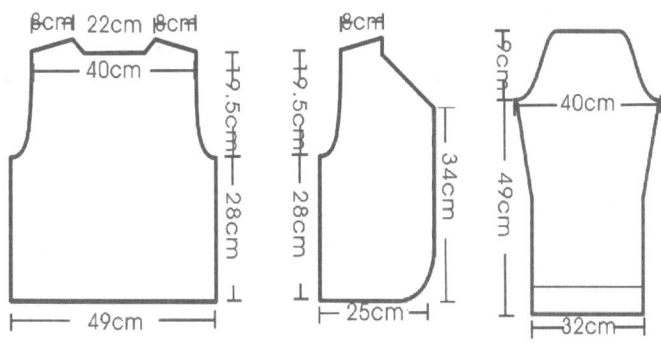

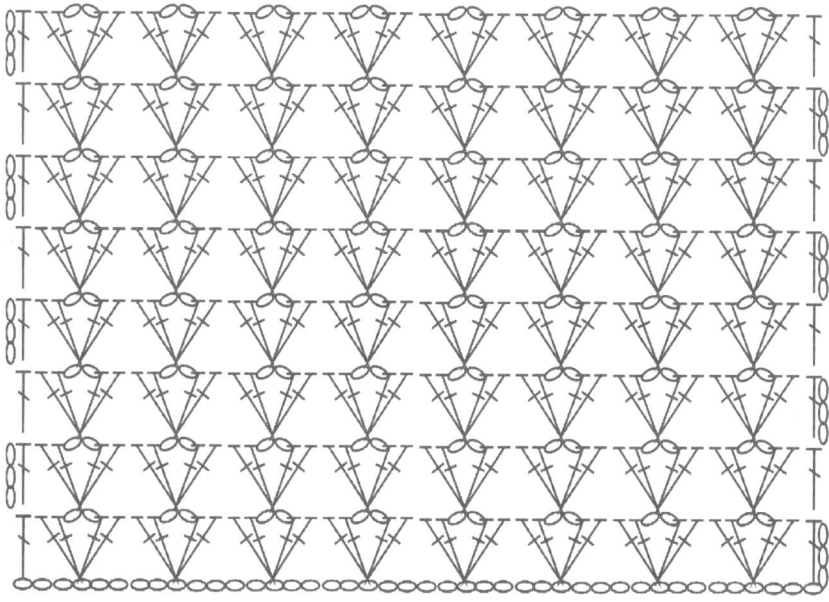

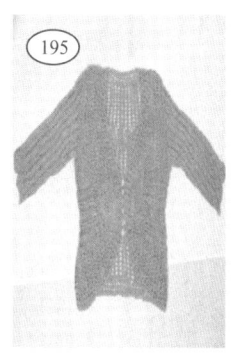

195

193

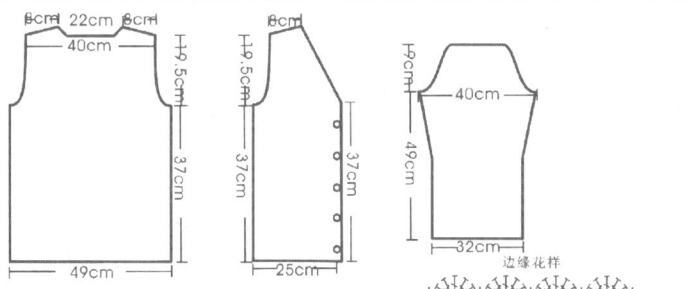

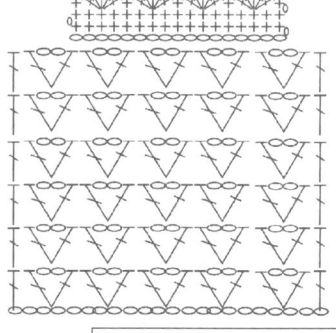

边缘花样

边缘花样

196

194

流行毛衣编织广场 2588

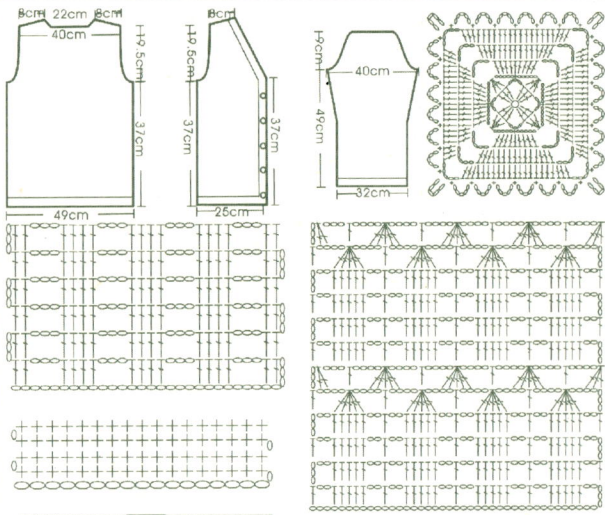

197

199

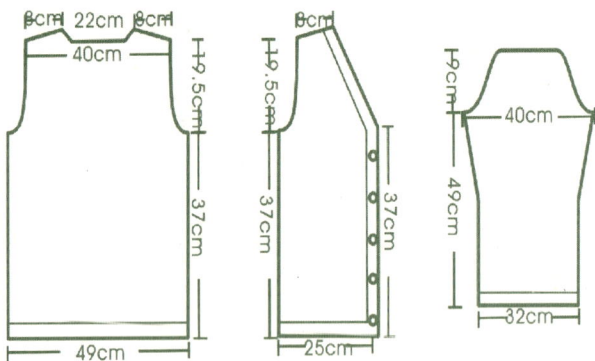

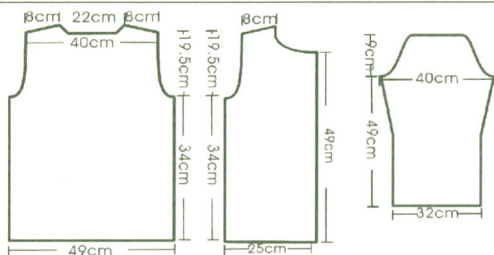

边缘花样

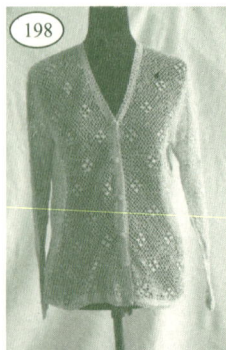

198

200

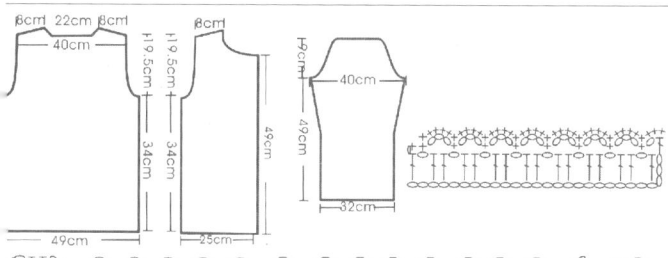

8cm 22cm 8cm
40cm
19.5cm 19.5cm
34cm 34cm
49cm
49cm
8cm
40cm
32cm
25cm

201

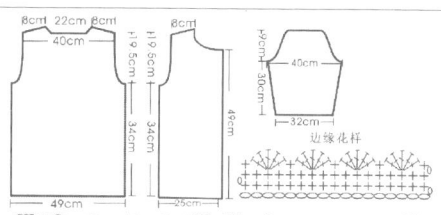

8cm 22cm 8cm
40cm
19.5cm
34cm 34cm
49cm
49cm
8cm
40cm
30cm
32cm
边缘花样

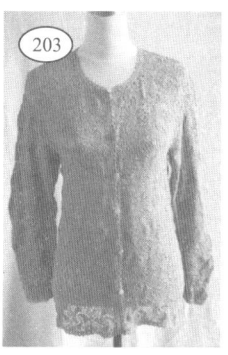

203

8cm 22cm 8cm
40cm
19.5cm 19.5cm
45cm 45cm
49cm
8cm
49cm
49cm
40cm
32cm
25cm

边缘花样

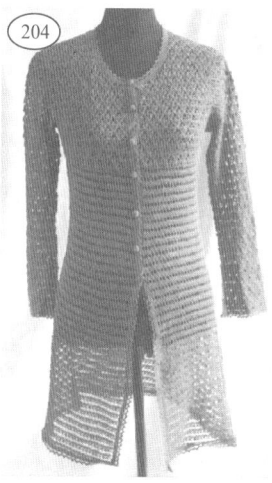

204

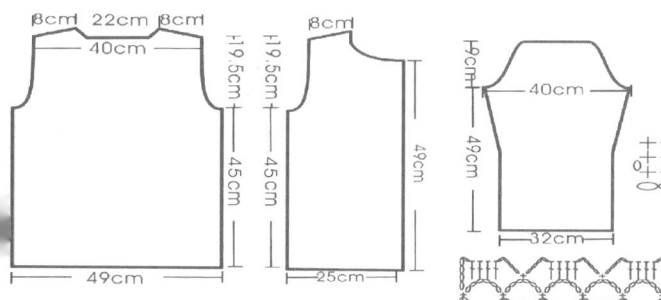

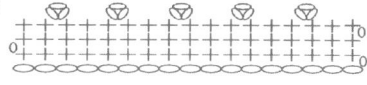

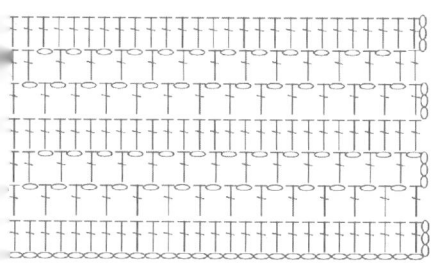

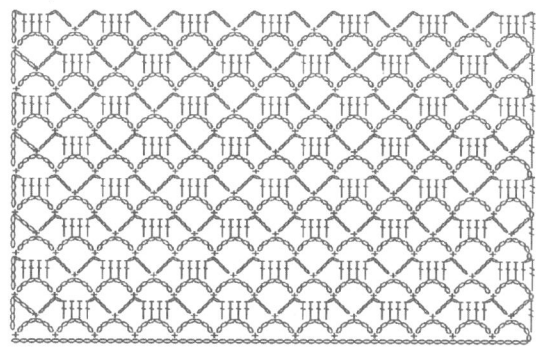

202

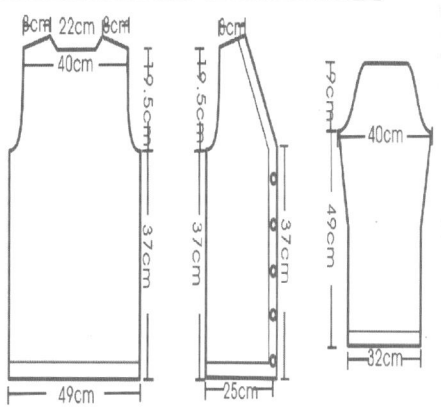

8cm 22cm 8cm
40cm
19.5cm 19.5cm
37cm 37cm 37cm
49cm
8cm
40cm
49cm
49cm
32cm
25cm

边缘花样

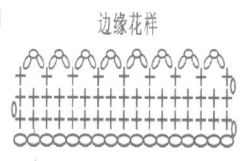

边缘花样

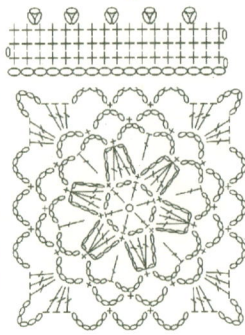

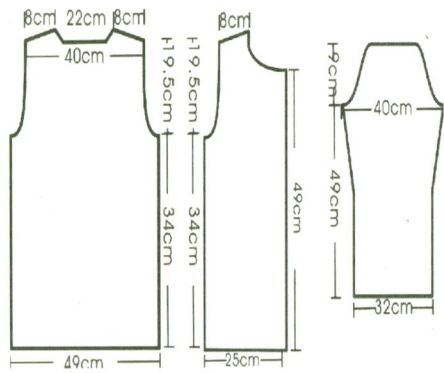

8cm 22cm 8cm
40cm
19.5cm 19.5cm
34cm 34cm
49cm
49cm
8cm
25cm

9cm
40cm
49cm
32cm

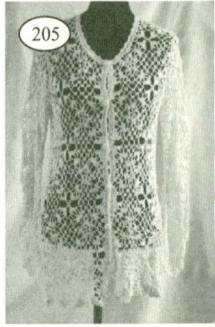

205

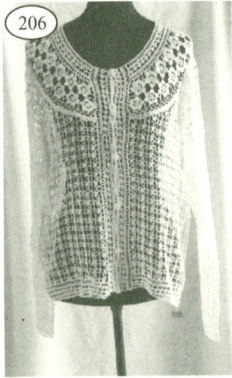

206

8cm 22cm 8cm
40cm
19.5cm 19.5cm
34cm 34cm
49cm
49cm
8cm
25cm

9cm
40cm
49cm
32cm

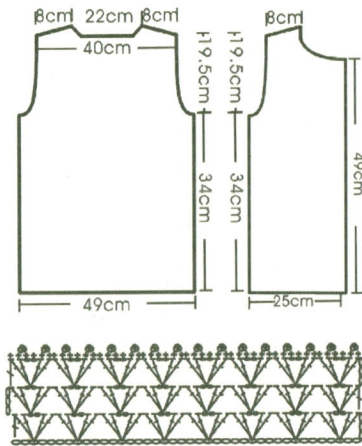

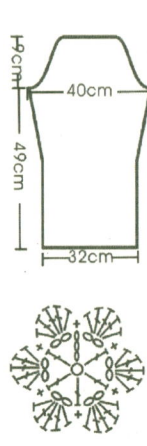

边缘花样

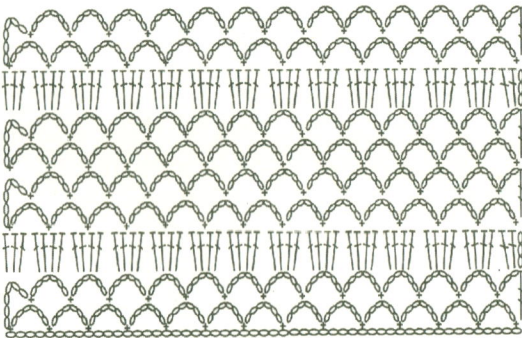

8cm 22cm 8cm
40cm
19.5cm 19.5cm
37cm 37cm
49cm
8cm
37cm
25cm

9cm
40cm
49cm
32cm

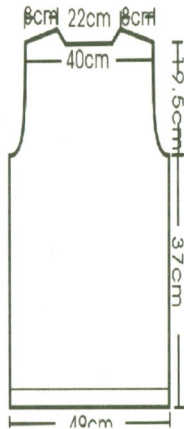

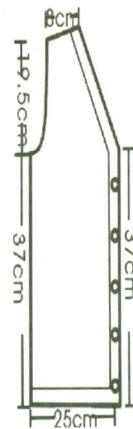

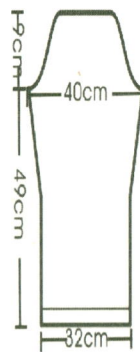

207

208

8cm 22cm 8cm
40cm
19.5cm 19.5cm
37cm 37cm
49cm
8cm
37cm
25cm

9cm
40cm
49cm
32cm

边缘花样

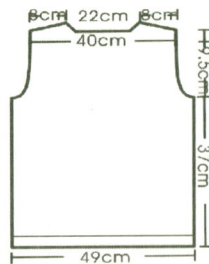

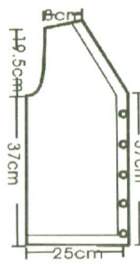

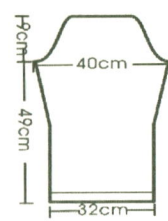

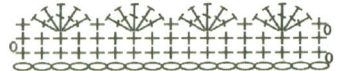

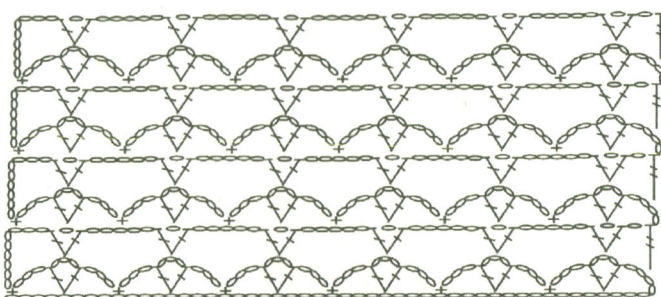

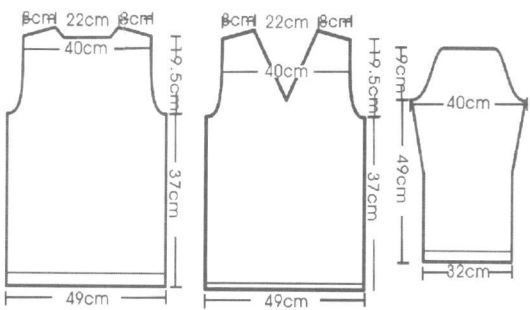

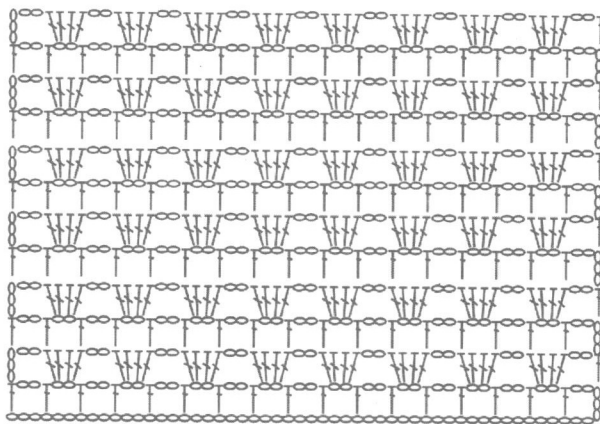

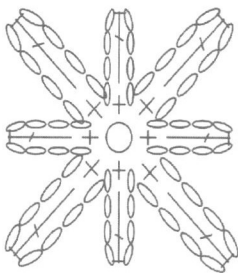

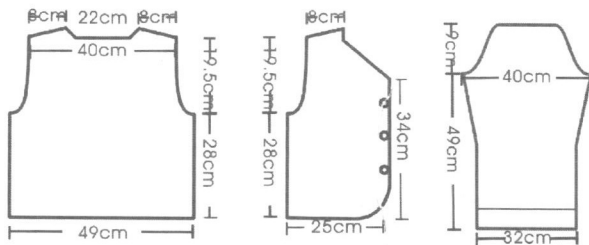

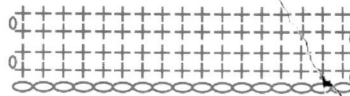

209

211

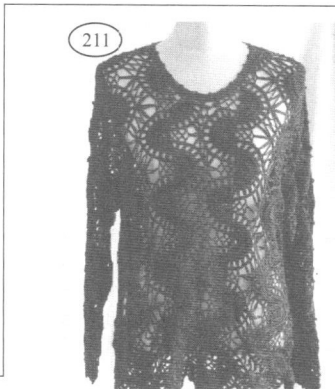

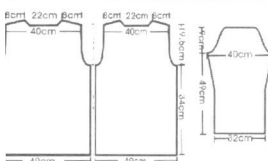

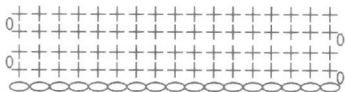

210

212

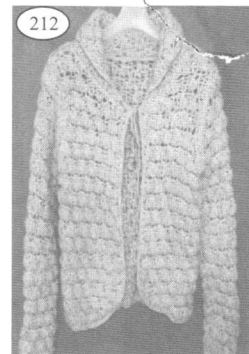

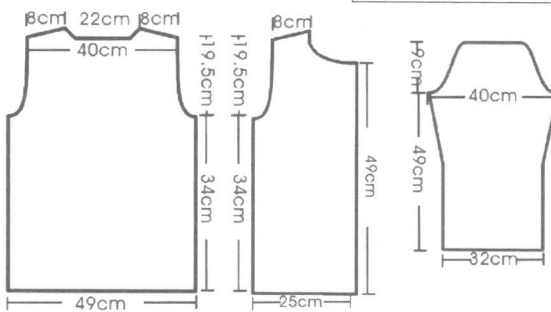

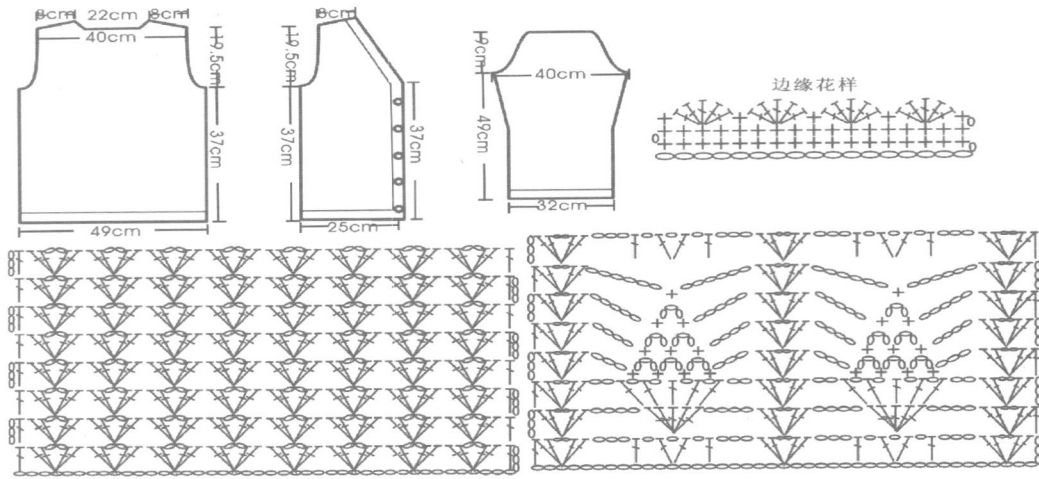

213

214

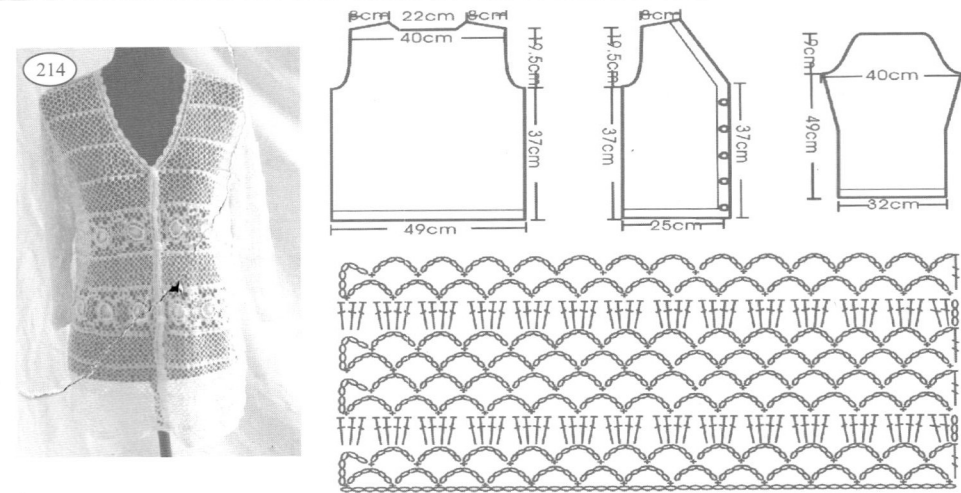

边缘花样

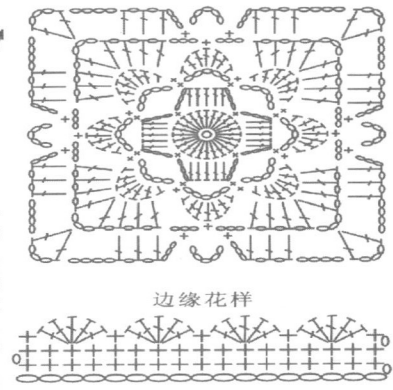

边缘花样

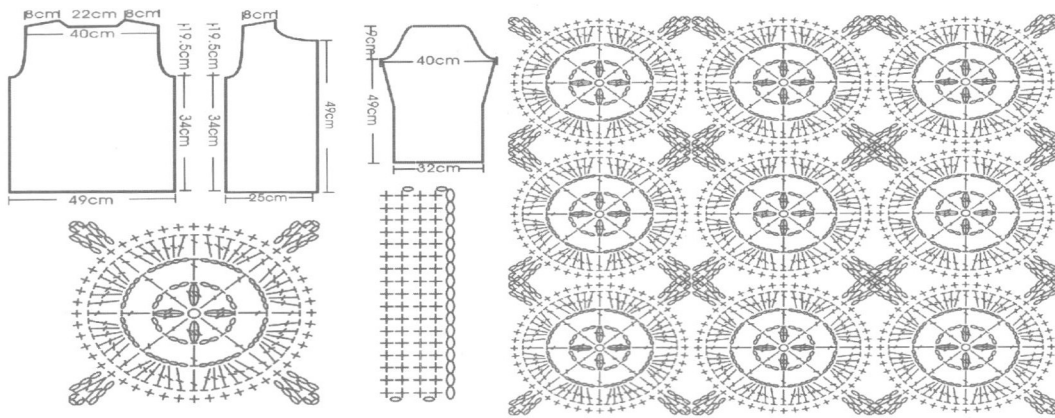

215

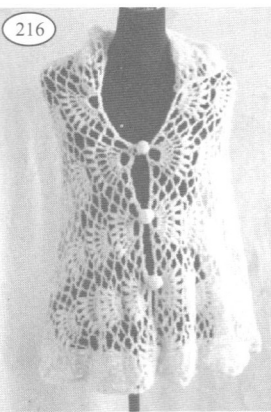

216

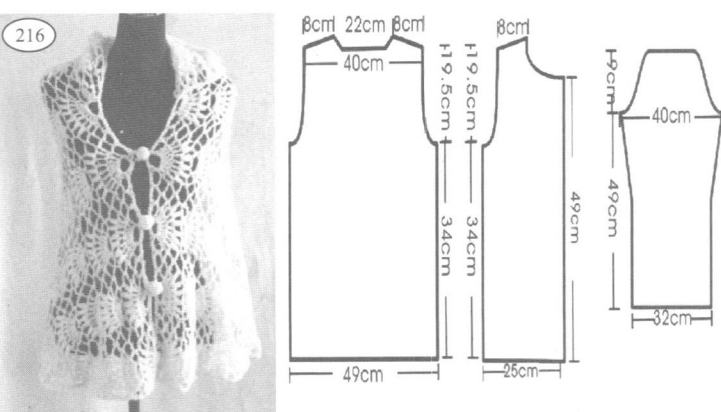

流行毛衣编织广场2588

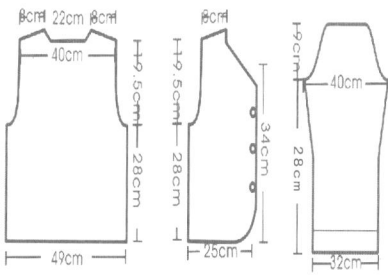

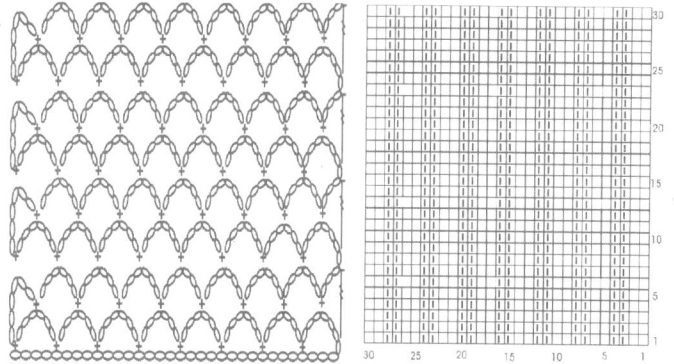

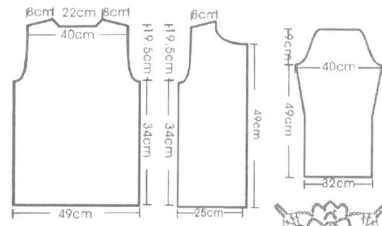

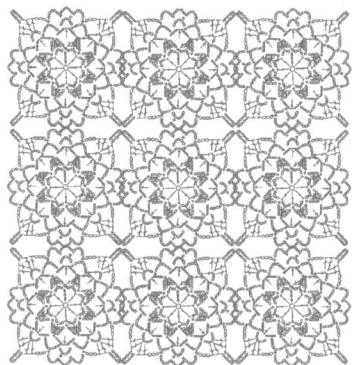

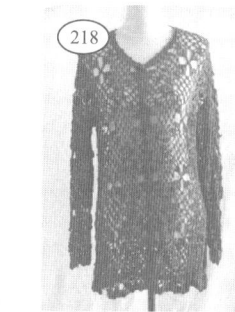

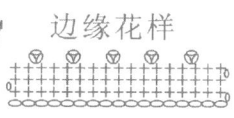

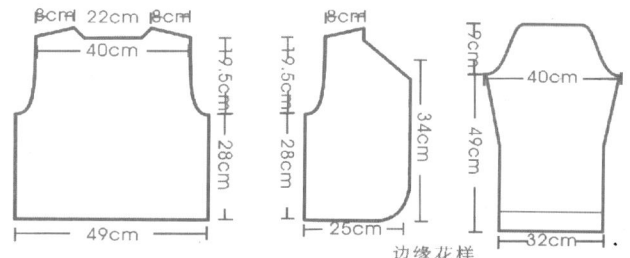

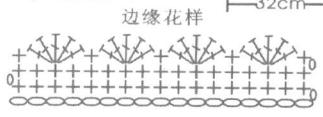

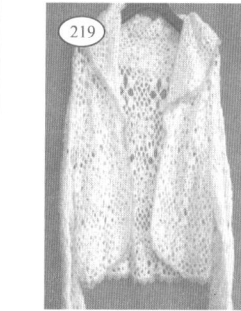

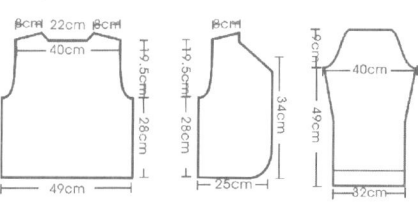

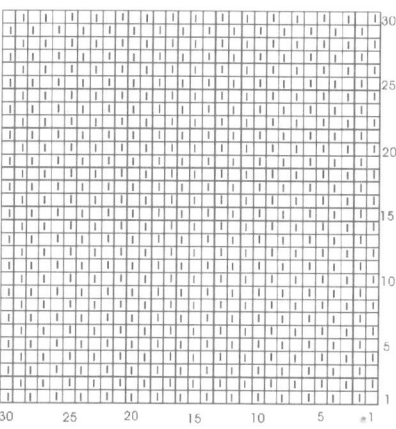

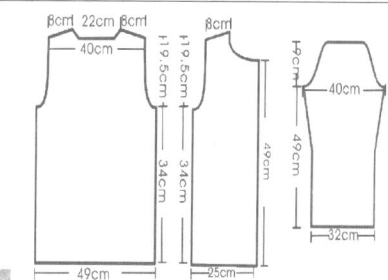

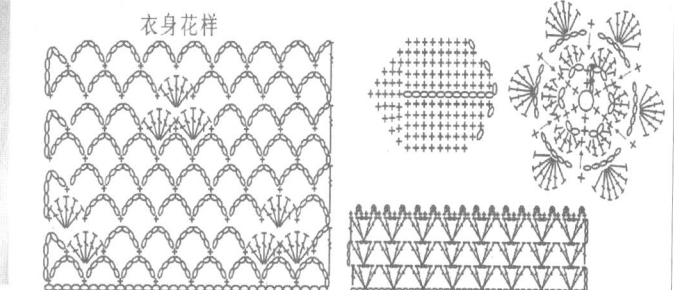

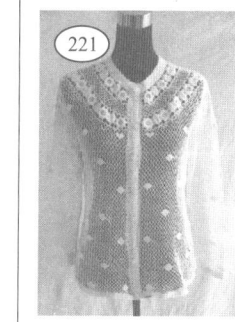

217

8cm 22cm 8cm
40cm
9.5cm 9.5cm 28cm
49cm

8cm
25cm
28cm

9cm
40cm
34cm
28cm
32cm

8cm 22cm 8cm
40cm
9.5cm 9.5cm 34cm
49cm

8cm
25cm

9cm
40cm
49cm
32cm

边缘花样

8cm 22cm 8cm
40cm
9.5cm 9.5cm 28cm
49cm

8cm
25cm
28cm

9cm
40cm
34cm
32cm

边缘花样

218

219

8cm 22cm 8cm
40cm
9.5cm 9.5cm 28cm
49cm

8cm
25cm
28cm

9cm
40cm
34cm
49cm
32cm

220

221

8cm 22cm 8cm
40cm
9.5cm 9.5cm 34cm
49cm

8cm
25cm
34cm

9cm
40cm
49cm
32cm

衣身花样

8cm 22cm 8cm
40cm
19.5cm 28cm
49cm

8cm
19.5cm 28cm
25cm
34cm

8cm
40cm
49cm
32cm

222

边缘花样

225

8cm 22cm 8cm
40cm
19.5cm 34cm
49cm

19.5cm 34cm
25cm

8cm
40cm
49cm
32cm

边缘花样

8cm 22cm 8cm
40cm
19.5cm 37cm
49cm

8cm
19.5cm 37cm
25cm

8cm
40cm
49cm
32cm

边缘花样

8cm 22cm 8cm
40cm
19.5cm 37cm
49cm

8cm
19.5cm 37cm
25cm

8cm
40cm
49cm
32cm

223

30
25
20
15
10
5
30 25 20 15 10 5 1

224

226

8cm 22cm 8cm
40cm
19.5cm 37cm
49cm

8cm
19.5cm 37cm
25cm

8cm
40cm
49cm
32cm

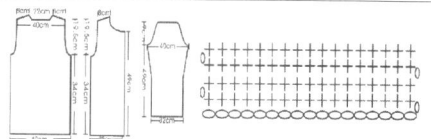

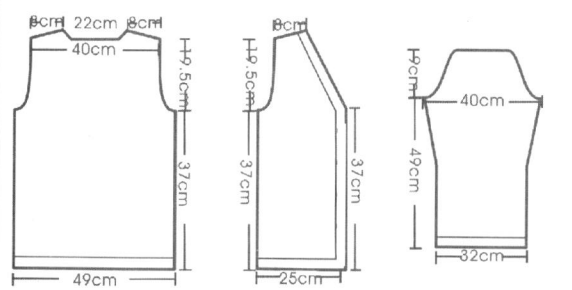

8cm 22cm 8cm
40cm
19.5cm
37cm
49cm

8cm
19.5cm
37cm
25cm

40cm
49cm
32cm

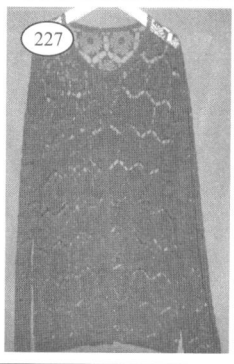
227

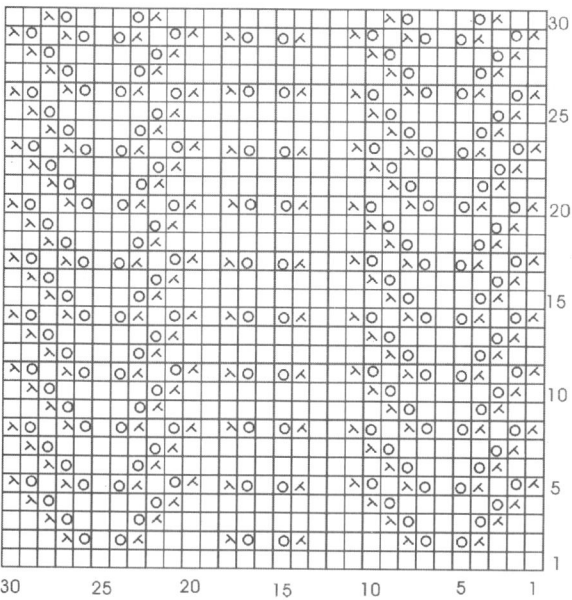

30
25
20
15
10
5
1

30 25 20 15 10 5 1

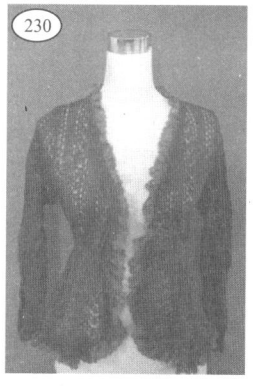
230

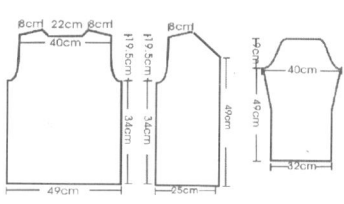

8cm 22cm 8cm
40cm
19.5cm
34cm
49cm

8cm
19.5cm
34cm
25cm

40cm
49cm
32cm

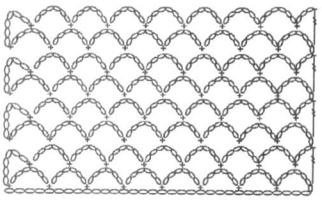

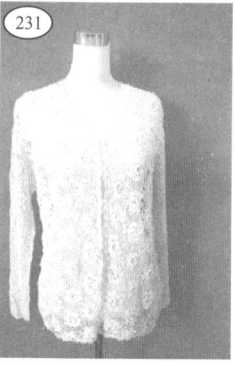
231

228

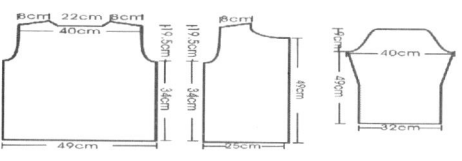

8cm 22cm 8cm
40cm
19.5cm
34cm
49cm

8cm
19.5cm
34cm
25cm

40cm
49cm
32cm

边缘花样

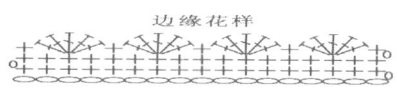

229

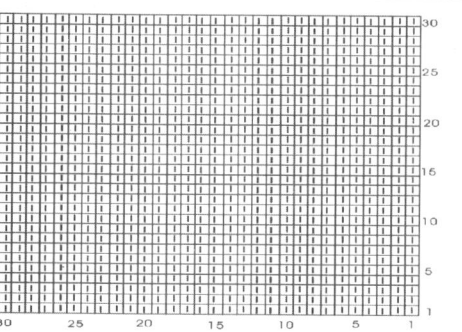

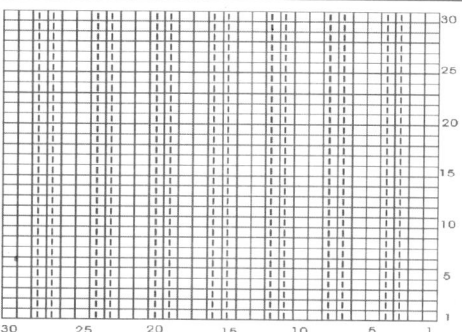

30
25
20
15
10
5

30 25 20 15 10 5

30
25
20
15
10
5

30 25 20 15 10 5

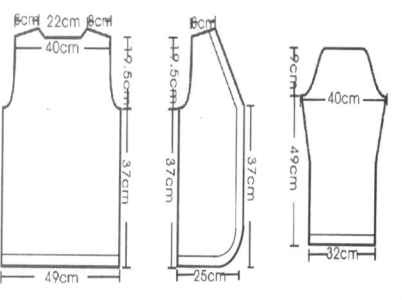

8cm 22cm 8cm
40cm
19.5cm
37cm
49cm

8cm
19.5cm
37cm
25cm

40cm
49cm
32cm

边缘花样

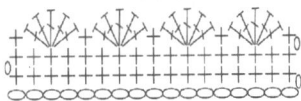
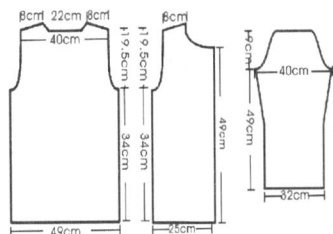
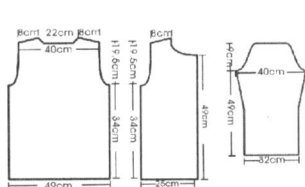

边缘花样

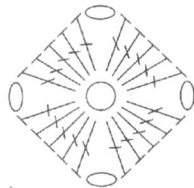

232

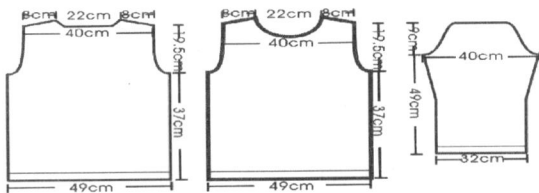
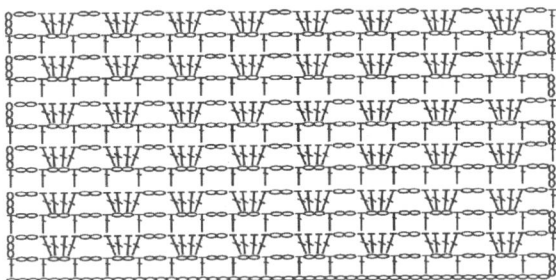

234

236

233

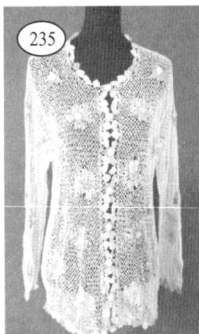
235

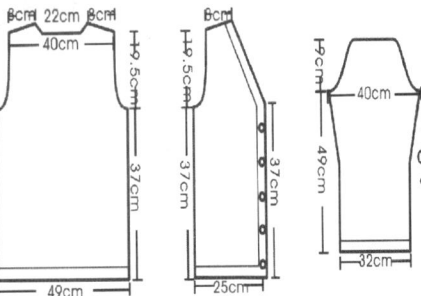
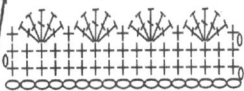
边缘花样

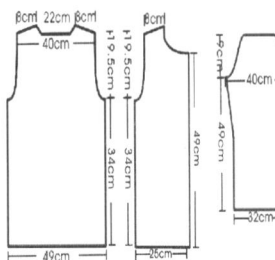
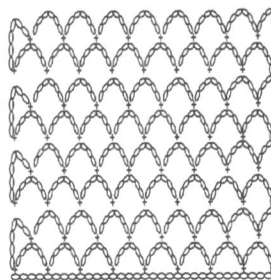

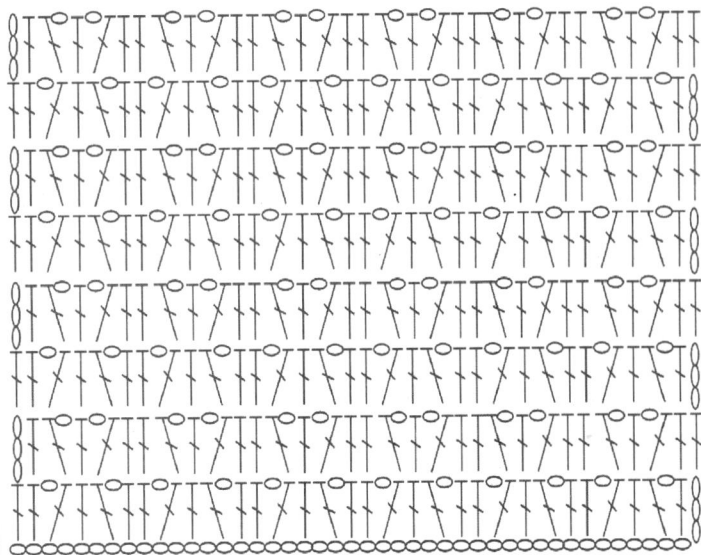

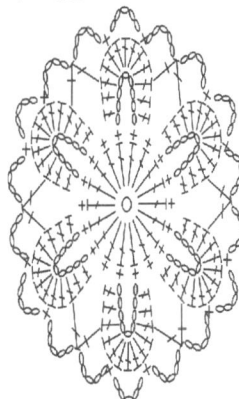

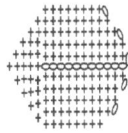

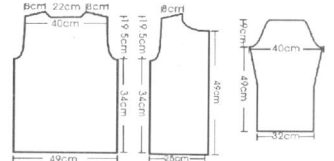

边缘花样

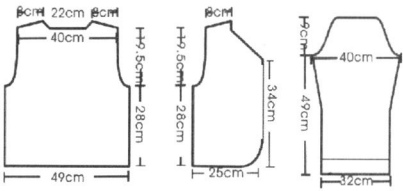

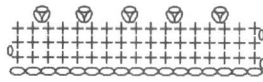

边缘花样

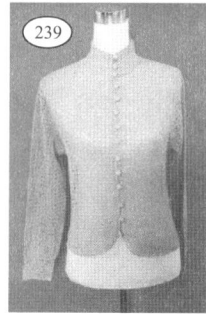

239

237

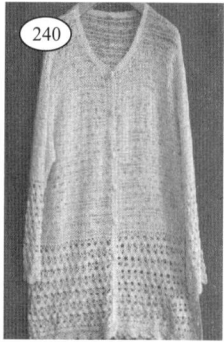

240

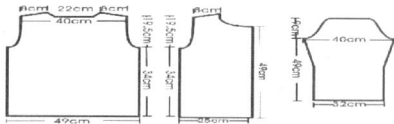

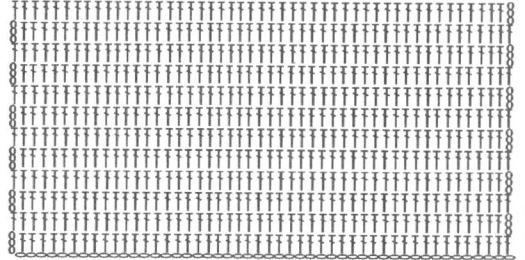

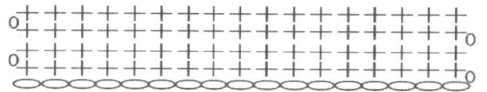

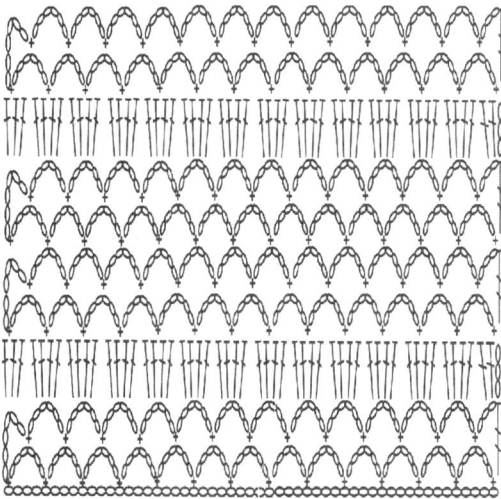

238

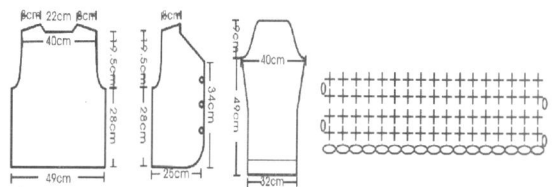

241

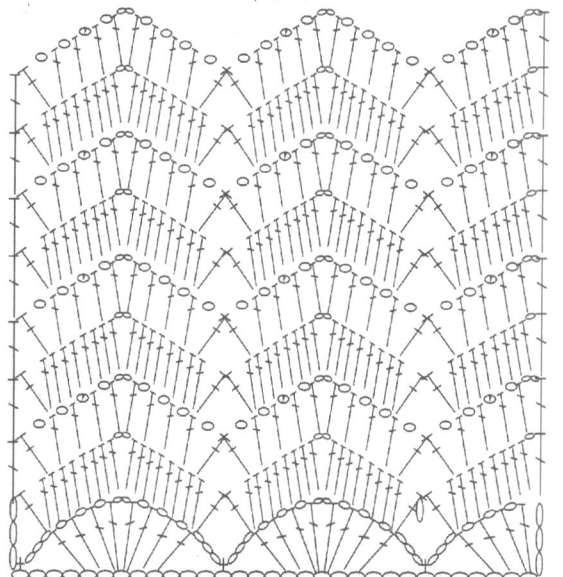

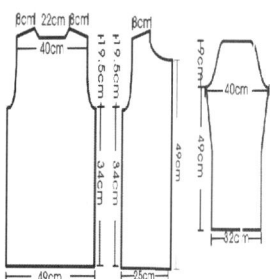

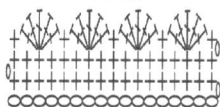

边缘花样

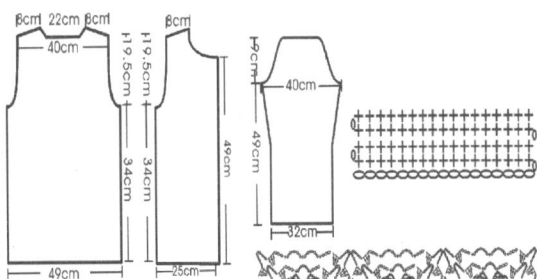

242

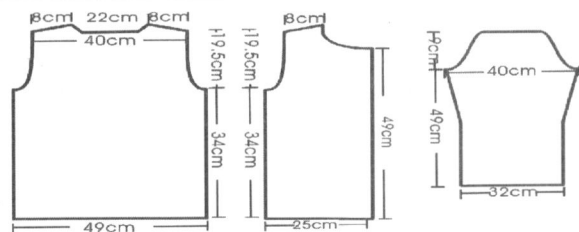

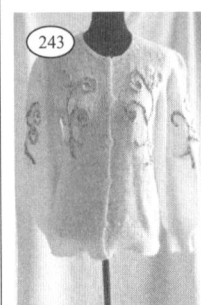
243

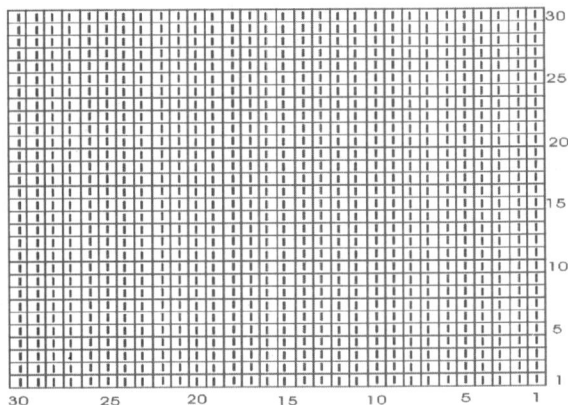

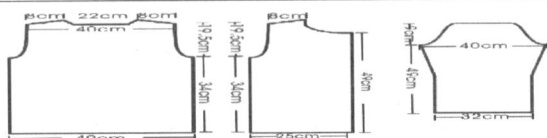

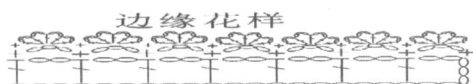

边缘花样

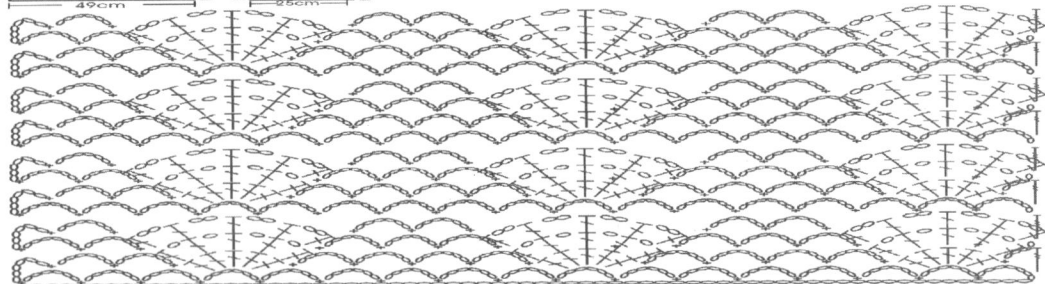

244

245

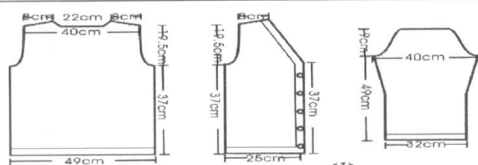

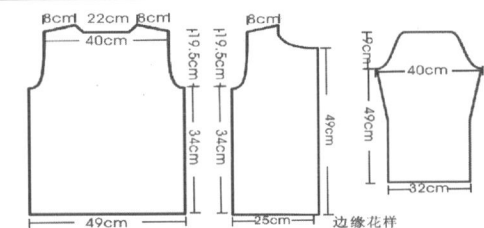

边缘花样

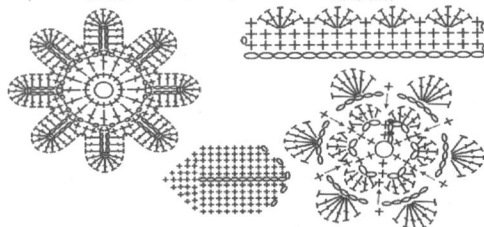

246

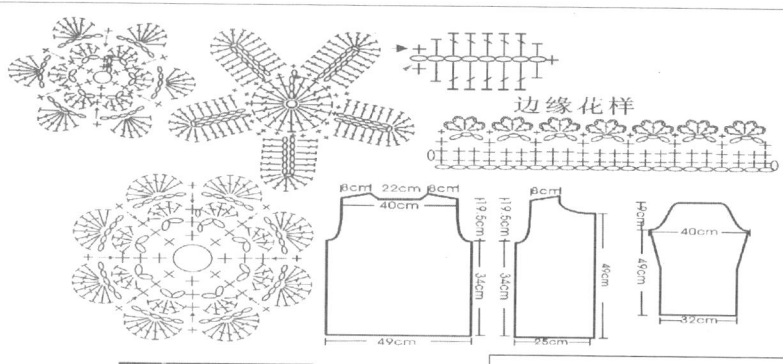

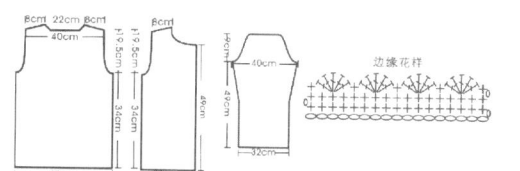

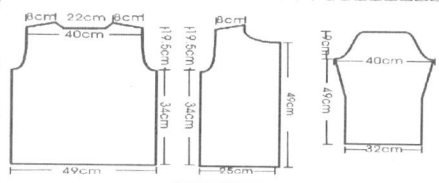

边缘花样

边缘花样

248

247

249

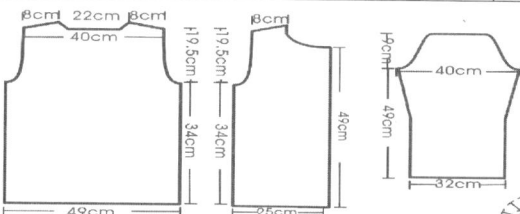

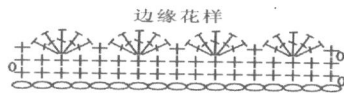

边缘花样

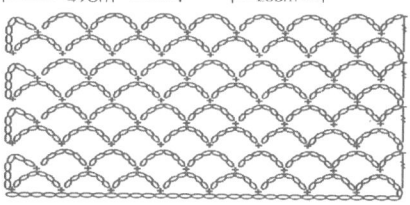

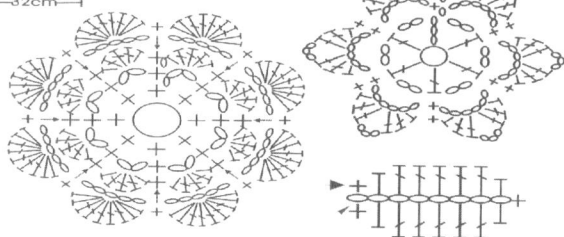

250

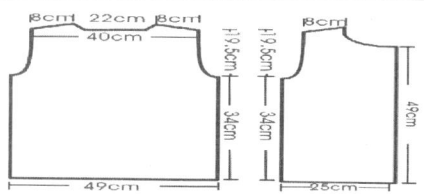

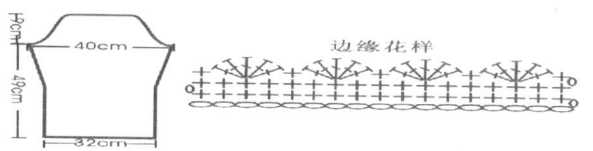

边缘花样

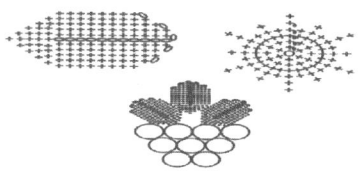

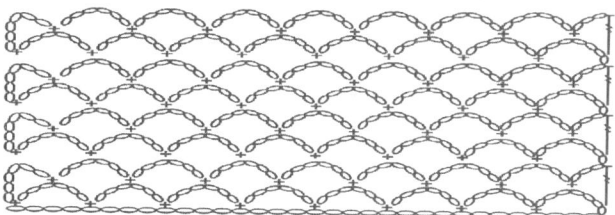

251

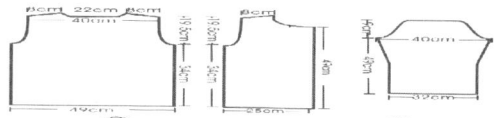

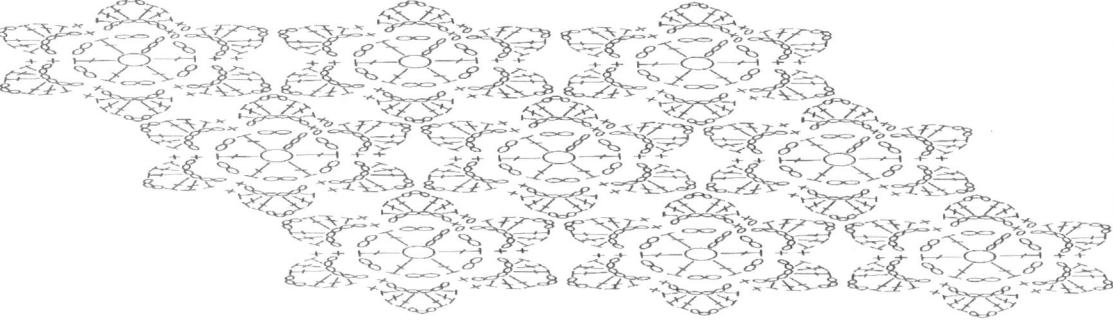

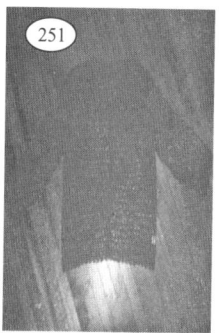

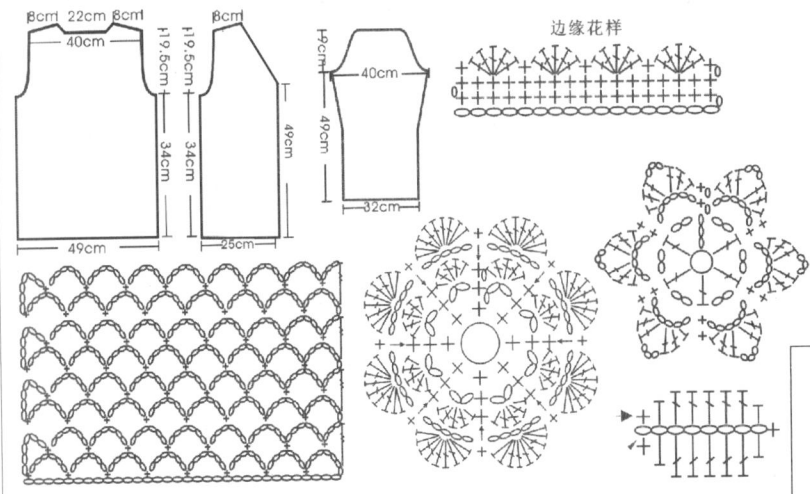

边缘花样

252

253

8cm 22cm 8cm

40cm

49cm

49cm

34cm

19.5cm

19.5cm

8cm

40cm

49cm

32cm

49cm

25cm

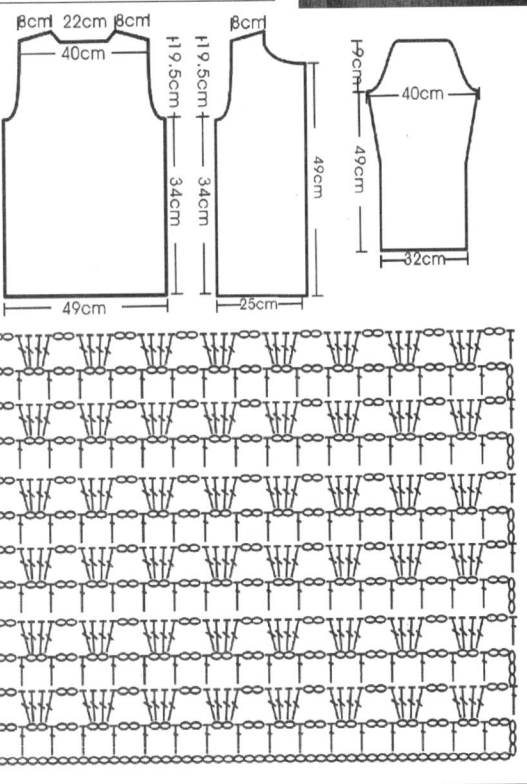

边缘花样

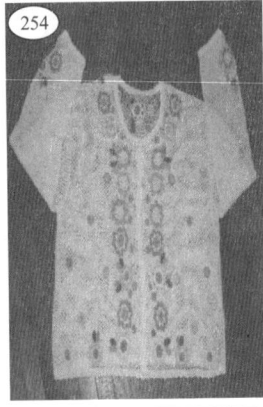

8cm 22cm 8cm

40cm

49cm

34cm

34cm

19.5cm

19.5cm

8cm

40cm

49cm

32cm

边缘花样

254

255

256

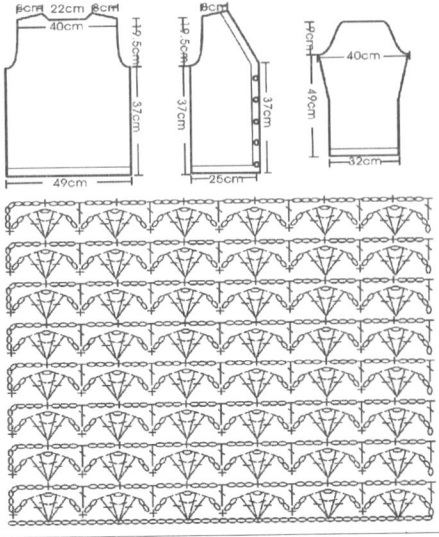

8cm 22cm 8cm

40cm

49cm

37cm

37cm

19.5cm

19.5cm

8cm

40cm

49cm

32cm

37cm

25cm

8cm 22cm 8cm

40cm

49cm

34cm

34cm

19.5cm

19.5cm

8cm

40cm

49cm

32cm

49cm

25cm

边缘花样

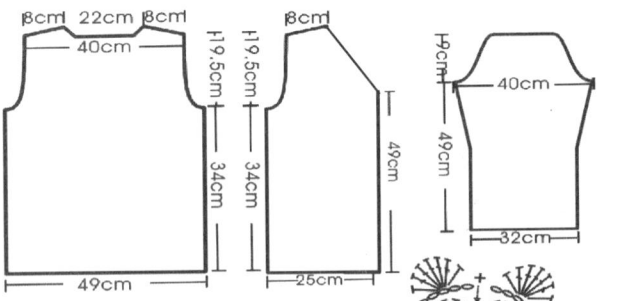

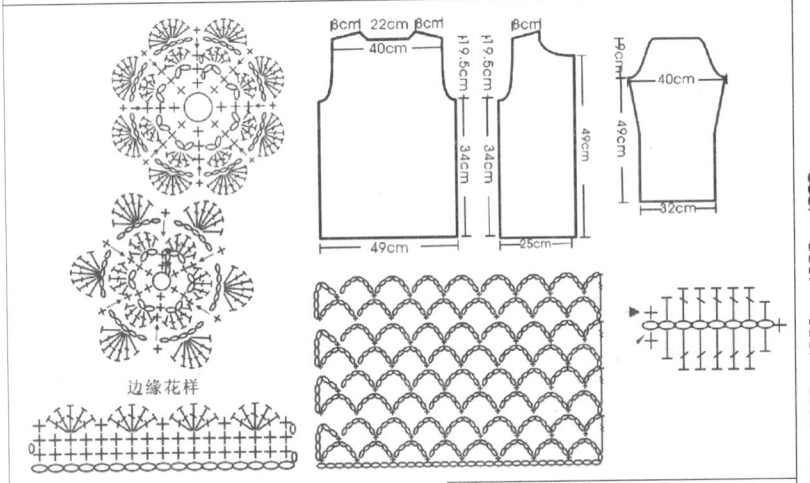

260

257

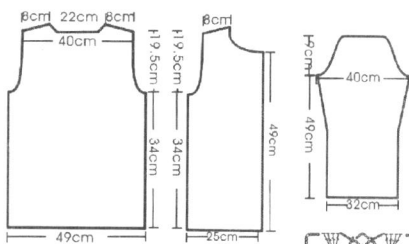

边缘花样

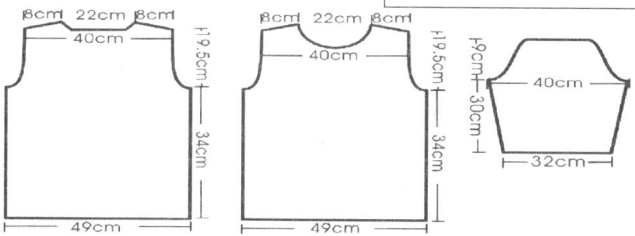

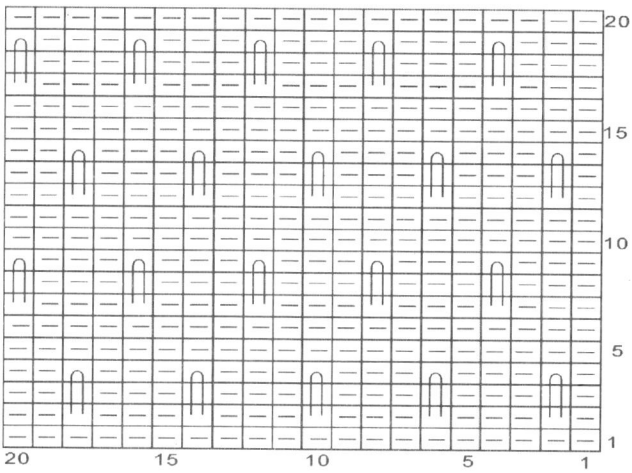

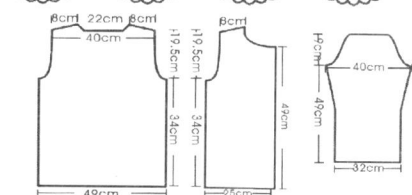

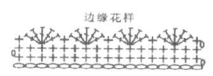

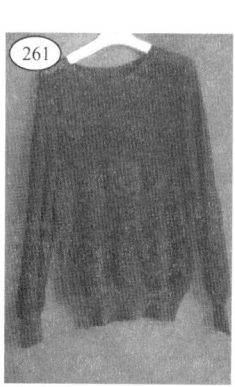

261

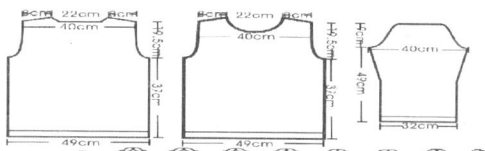

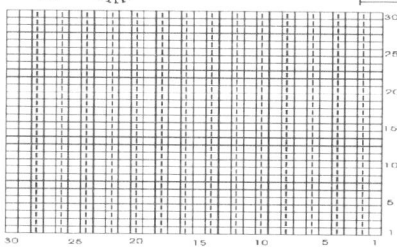

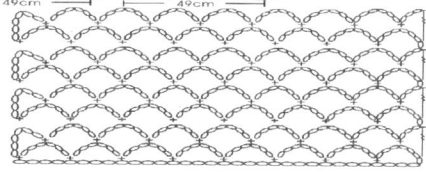

边缘花样

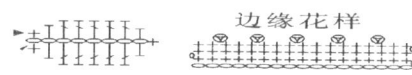

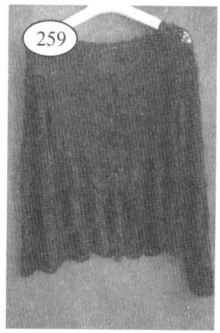

259

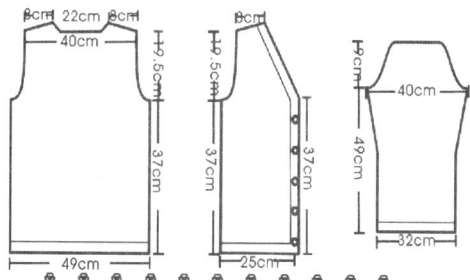

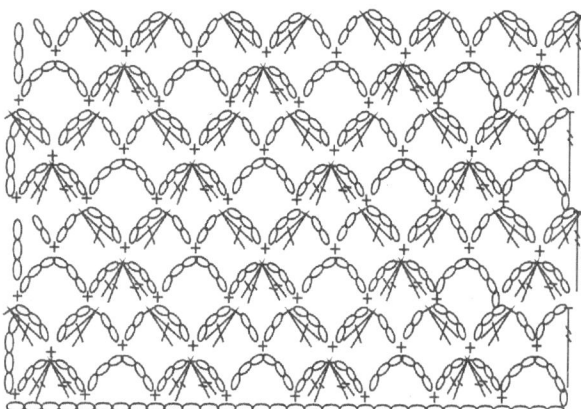

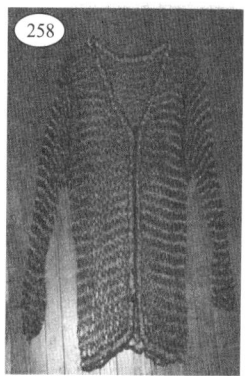

258

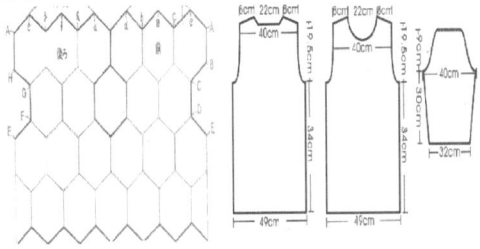

262

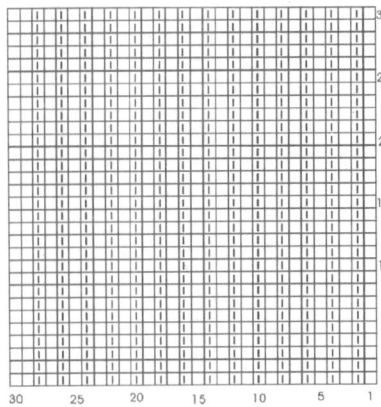

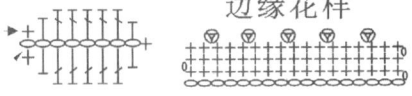

边缘花样

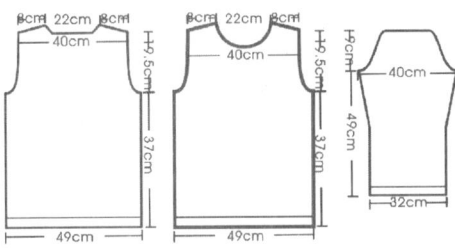

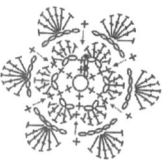

263

264

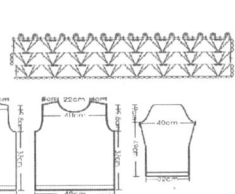

266

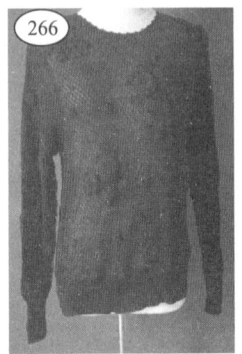

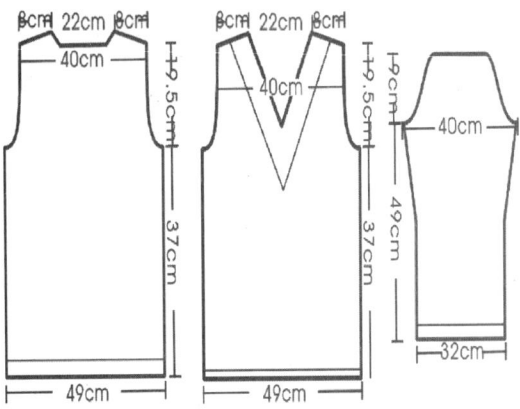

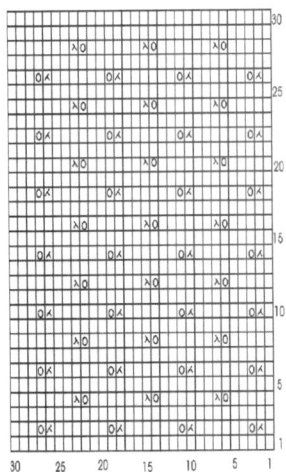

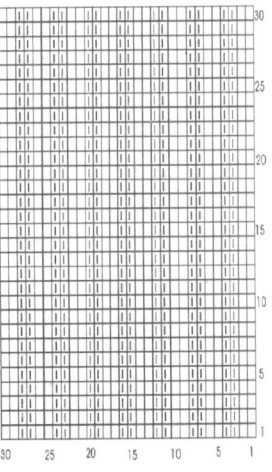

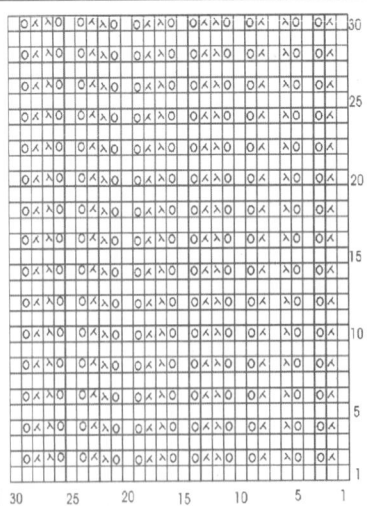

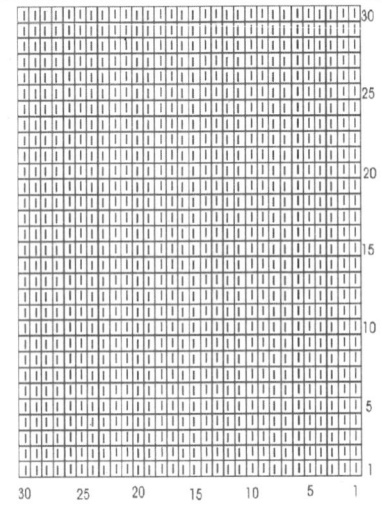

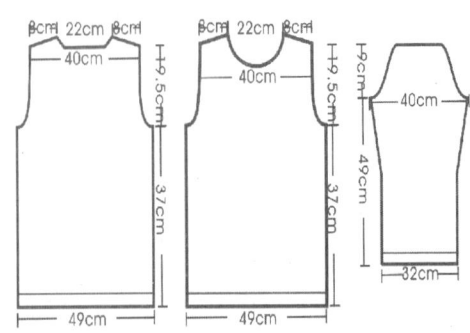

265

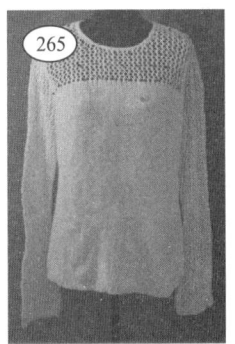

267

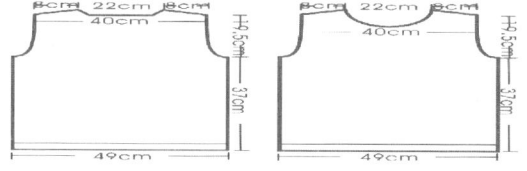

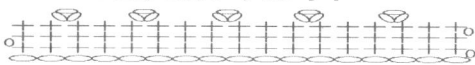

边缘花样

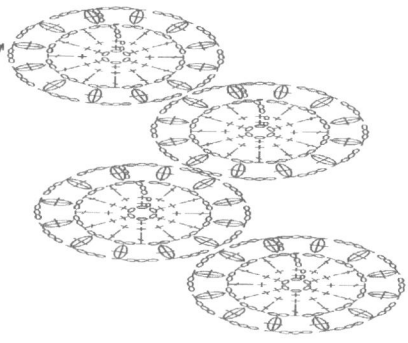

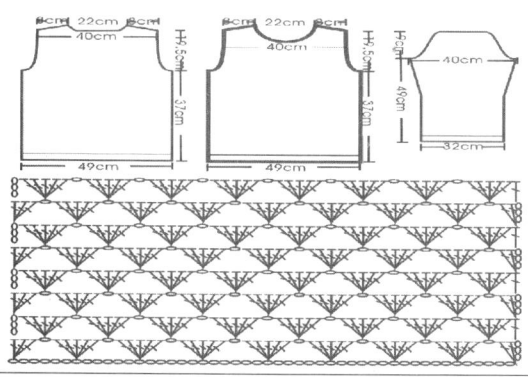

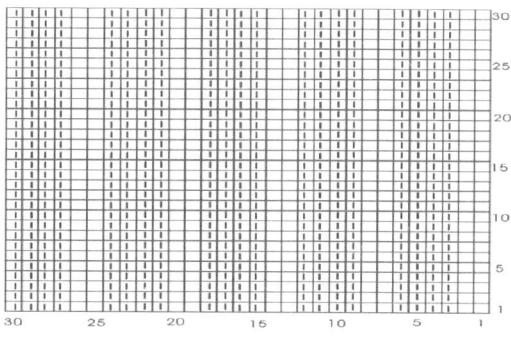

268

269

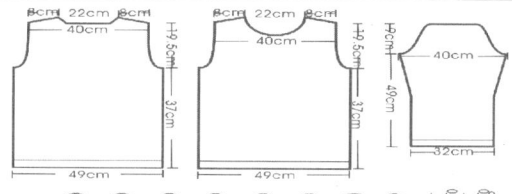

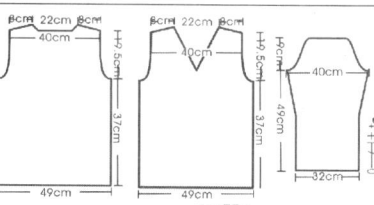

边缘花样

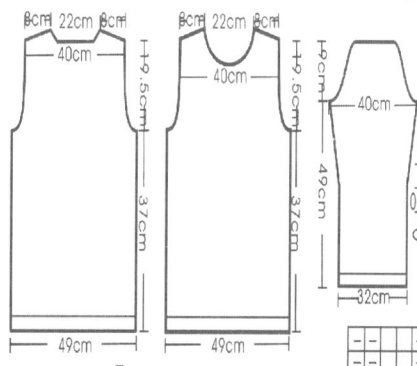

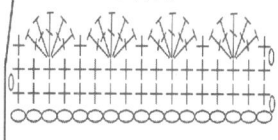

边缘花样

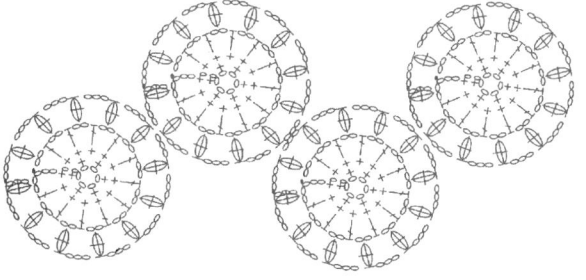

270

271

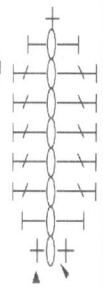

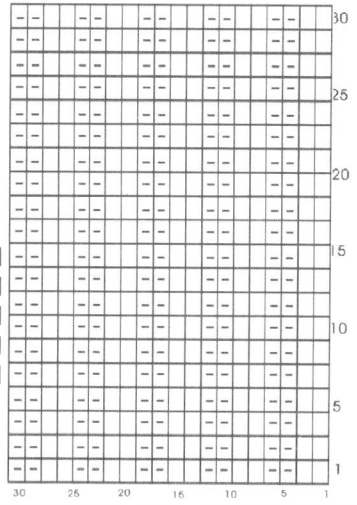

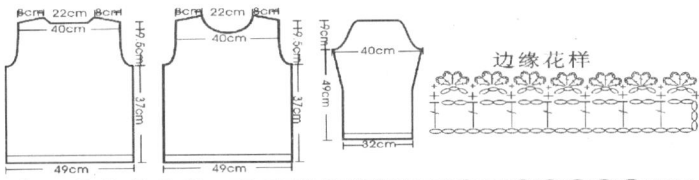

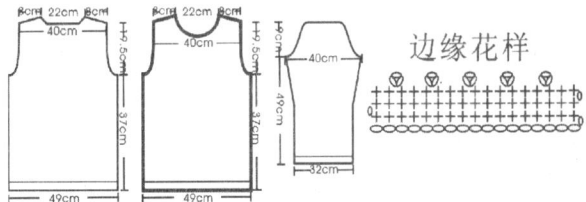

边缘花样

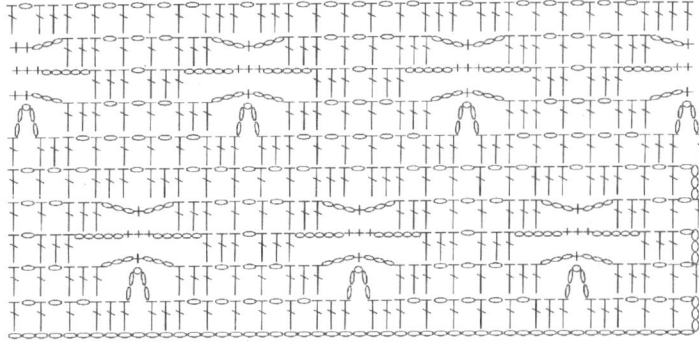

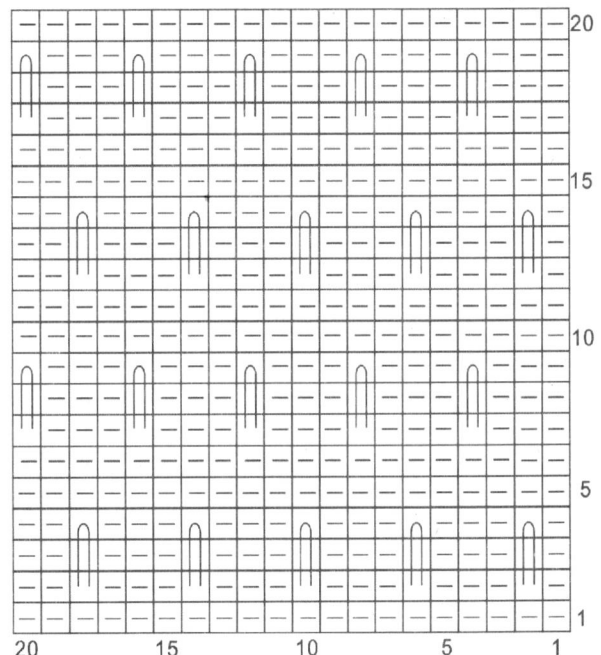

20

15

10

5

1

20   15   10   5   1

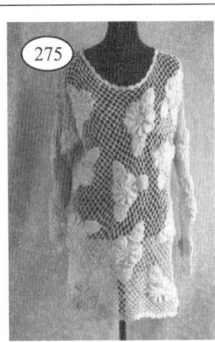

275

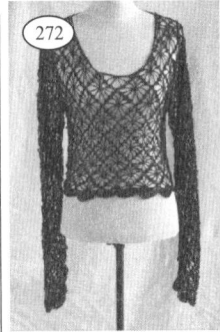

272

273

边缘花样

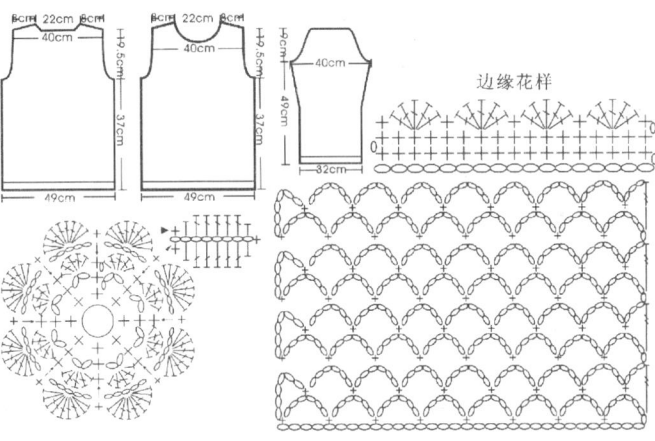

边缘花样

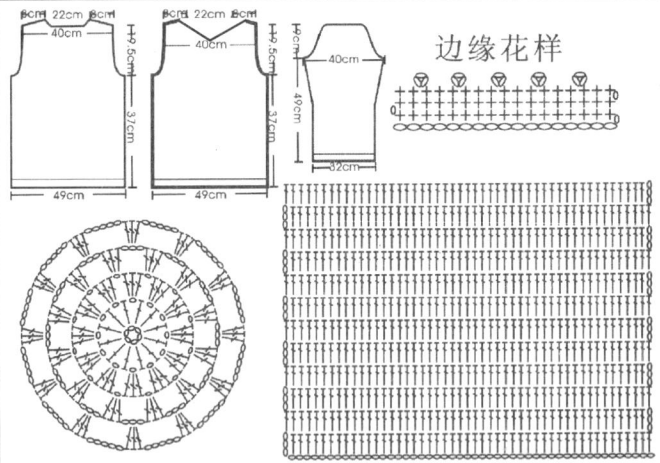

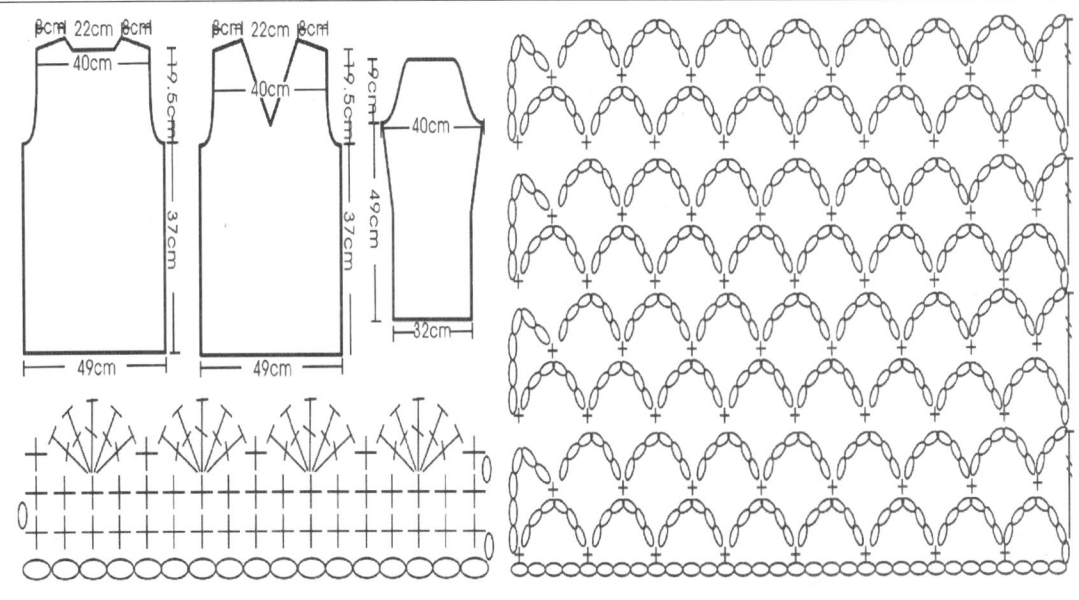

276

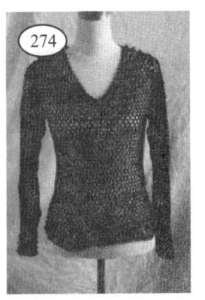

274

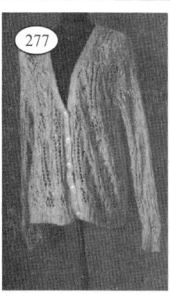
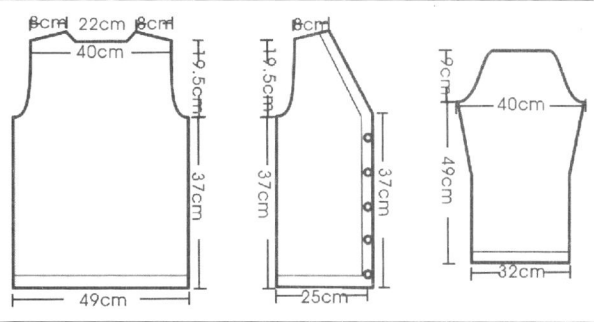
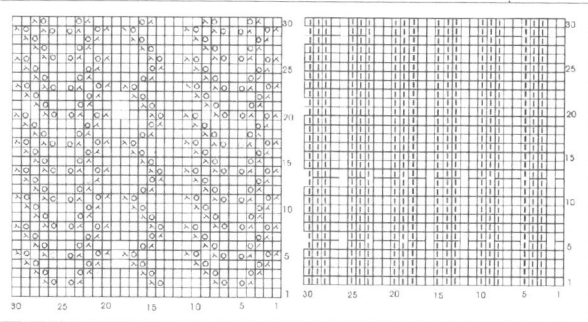

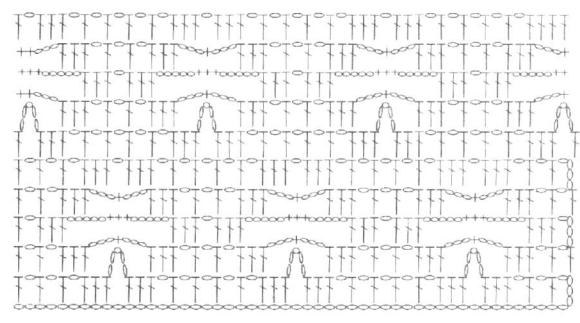
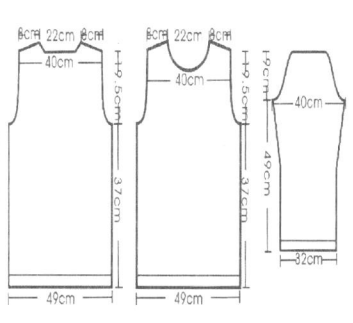

边缘花样

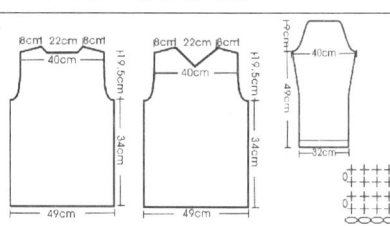

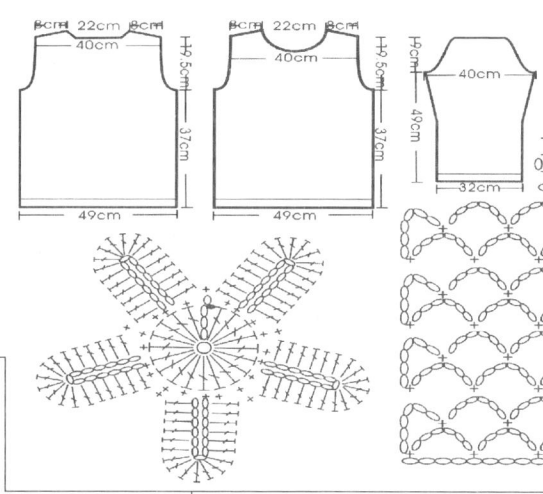

边缘花样

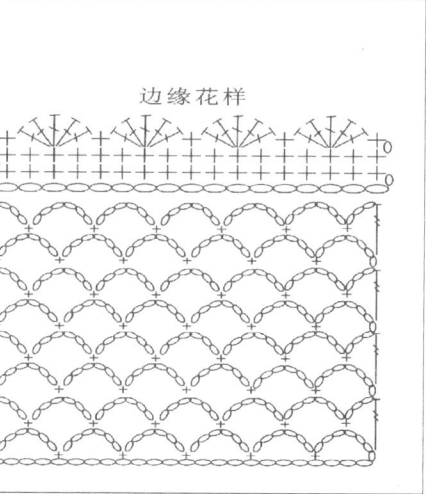

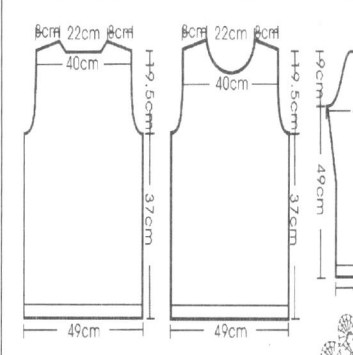

边缘花样

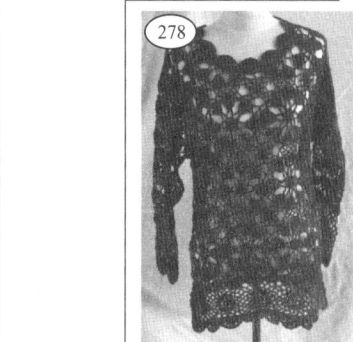

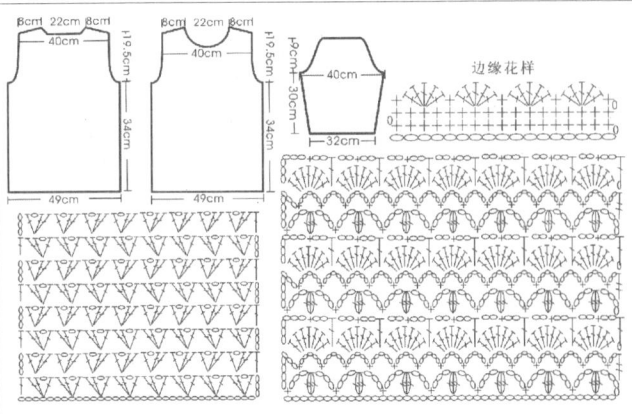

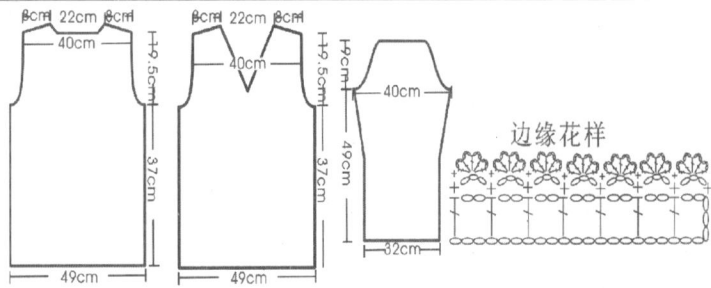

边缘花样

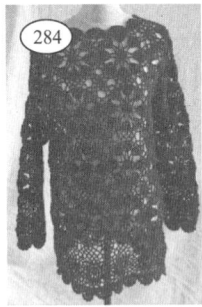

284

282

286

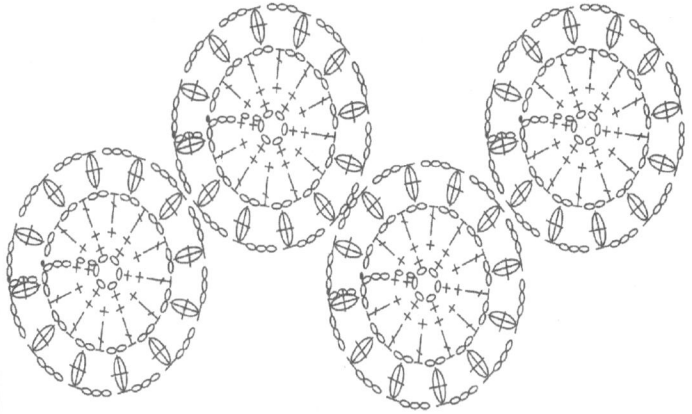

边缘花样

边缘花样

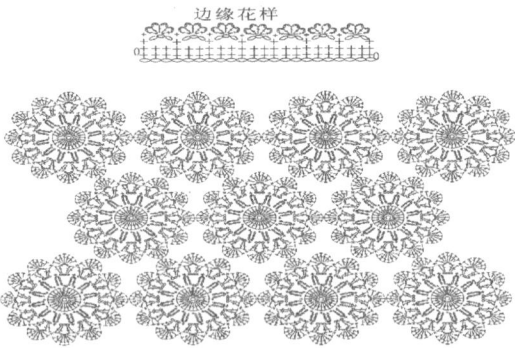

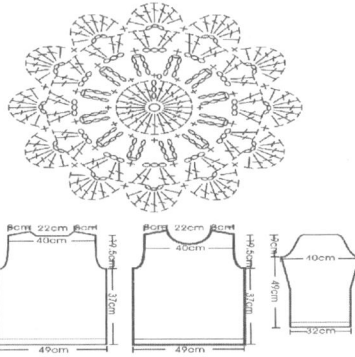

283

285

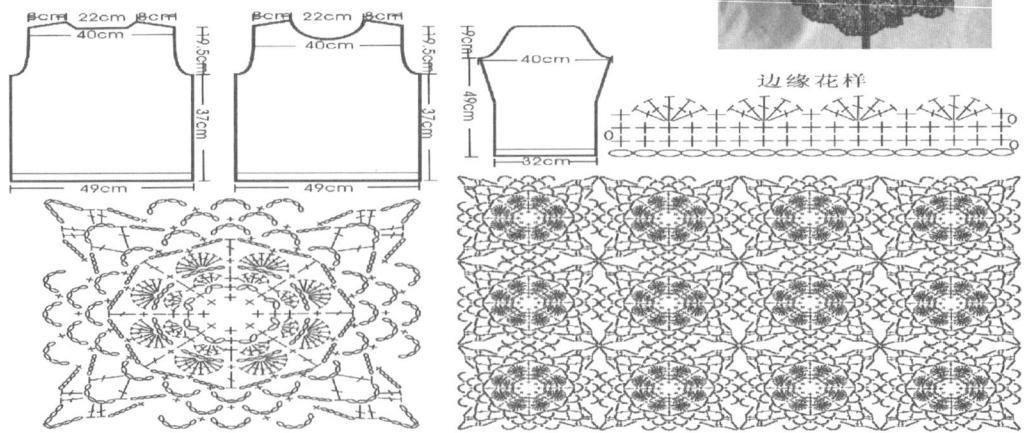

边缘花样

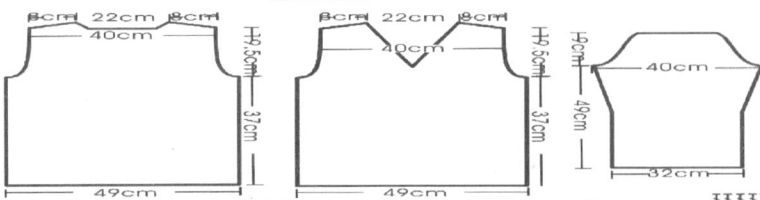

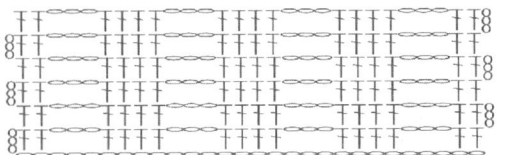

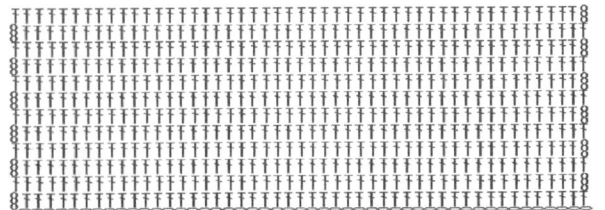

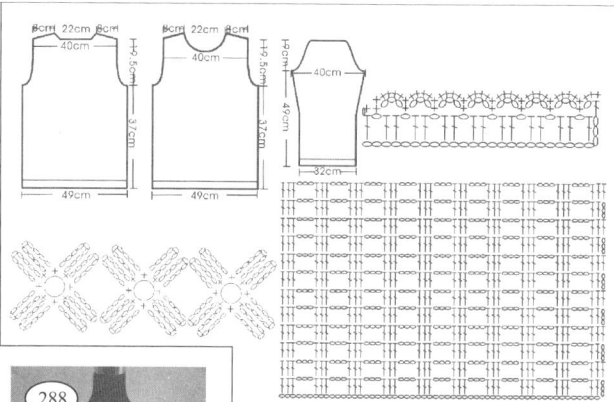

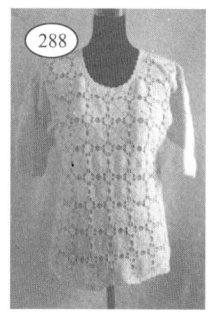

288

287

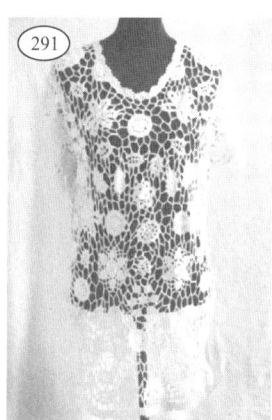

291

289

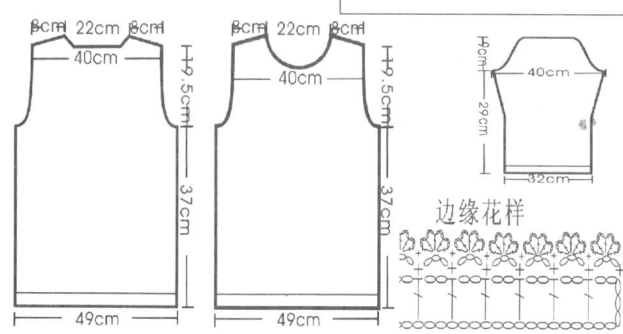

边缘花样

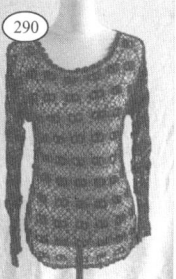

290

边缘花样

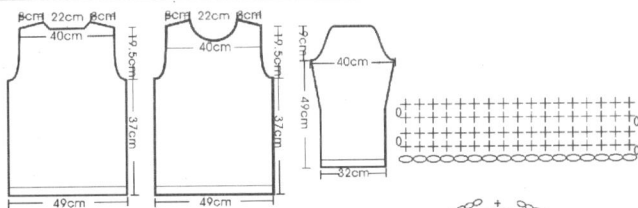

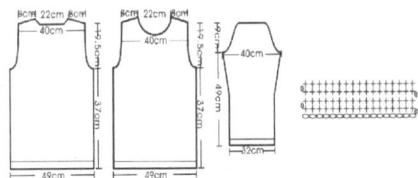

292

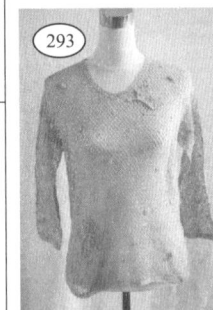

293

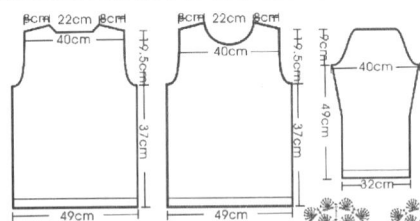

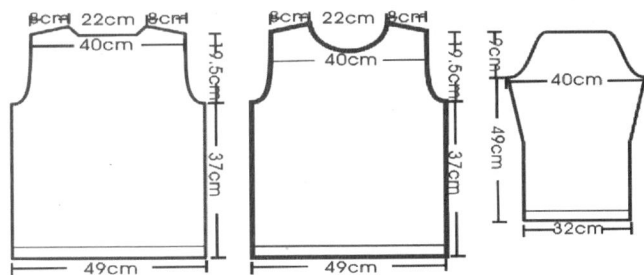

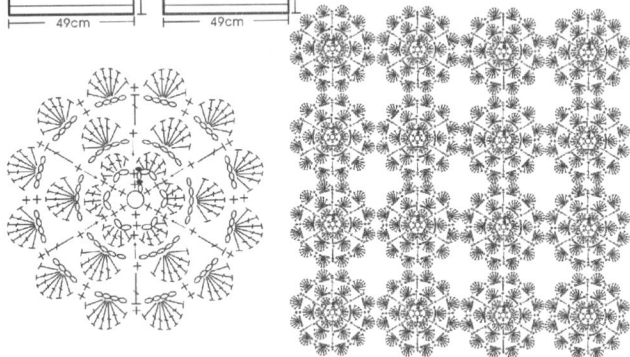

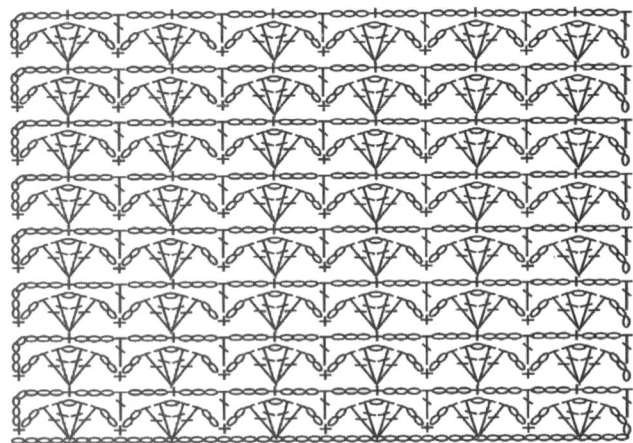

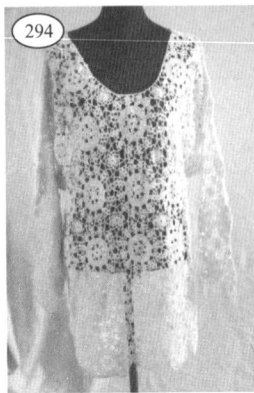

294

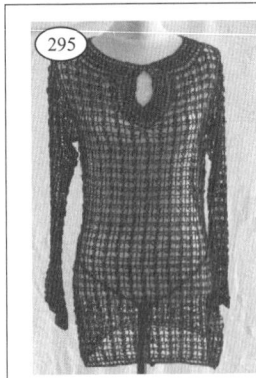

295

296

边缘花样

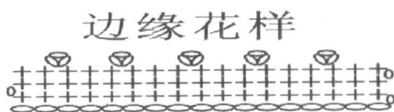

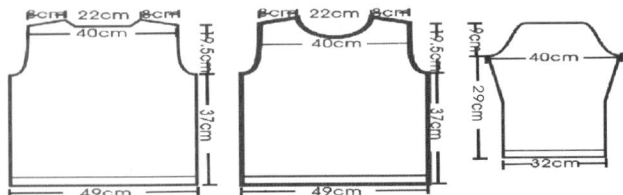

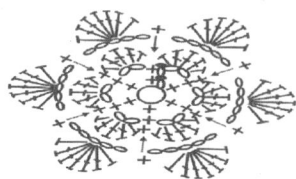

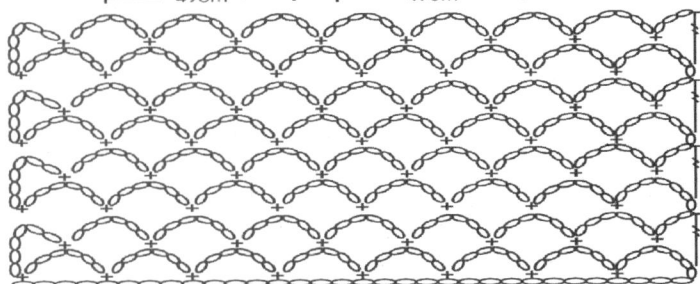

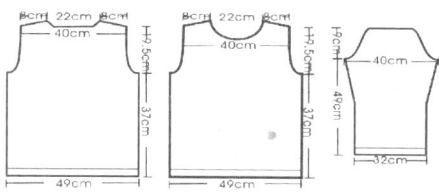

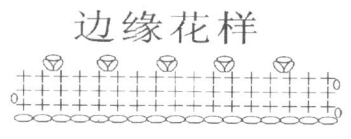

边缘花样

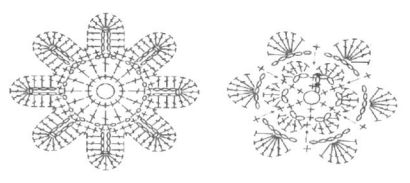

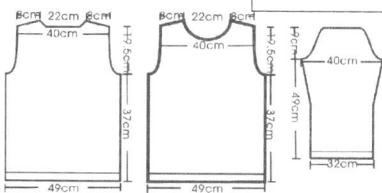

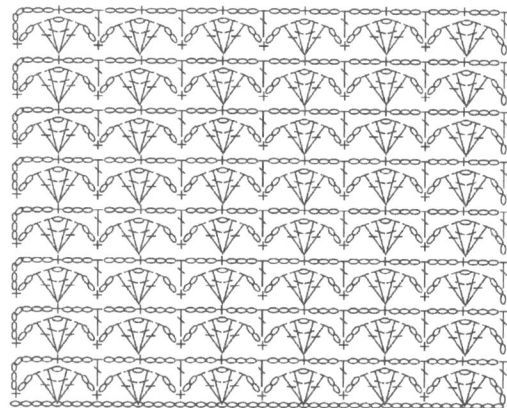

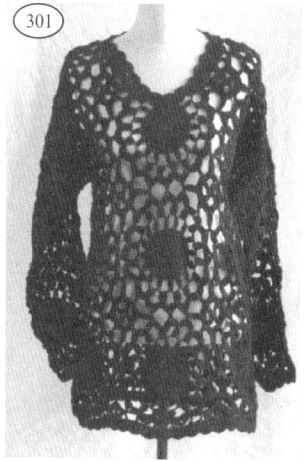

301

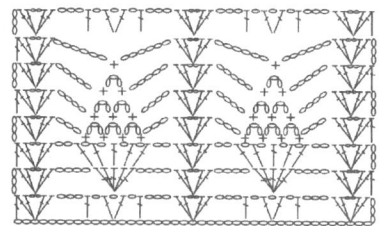

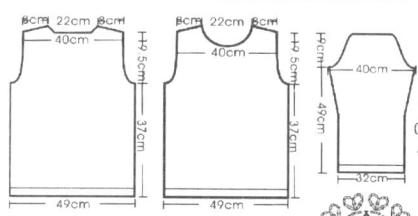

边缘花样

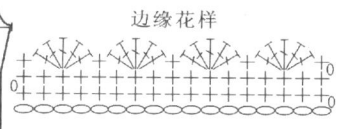

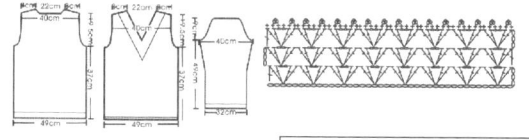

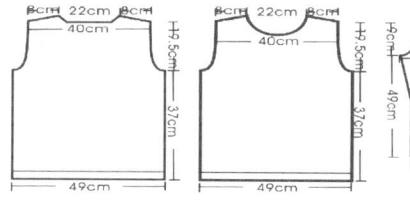

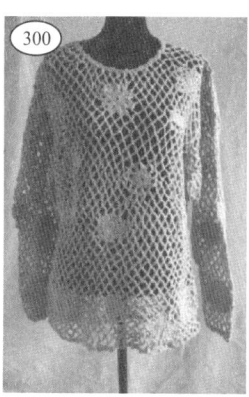

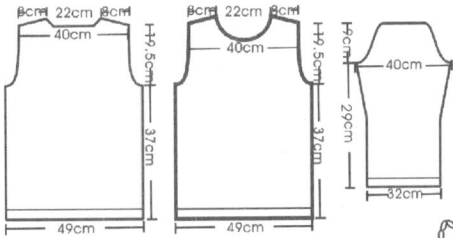

边缘花样

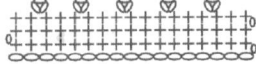

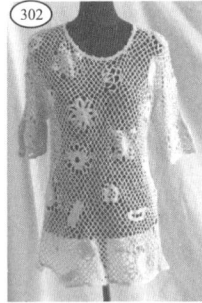
302

303

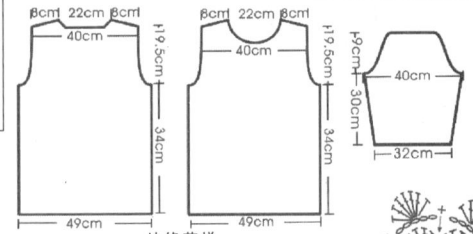

边缘花样

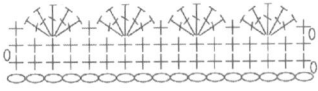

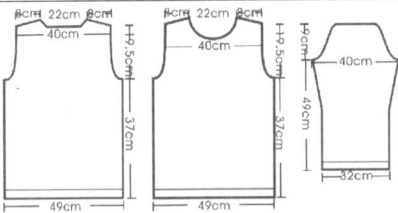

边缘花样

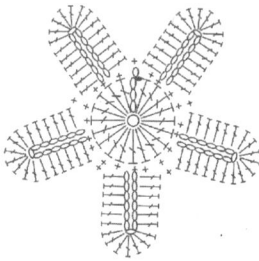

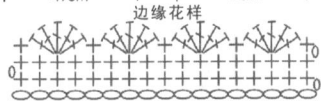

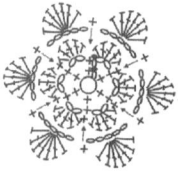

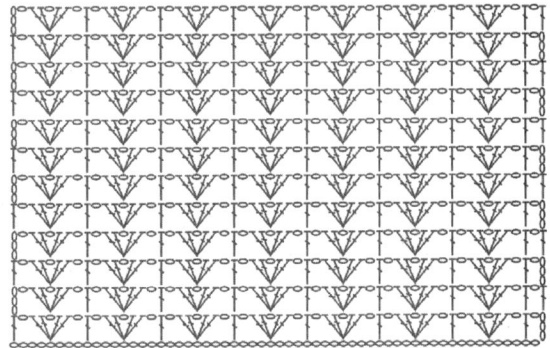

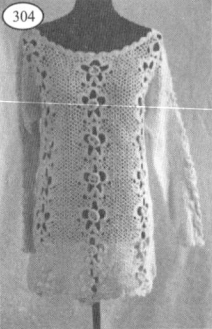
304

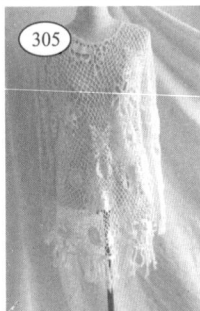
305

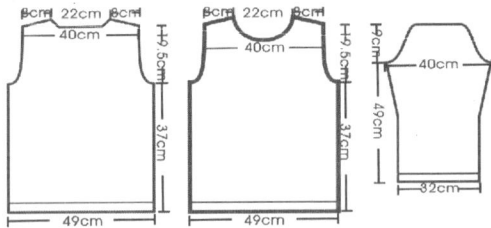

边缘花样

306

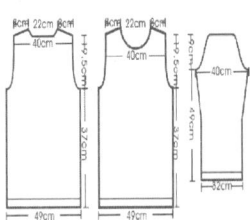

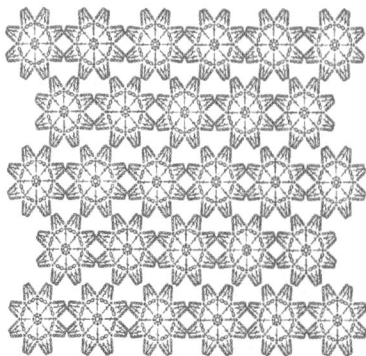

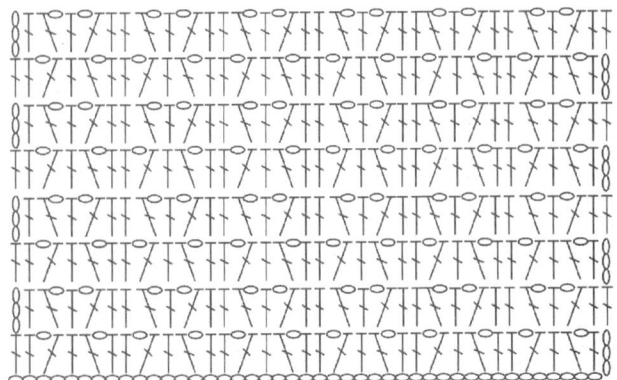

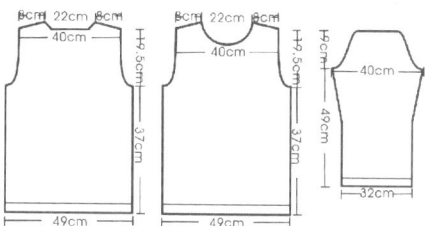

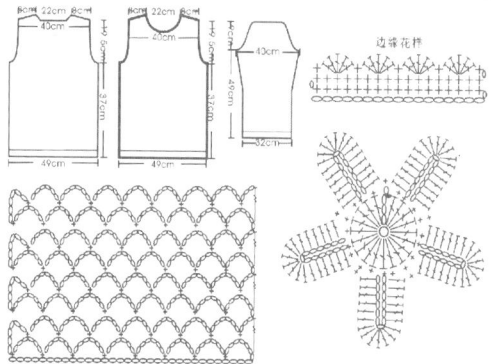

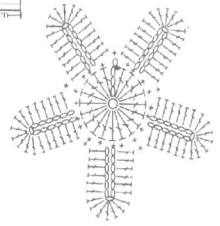

307

边缘花样

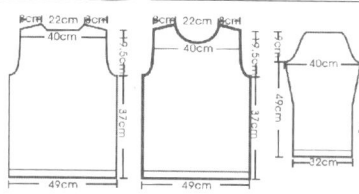

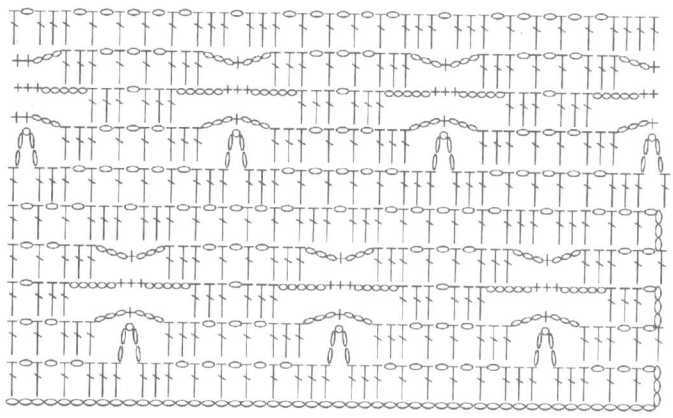

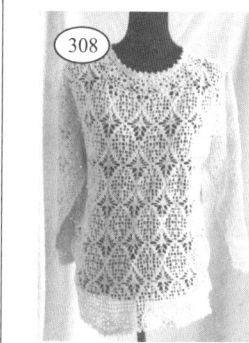

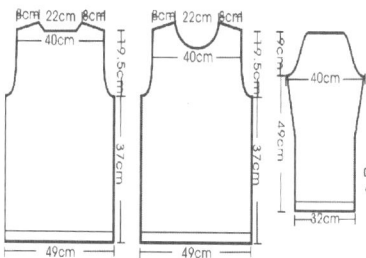

310

308

309

311

边缘花样

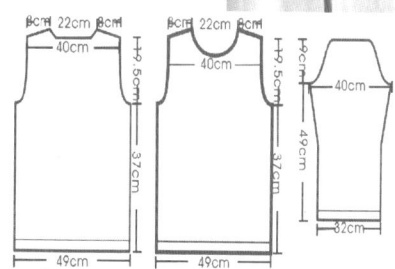

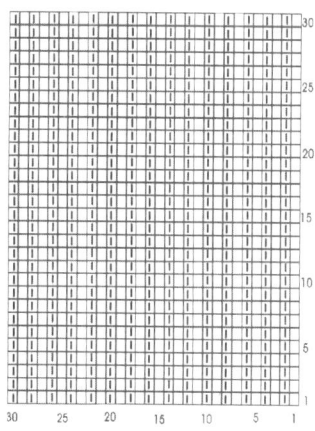

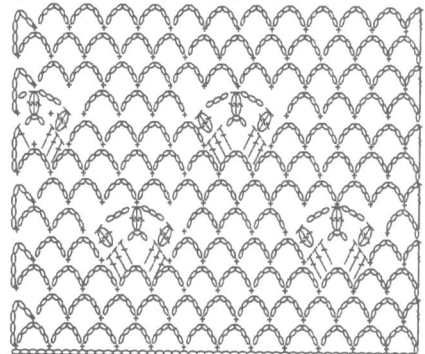

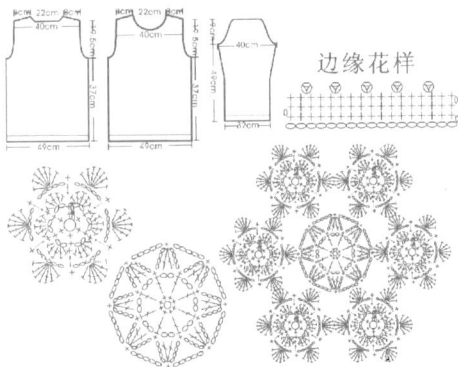

边缘花样

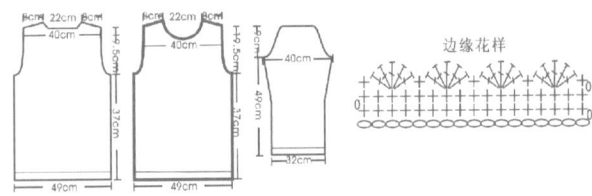

边缘花样

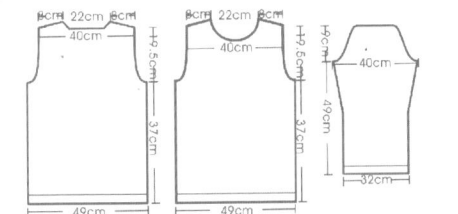

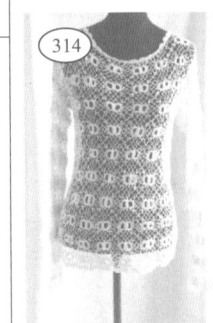

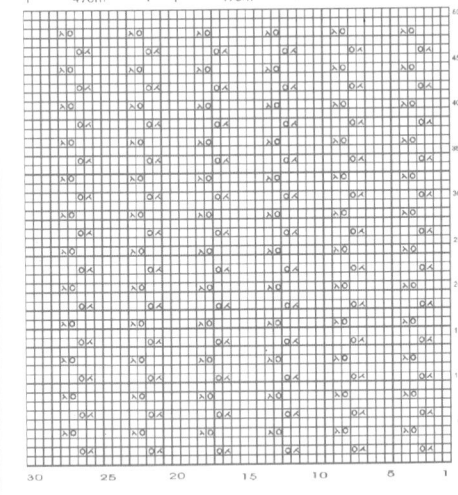

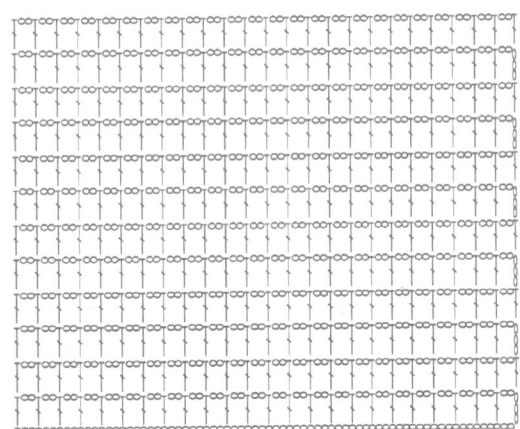

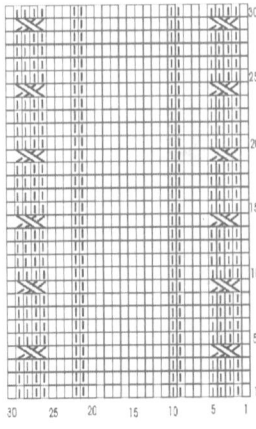

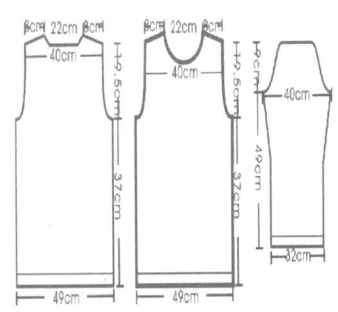

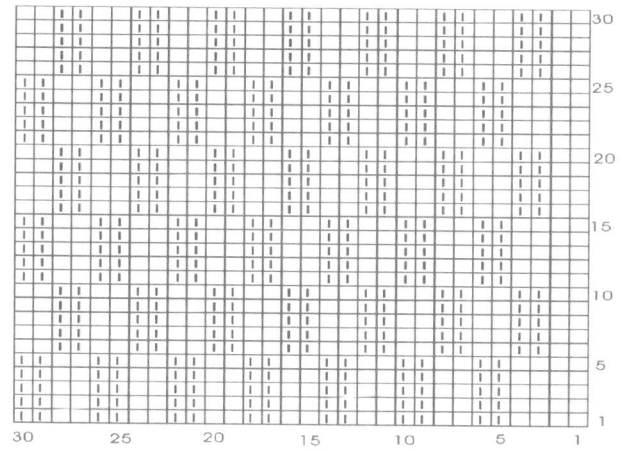

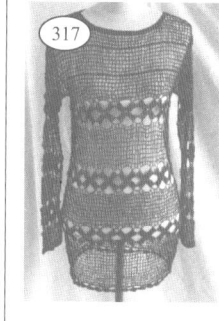

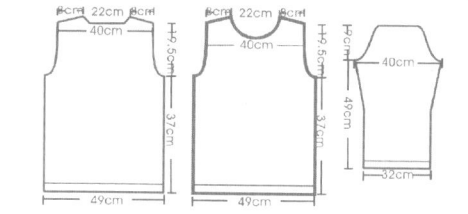

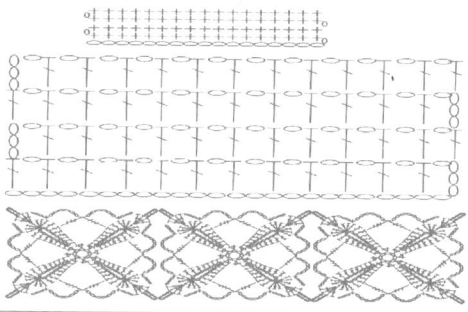

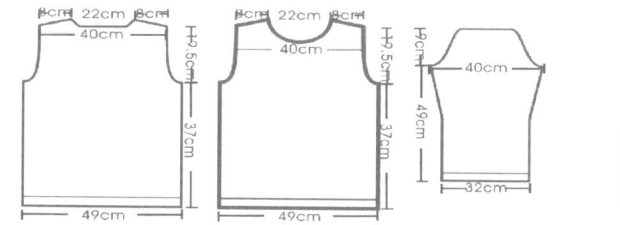

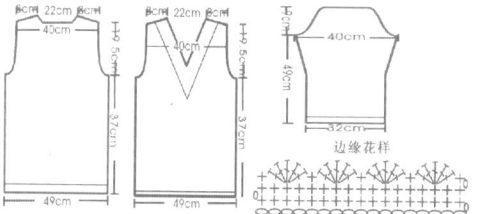

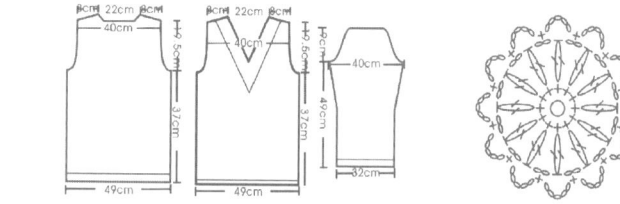

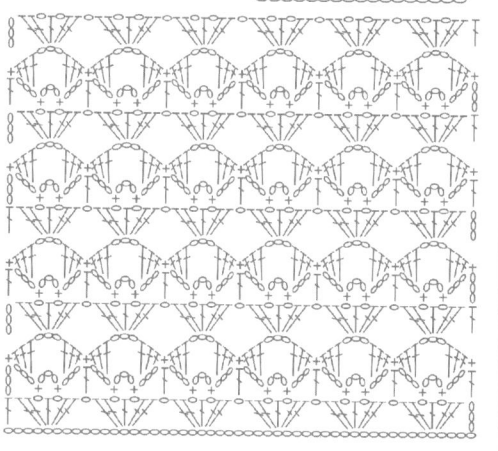

边缘花样

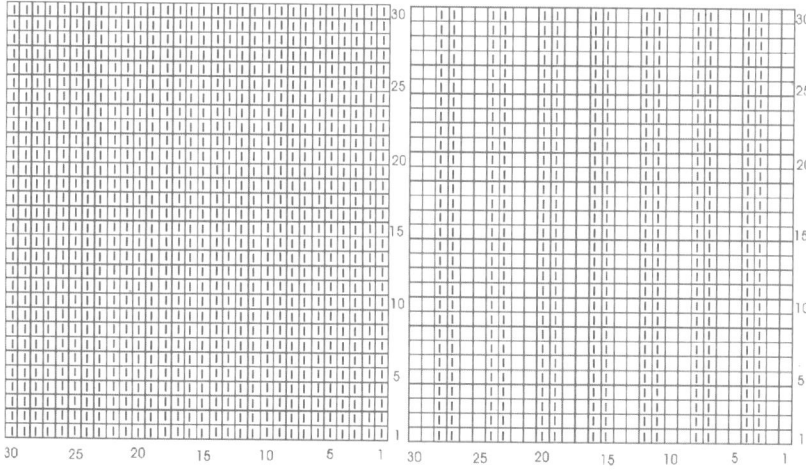

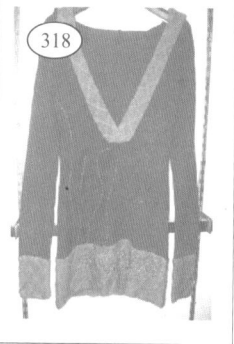

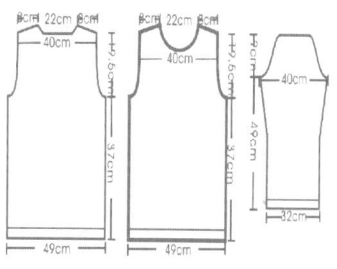

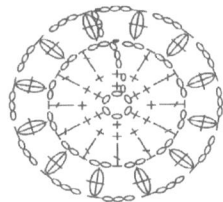

边缘花样

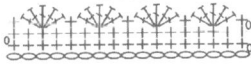

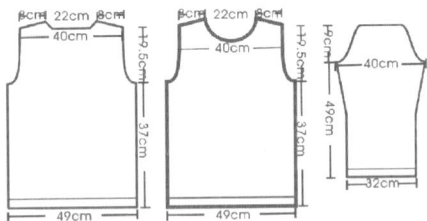

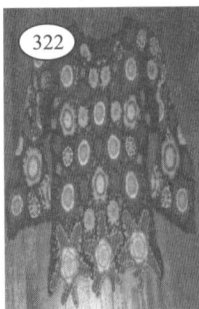

322

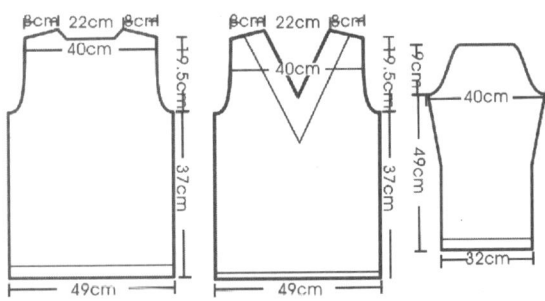

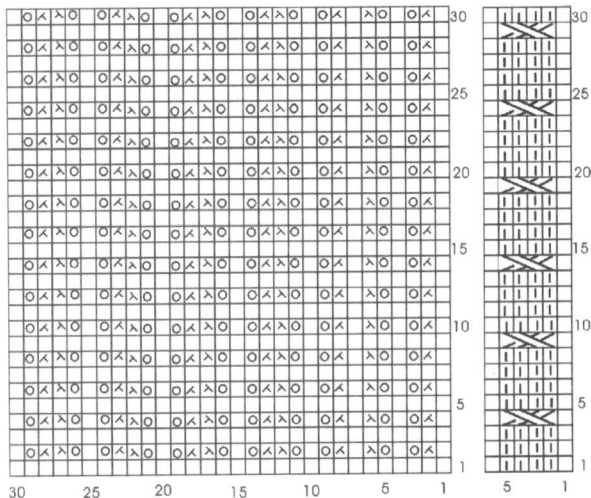

326

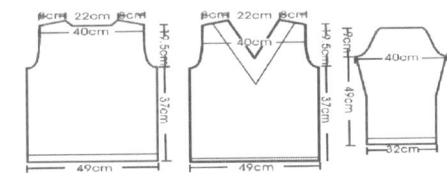

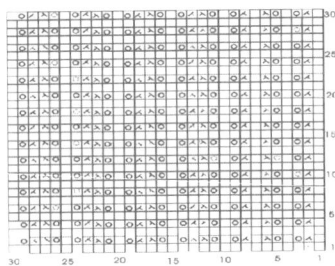

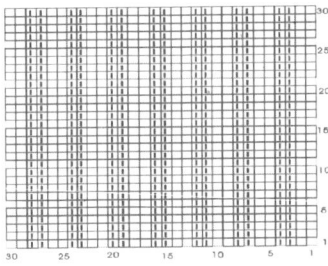

325

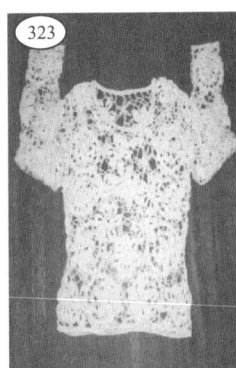

323

324

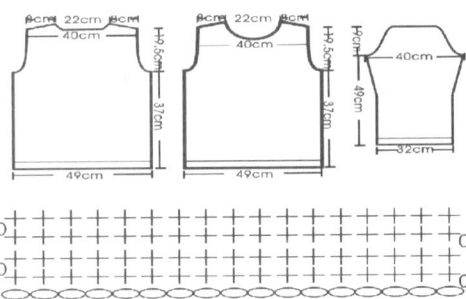

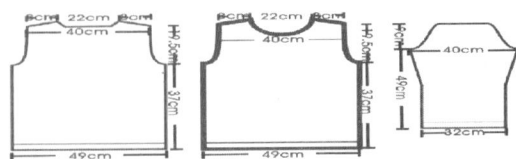

边缘花样

327

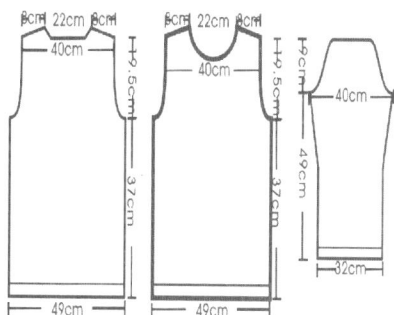

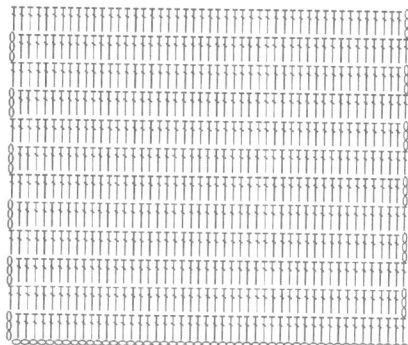

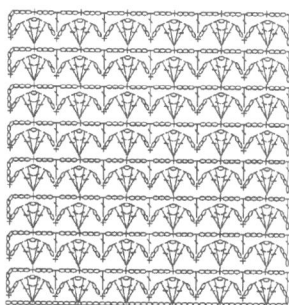
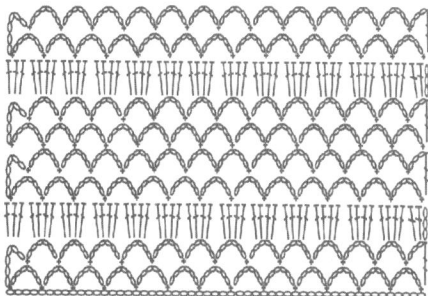
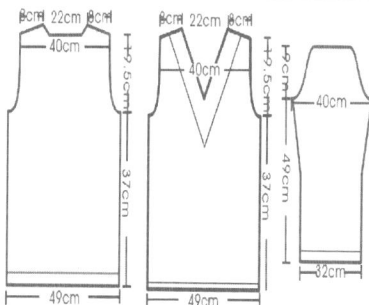

328

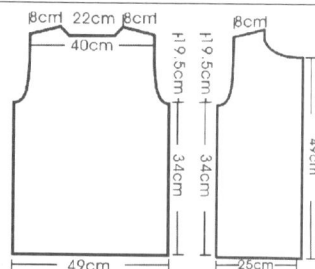
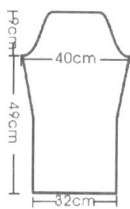

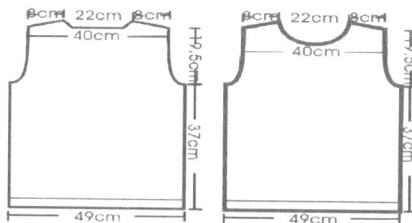

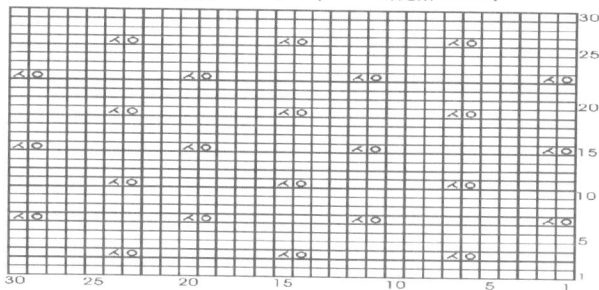

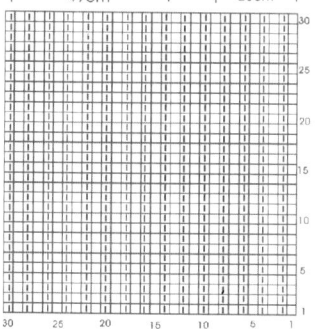

329

331

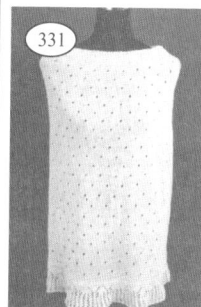

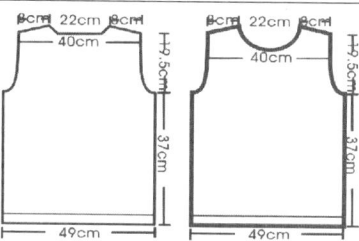
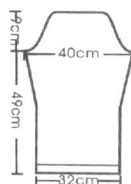

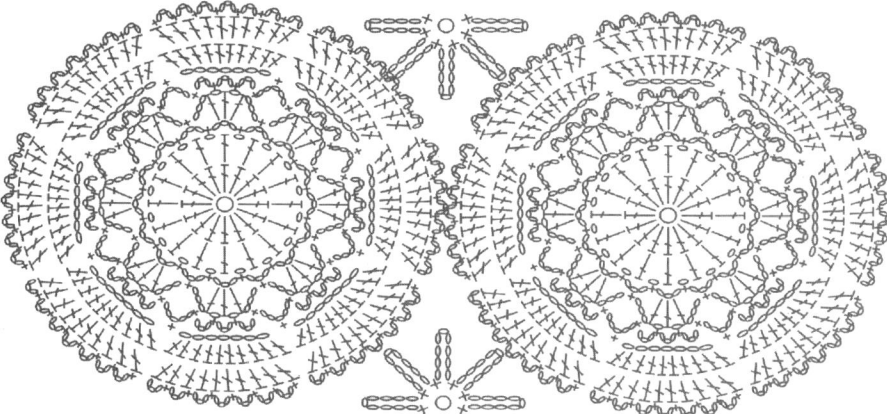

330

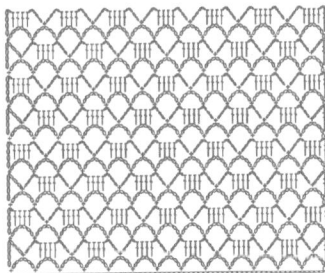
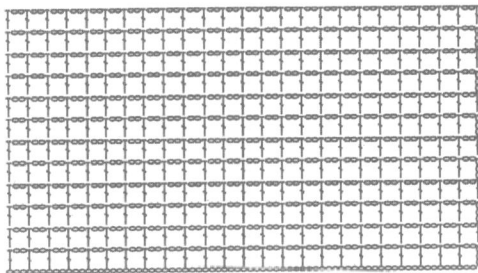
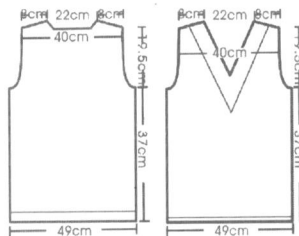

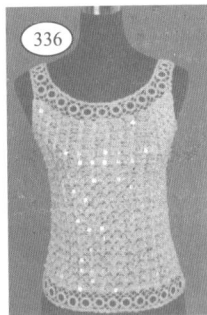
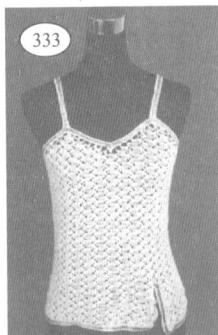
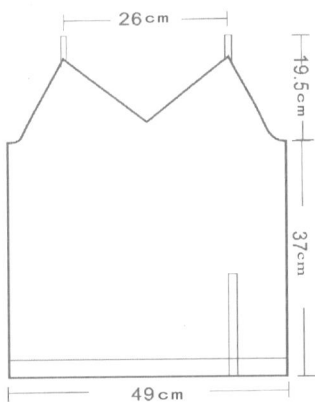

长身花样

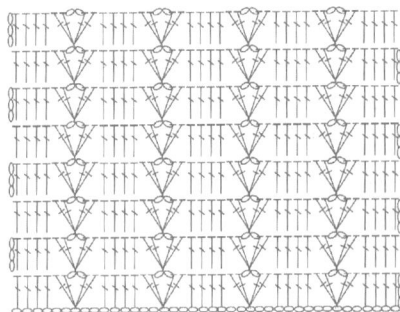

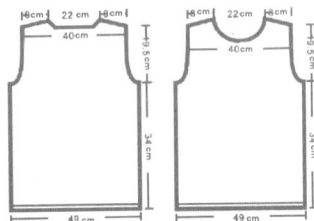

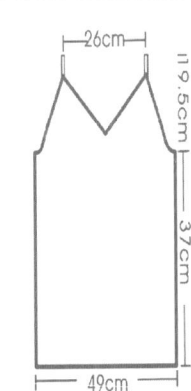
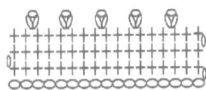

边缘花样

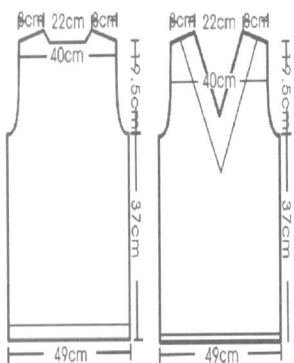

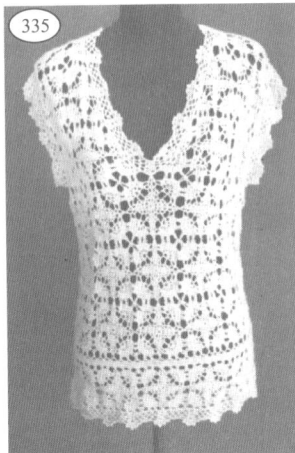

边缘花样

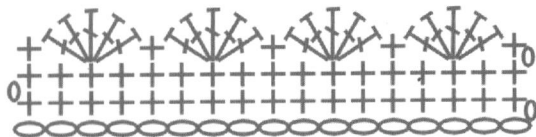

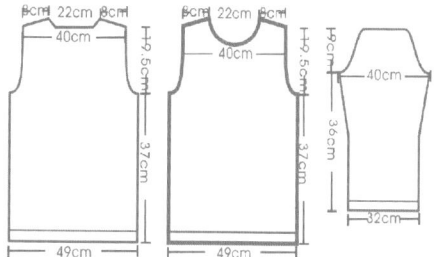

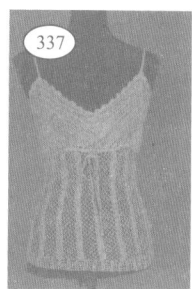

337

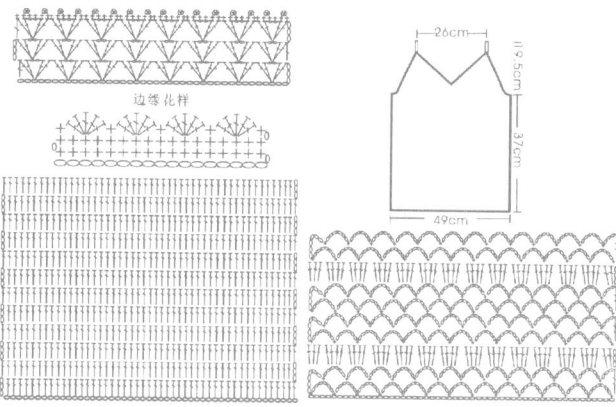

边缘花样

340

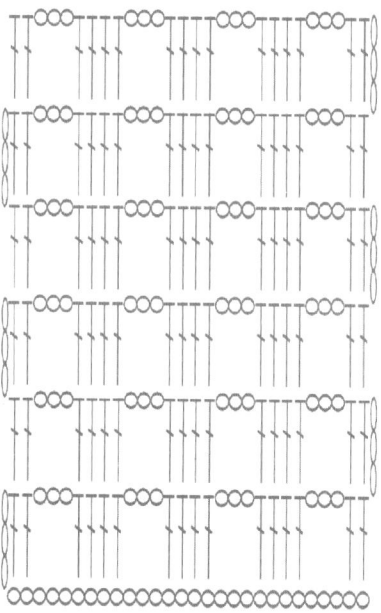

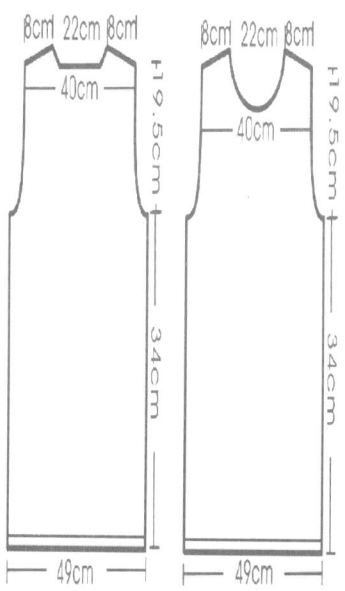

339

边缘花样

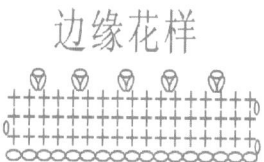

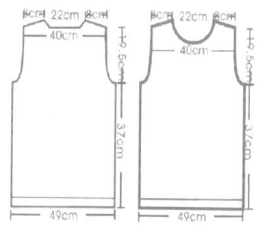

338

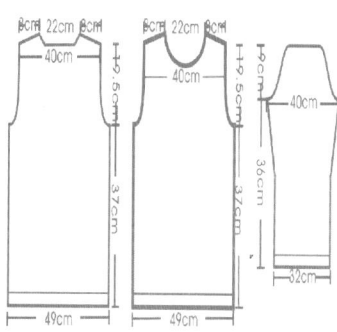

341

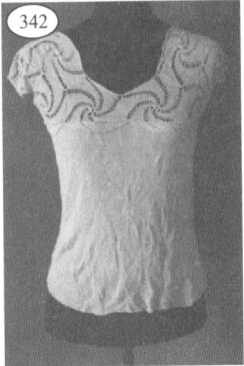

342

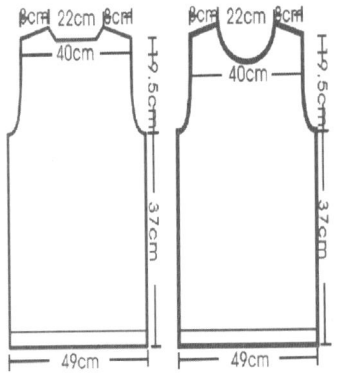

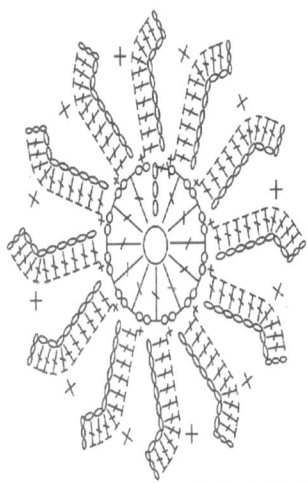

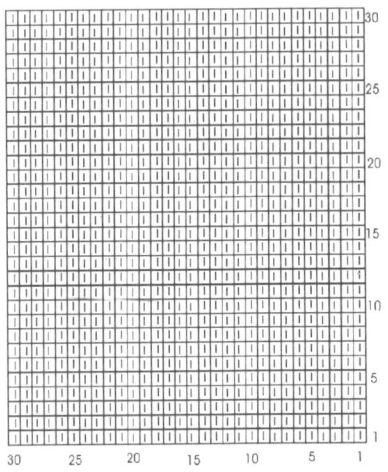

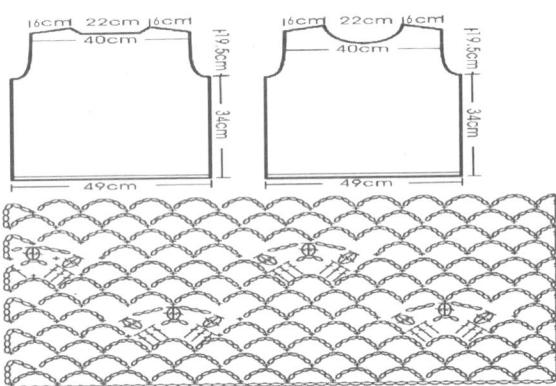

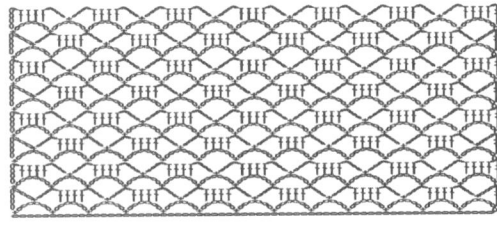

边缘花样

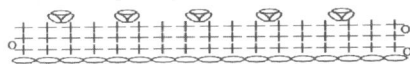

343

344

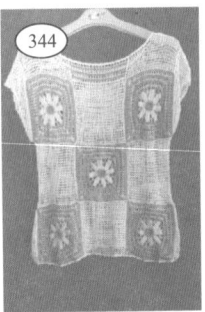

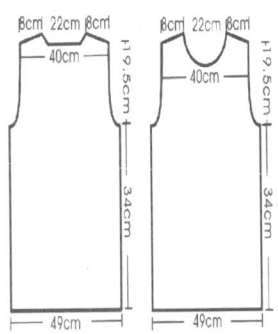

边缘花样

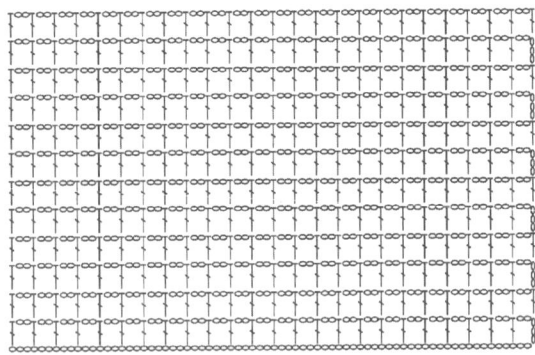

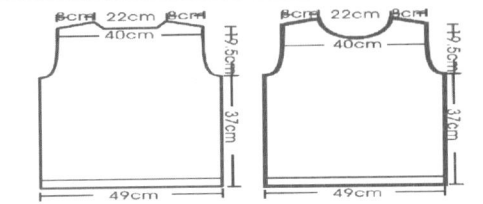

345

衣身

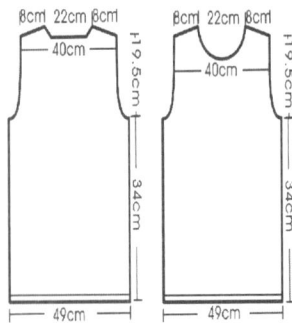

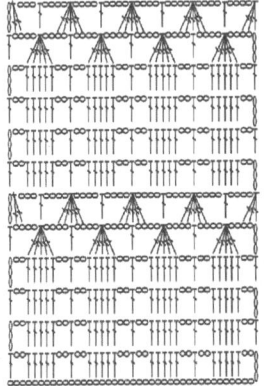

346

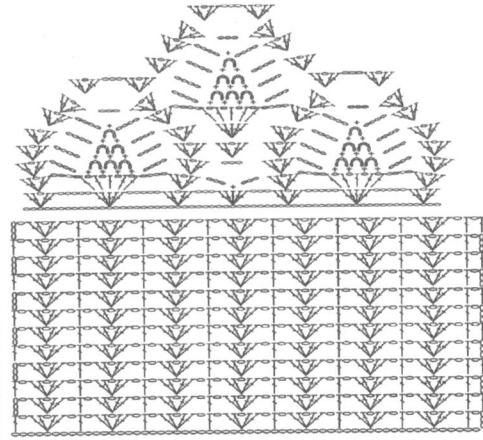

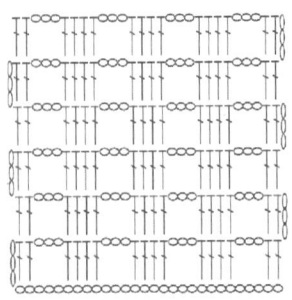

边缘花样

347

8cm 22cm 8cm
40cm
19.5cm
34cm
49cm

8cm 22cm 8cm
40cm
19.5cm
34cm
49cm

8cm 22cm 8cm
40cm
19.5cm
37cm
49cm

8cm
37cm
25cm

40cm
9cm
30cm
32cm

348

8cm 22cm 8cm
40cm
19.5cm
34cm
49cm

8cm 22cm 8cm
40cm
19.5cm
34cm
49cm

8cm
40cm
9cm
30cm
32cm

边缘花样

350

8cm 22cm 8cm
40cm
19.5cm
34cm
49cm

8cm 22cm 8cm
40cm
19.5cm
34cm
49cm

50
45
40
35
30
25
20
15
10
5
1

50 45 40 35 30 25 20 15 10 5 1

351

26cm
19.5cm
37cm
49cm

边缘花样

349

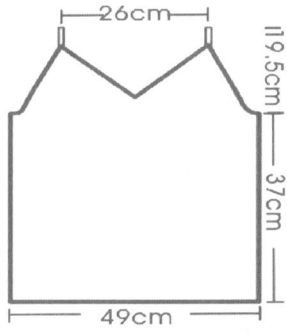

26cm

|19.5cm

37cm

49cm

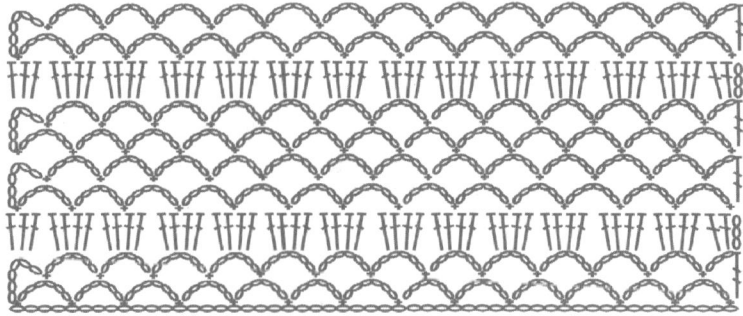

352

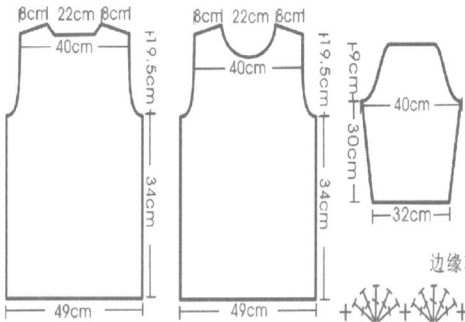

8cm 22cm 8cm
40cm
|19.5cm
34cm
49cm

8cm 22cm 8cm
40cm
|19.5cm
34cm
49cm

|9cm
30cm
40cm
32cm

353

边缘花样

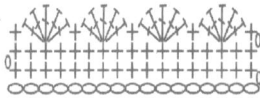

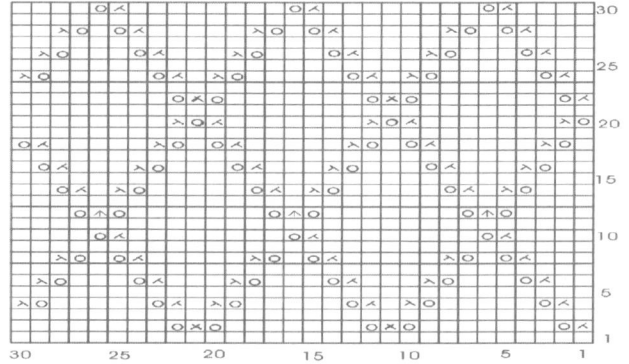

354

8cm 22cm 8cm
40cm
|19.5cm
34cm
49cm

8cm 22cm 8cm
40cm
|19.5cm
34cm
49cm

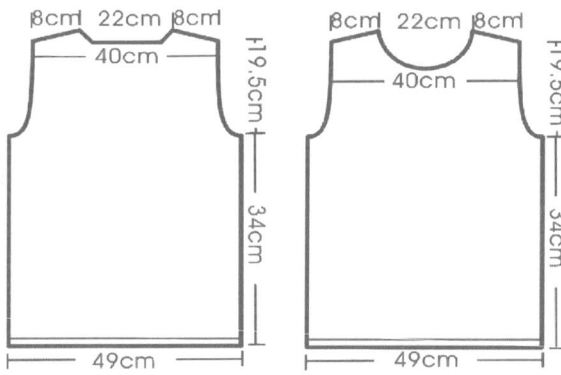

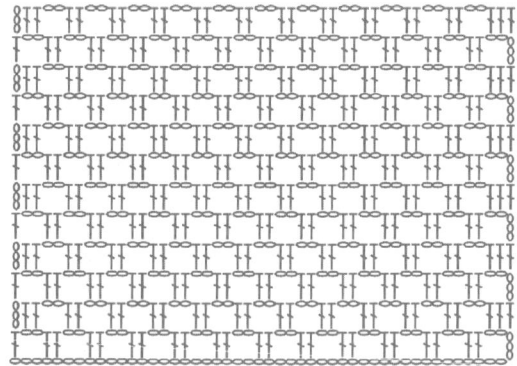

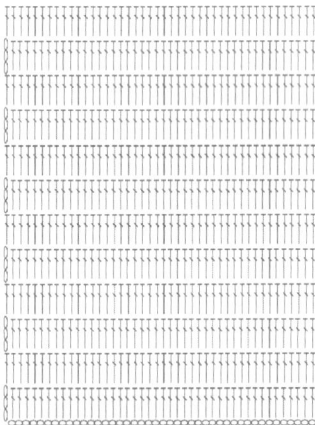

8cm

37cm

49cm

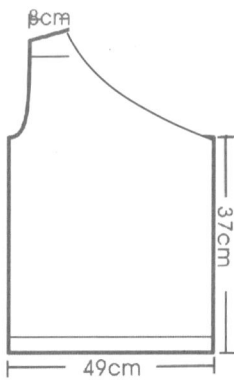

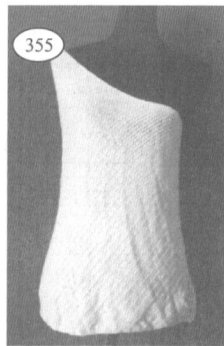

355

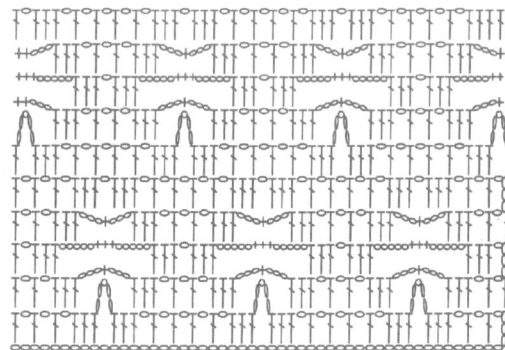

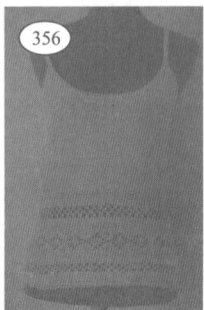

356

26cm
|19.5cm
37cm
49cm

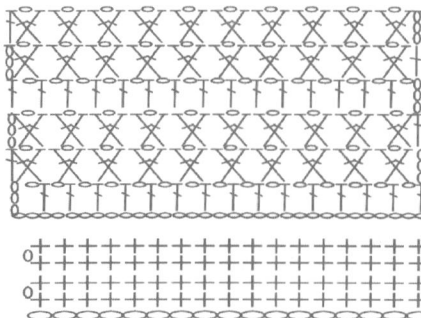

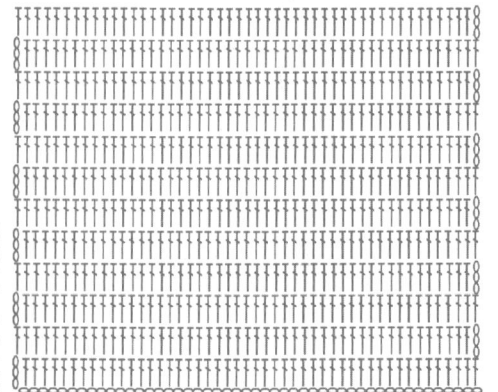

154

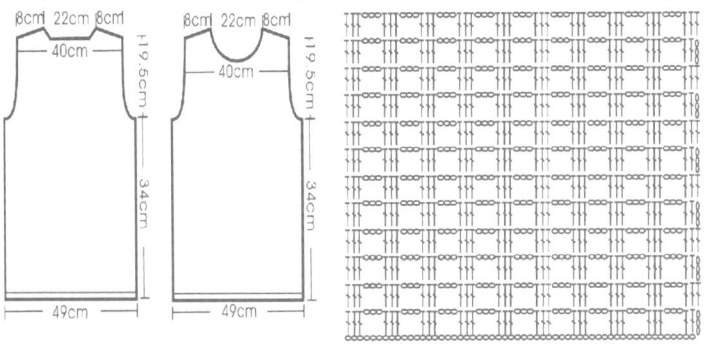

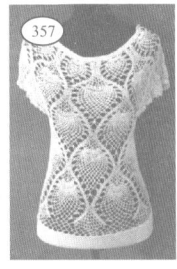

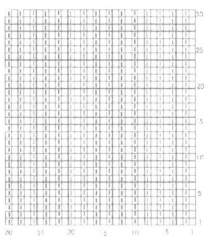

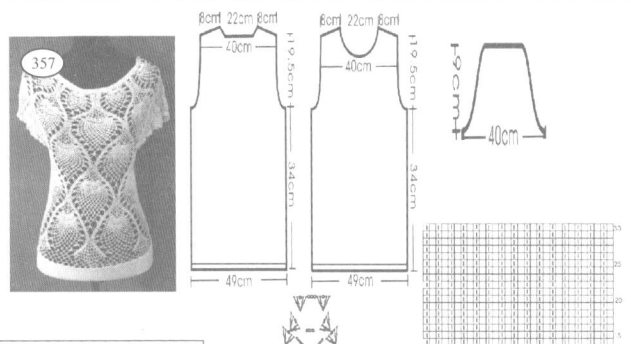

357

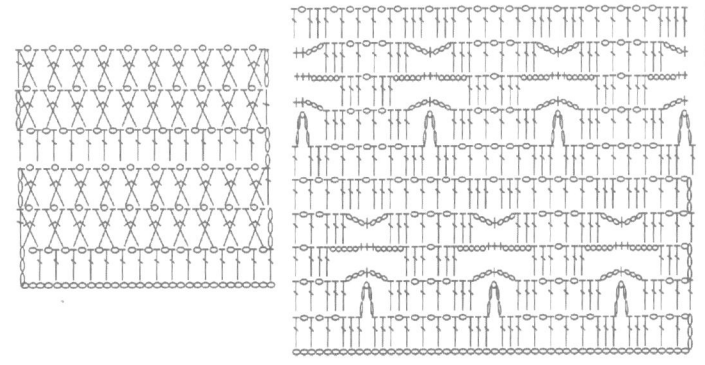

359

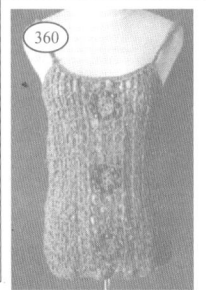

360

26cm

37cm

49cm

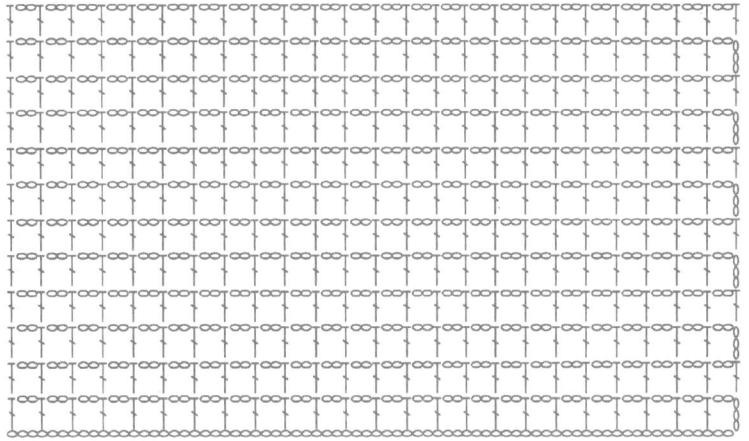

358

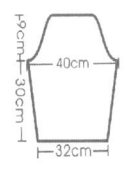

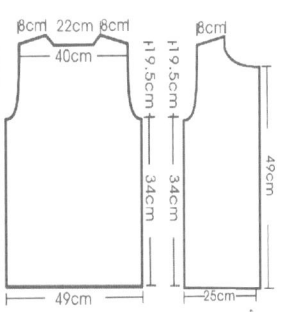

边缘花样

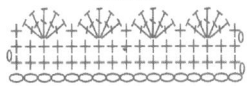

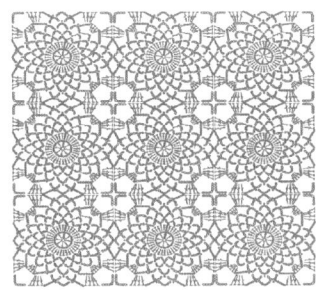

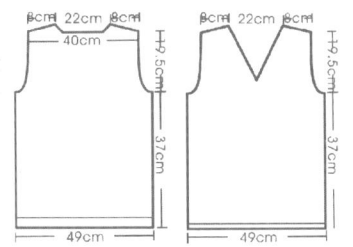

边缘花样

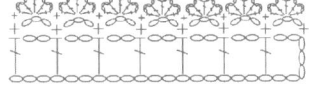

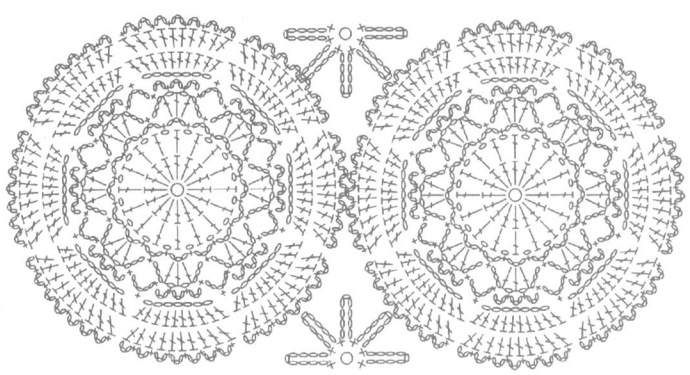

361

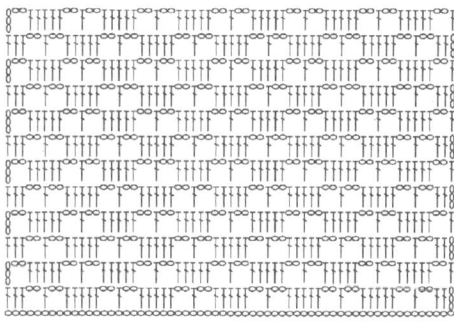
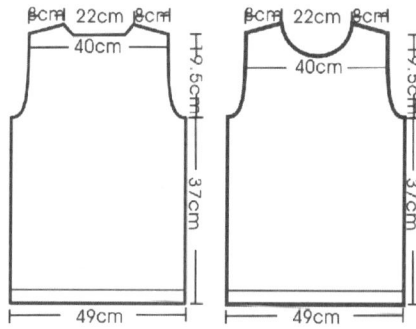

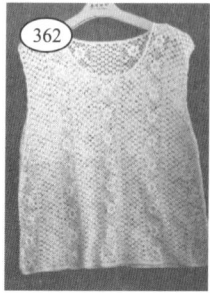

362

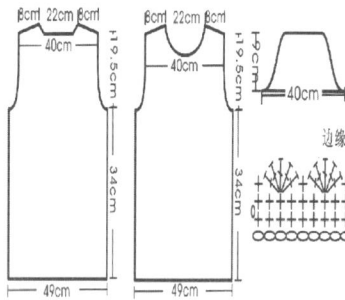

363

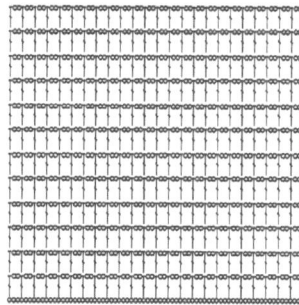
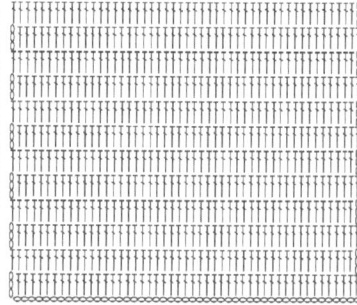

边缘花样

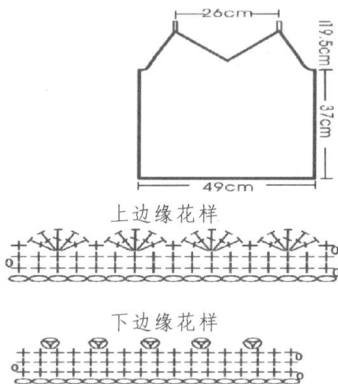

365

上边缘花样

下边缘花样

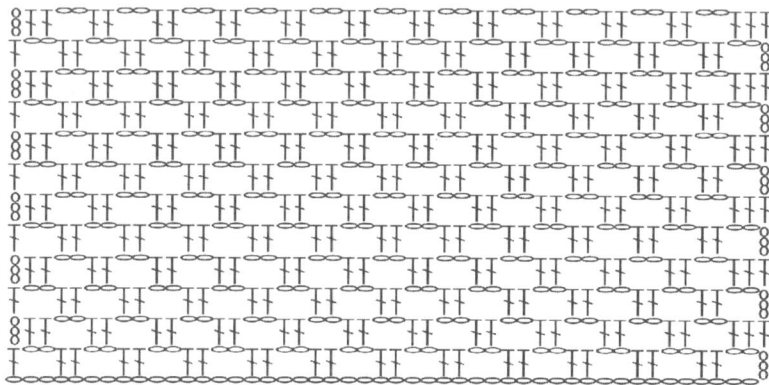

364

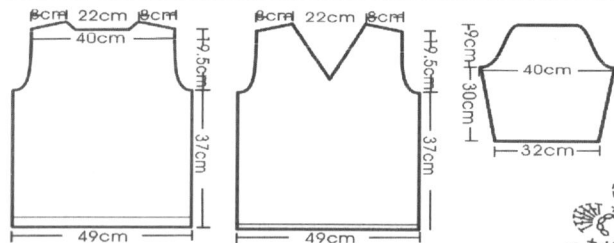
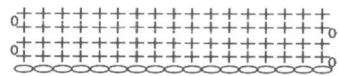

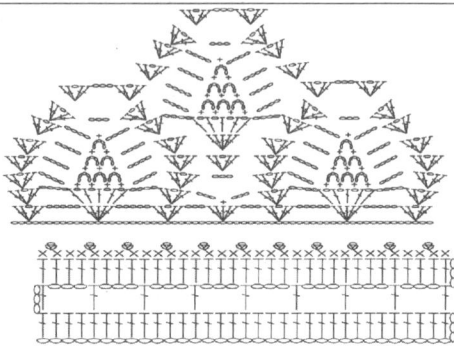
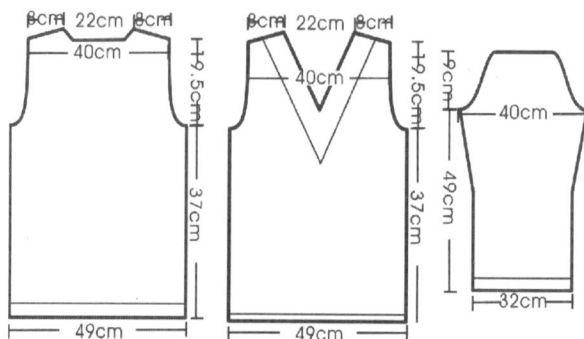

366

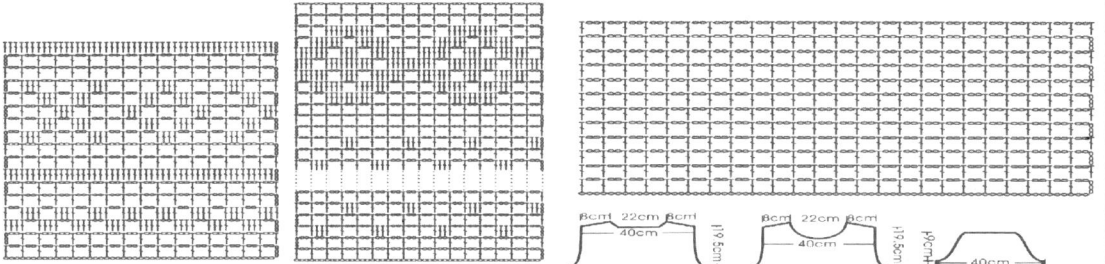

边缘花样

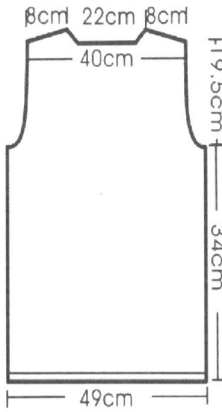

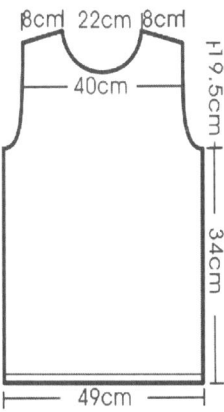

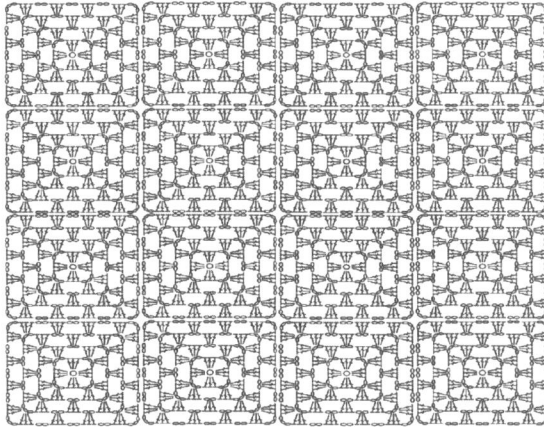

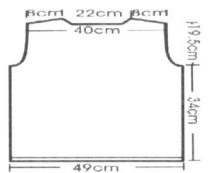

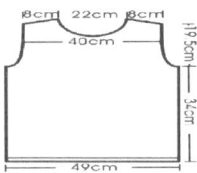

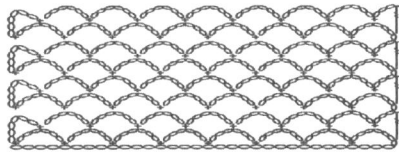

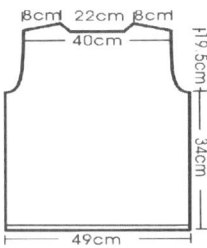

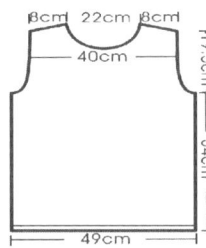

边缘花样

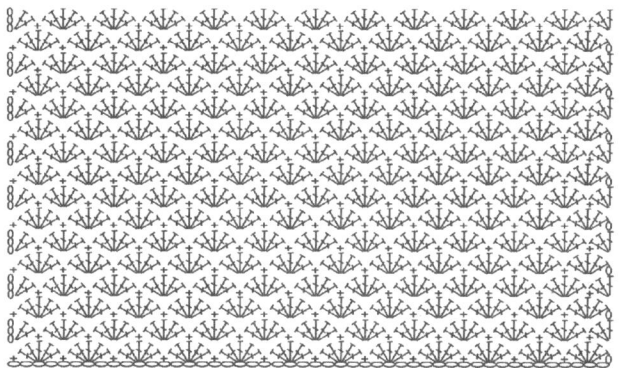

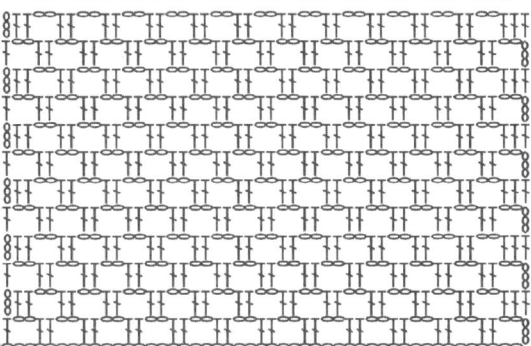

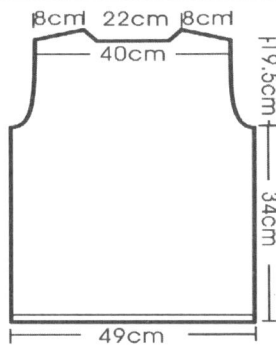

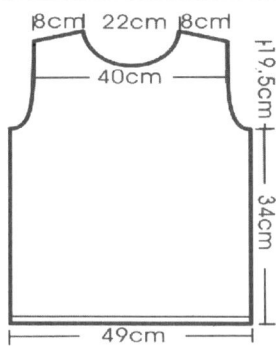

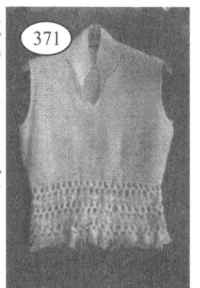

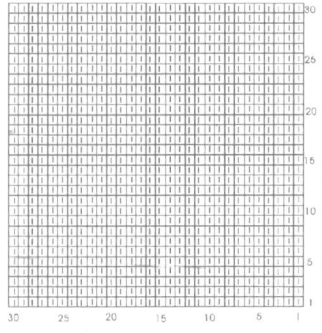
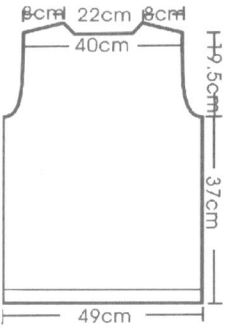

8cm 22cm 8cm
40cm

8cm 22cm 8cm
22cm

9cm
40cm
30cm
32cm
边缘花样

19.5cm
37cm
49cm

19.5cm
37cm
49cm

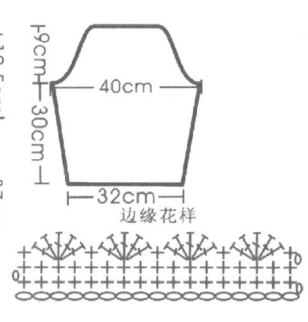
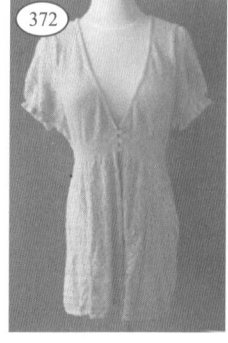

372

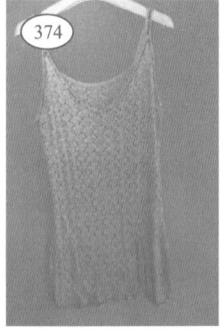

374

26cm

19.5cm
37cm
49cm

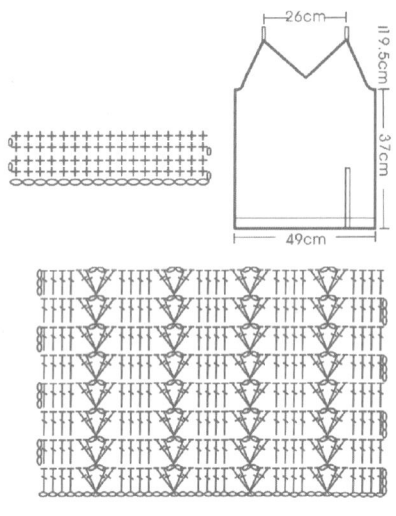

8cm 22cm 8cm
40cm

8cm 22cm 8cm
40cm

19.5cm
34cm
49cm

19.5cm
34cm
49cm

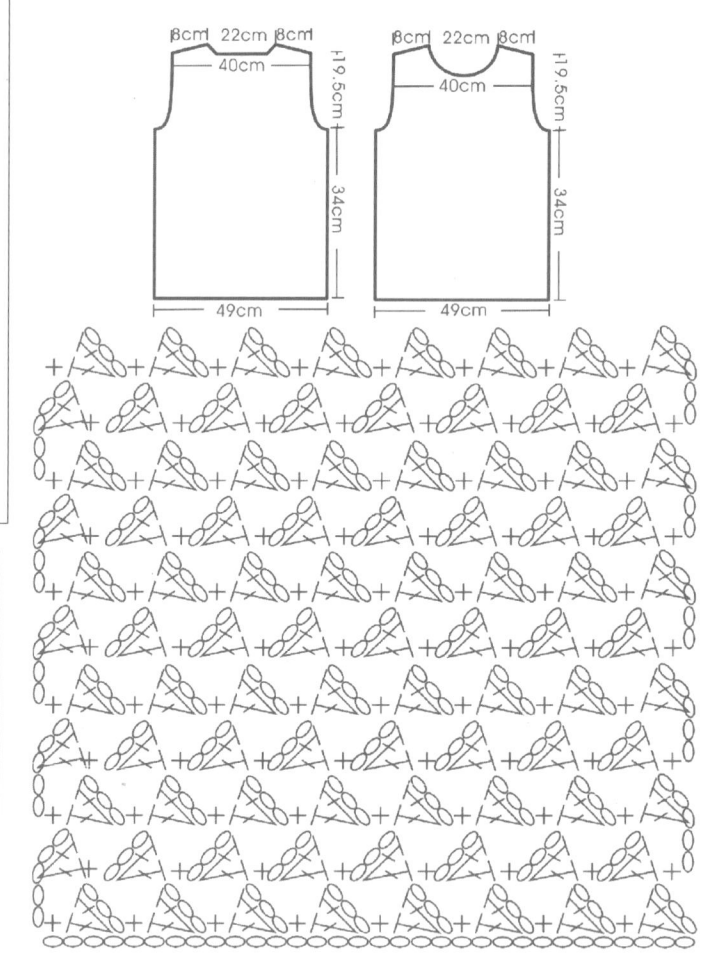

376

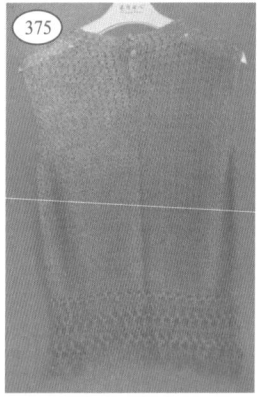

375

8cm 22cm 8cm
40cm

19.5cm
37cm
49cm

8cm 22cm 8cm
40cm

8cm 22cm 8cm
40cm

19.5cm
37cm
49cm

19.5cm
37cm
49cm

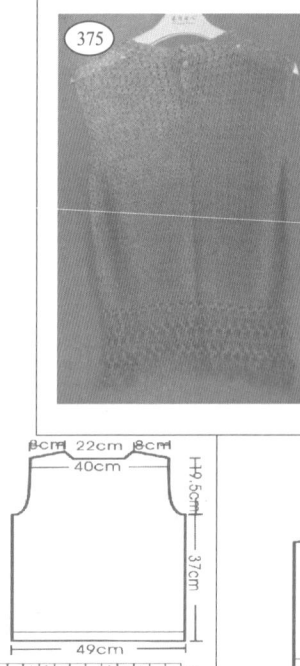

373

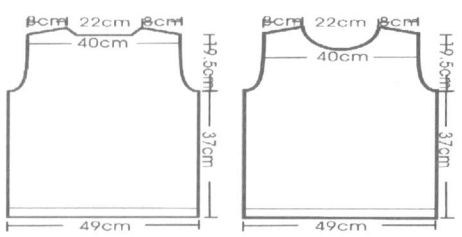

30
25
20
15
10
5
30   25   20   15   10   5   1

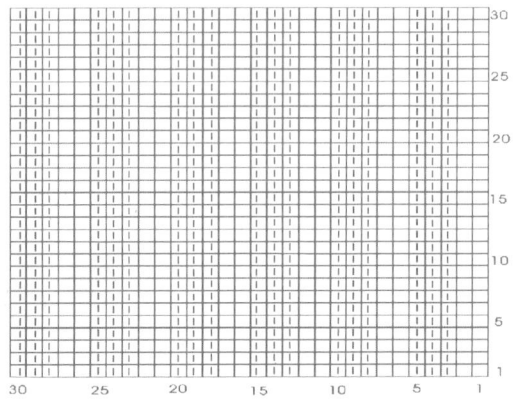

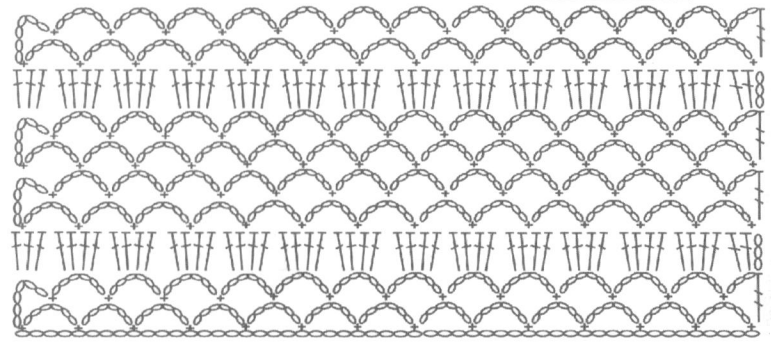

377

8cm 22cm 8cm
40cm
19.5cm
34cm
49cm

8cm 22cm 8cm
40cm
19.5cm
34cm
49cm

9cm
40cm

边缘花样

378

26cm
19.5cm
37cm
49cm

379

26cm
19.5cm
37cm
49cm

380

8cm 22cm 8cm
40cm
19.5cm
37cm
49cm

8cm 22cm 8cm
40cm
19.5cm
37cm
49cm

边缘花样

30
25
20
15
10
5
1

30 25 20 15 10 5 1

381

8cm 22cm 8cm
40cm
19.5cm
34cm
49cm

8cm 22cm 8cm
40cm
19.5cm
34cm
49cm

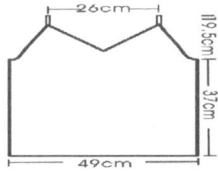

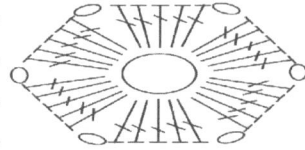

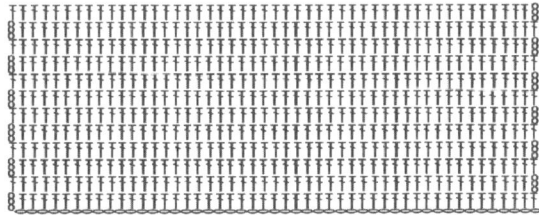
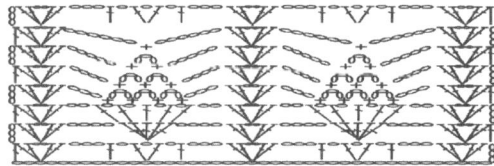
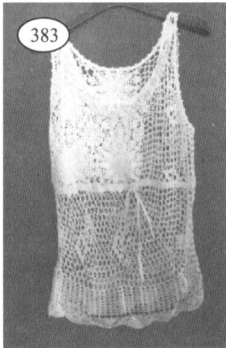

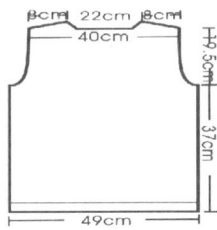
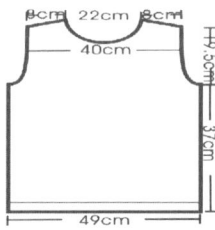

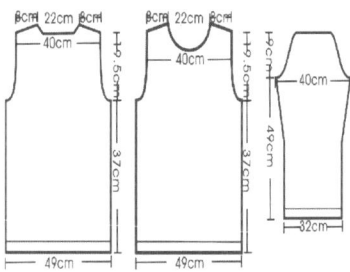

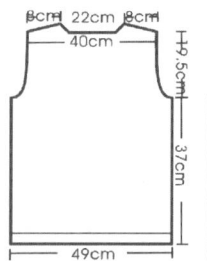
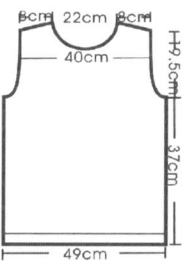

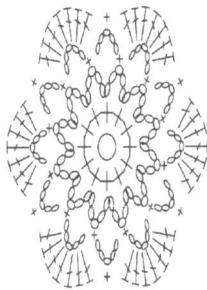
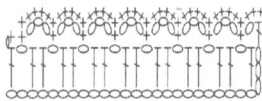
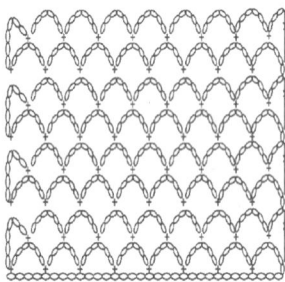
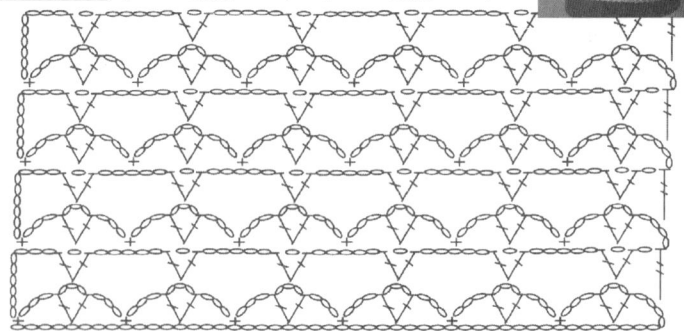

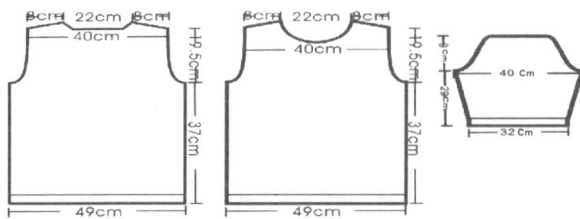

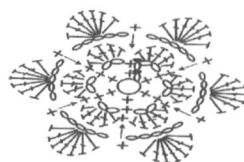
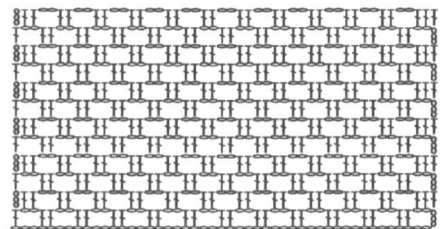

387

边缘花样

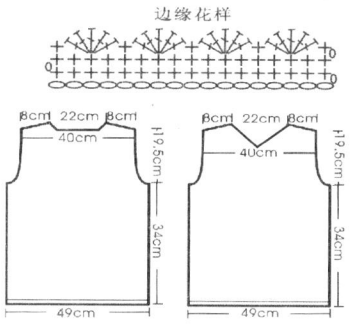

8cm 22cm 8cm
40cm
49cm
↕9.5cm
34cm

8cm 22cm 8cm
40cm
49cm
↕9.5cm
34cm

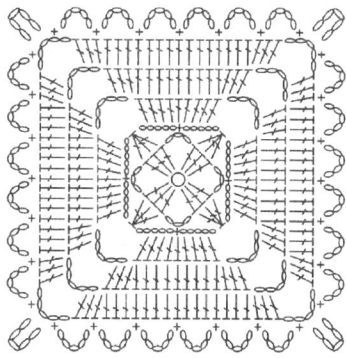

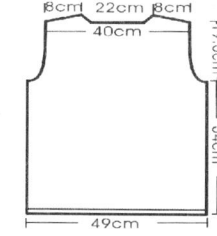

8cm 22cm 8cm
40cm
49cm
↕9.5cm
34cm

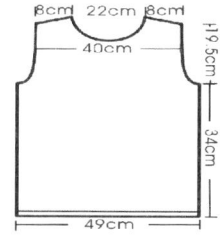

8cm 22cm 8cm
40cm
49cm
↕9.5cm
34cm

边缘花样

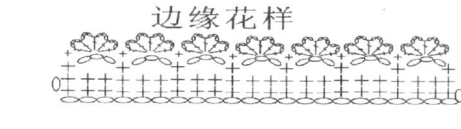

0

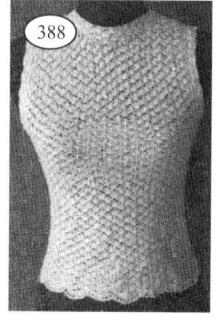

388

389

8cm 22cm 8cm
40cm
49cm
↕9.5cm
37cm

8cm 22cm 8cm
40cm
49cm
↕9.5cm
37cm

40cm
32cm
↕9.5cm
30cm

边缘花样

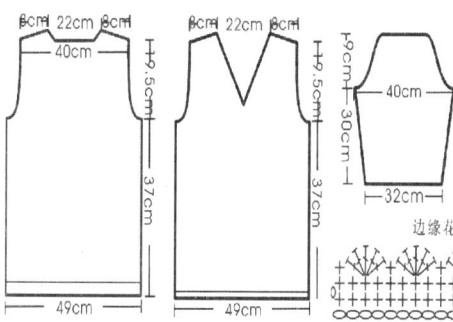

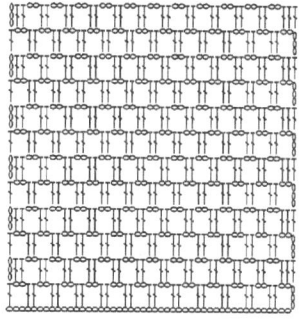

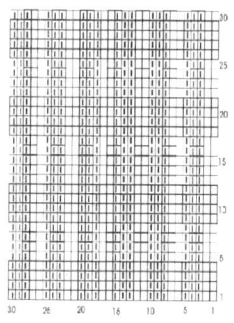

30
25
20
15
10
5
1
30 25 20 15 10 5 1

8cm 22cm 8cm
40cm
49cm
↕9.5cm
37cm

8cm 22cm 8cm
40cm
49cm
↕9.5cm
37cm

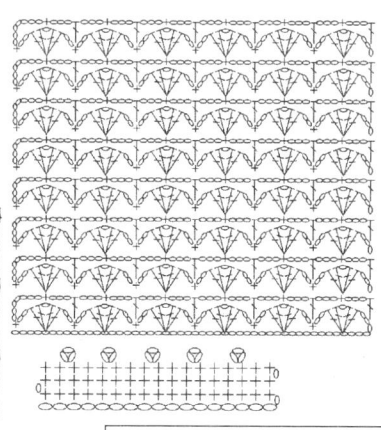

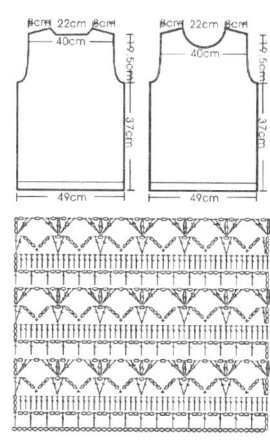

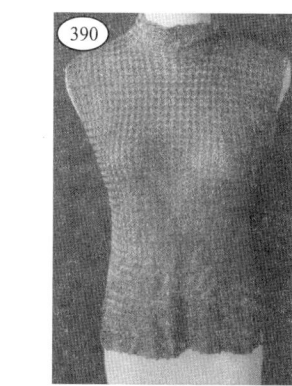

390

8cm 22cm 8cm
40cm
49cm
↕9.5cm
34cm

8cm 22cm 8cm
40cm
49cm
↕9.5cm
34cm

40cm
32cm
↕9.5cm
30cm

边缘花样

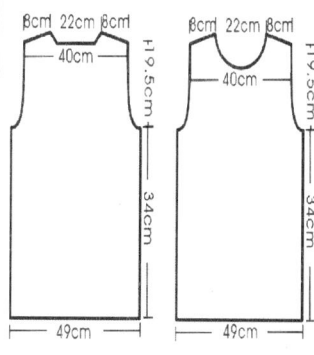

0

391

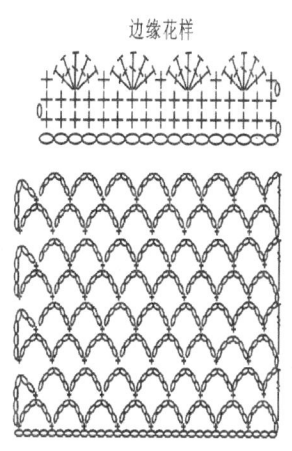

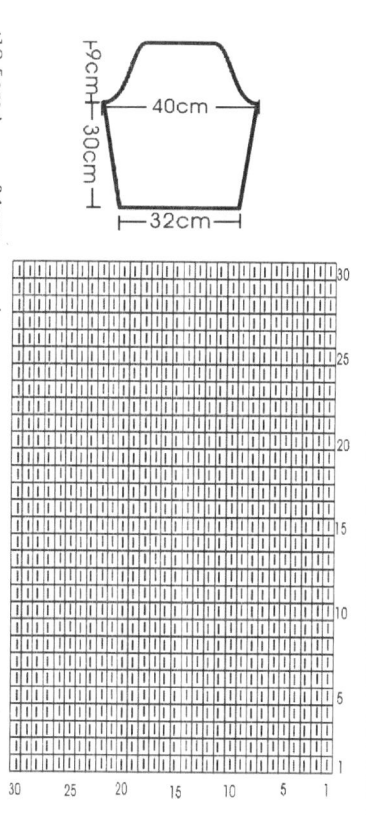

30
25
20
15
10
5
1
30 25 20 15 10 5 1

8cm 22cm 8cm
40cm
19.5cm
34cm
49cm

8cm 22cm 8cm
40cm
19.5cm
34cm
49cm

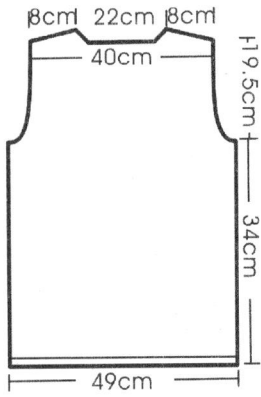
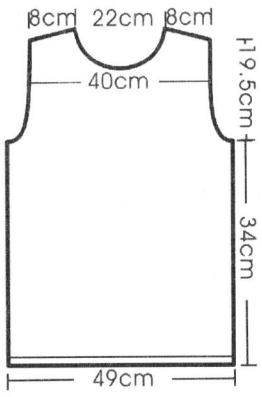

402

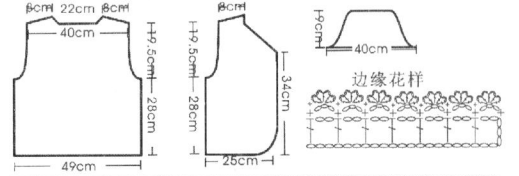

8cm 22cm 8cm
40cm
9.5cm
9.5cm
28cm
9.5cm
28cm
8cm
34cm
25cm
49cm

9cm
40cm
边缘花样

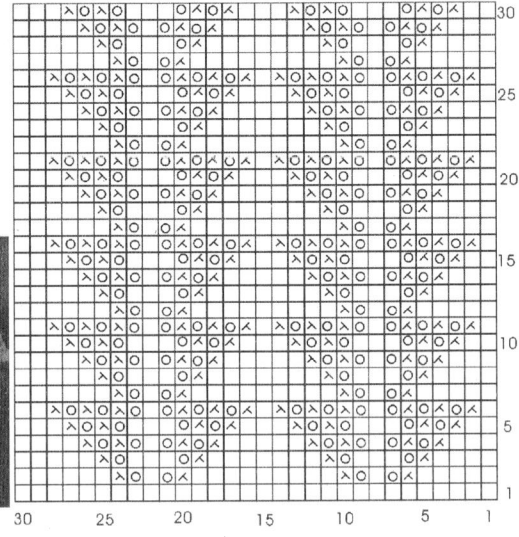

403

406

404

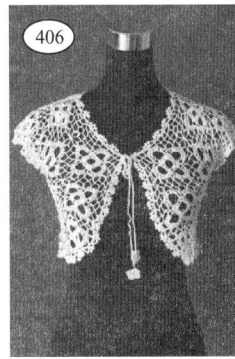

8cm 22cm 8cm
40cm
9.5cm
9.5cm
28cm
28cm
34cm
25cm
49cm

9cm
40cm

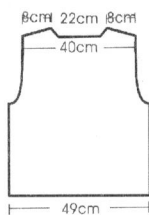
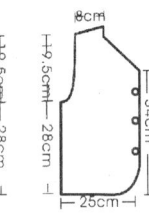

8cm 22cm 8cm
40cm
9.5cm
9.5cm
28cm
28cm
34cm
49cm   25cm

9cm
40cm
边缘花样

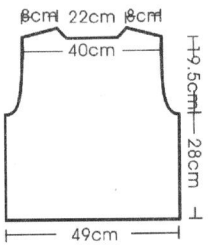
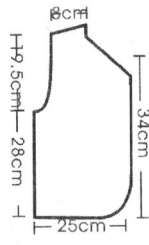
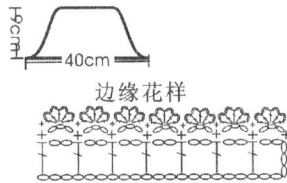

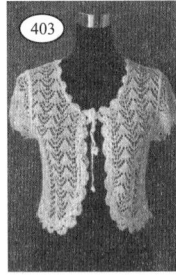
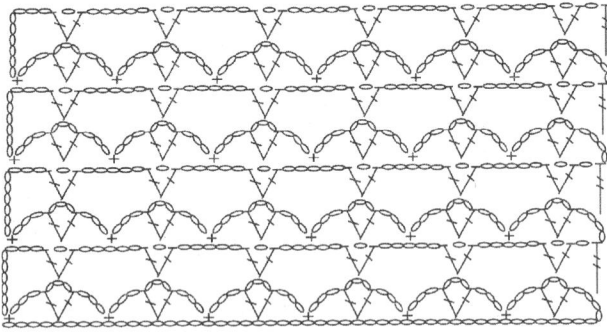

8cm 22cm 8cm
40cm
9.5cm
9.5cm
37cm
37cm
49cm   25cm

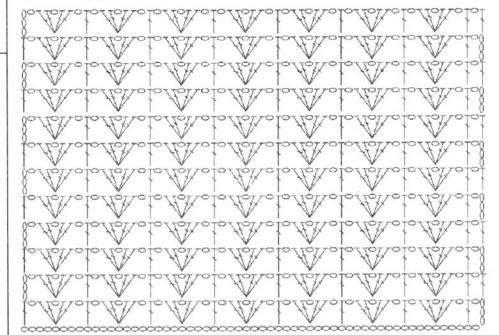

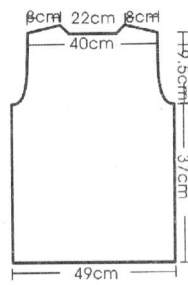
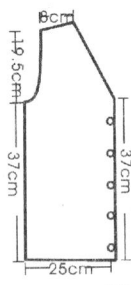
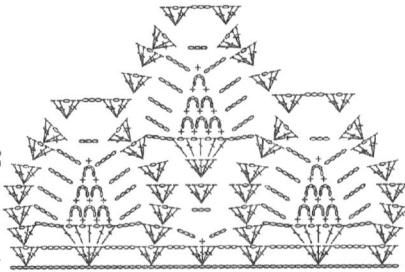

405

9cm
40cm
30cm
32cm

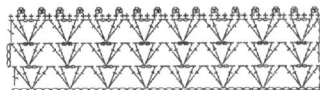
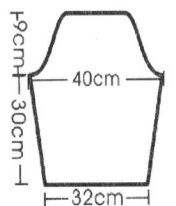

164

409

407

6cm 22cm 8cm
40cm

8cm

19.5cm
19.5cm

34cm
34cm

49cm

49cm
25cm

8cm 22cm 8cm
40cm

8cm

19.5cm
19.5cm

34cm
34cm

49cm

49cm
25cm

30
25
20
15
10
5

30   25   20   15   10   5   1

8cm 22cm 8cm
40cm

8cm

19.5cm
19.5cm

37cm
37cm

9cm
30cm

40cm

49cm
25cm
32cm

8cm 22cm 8cm
40cm

8cm

19.5cm
19.5cm

37cm
37cm

49cm
25cm

边缘花样

411

408

30
25
20
15
10
5
1

30   25   20   15   10   5   1

30
25
20
15
10
5
1

30   25   20   15   10   5   1

8cm 22cm 8cm
40cm

8cm

19.5cm
19.5cm

34cm
34cm

40cm

49cm

49cm
25cm
32cm

410

边缘花样

流行毛衣编织广场 2588

165

8cm 22cm 8cm
40cm
49cm
19.5cm 19.5cm
34cm 34cm
40cm
49cm
30cm
40cm
32cm
25cm
49cm

边缘花样

422

8cm 22cm 8cm
40cm
49cm
19.5cm 19.5cm
34cm 34cm
40cm
49cm
32cm
25cm

边缘花样

423

8cm 22cm 8cm
40cm
49cm
19.5cm 19.5cm
34cm 34cm
40cm
49cm
30cm
40cm
32cm
25cm

边缘花样

30

25

20

15

10

5

1

30   25   20   15   10   5   1

426

424

8cm 22cm 8cm
40cm
49cm
19.5cm 19.5cm
34cm 34cm
40cm
49cm
32cm
28cm

边缘花样

425

168

棒针编织符号说明

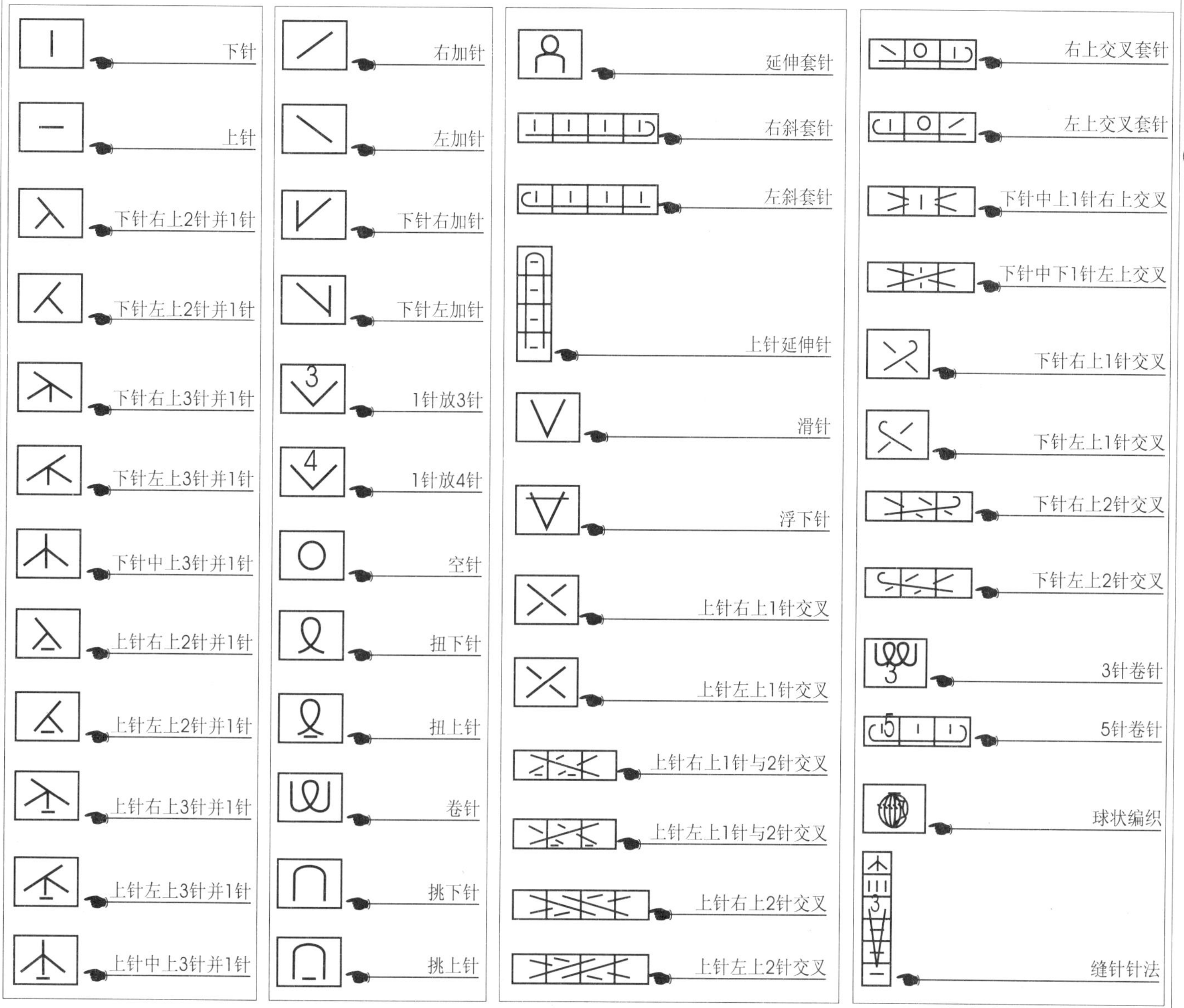
下针
上针
下针右上2针并1针
下针左上2针并1针
下针右上3针并1针
下针左上3针并1针
下针中上3针并1针
上针右上2针并1针
上针左上2针并1针
上针右上3针并1针
上针左上3针并1针
上针中上3针并1针
右加针
左加针
下针右加针
下针左加针
3
1针放3针
4
1针放4针
空针
扭下针
扭上针
卷针
挑下针
挑上针
延伸套针
右斜套针
左斜套针
上针延伸针
滑针
浮下针
上针右上1针交叉
上针左上1针交叉
上针右上1针与2针交叉
上针左上1针与2针交叉
上针右上2针交叉
上针左上2针交叉
右上交叉套针
左上交叉套针
下针中上1针右上交叉
下针中下1针左上交叉
下针右上1针交叉
下针左上1针交叉
下针右上2针交叉
下针左上2针交叉
3
3针卷针
5
5针卷针
球状编织
3
缝针针法

棒针基本针法详细图解

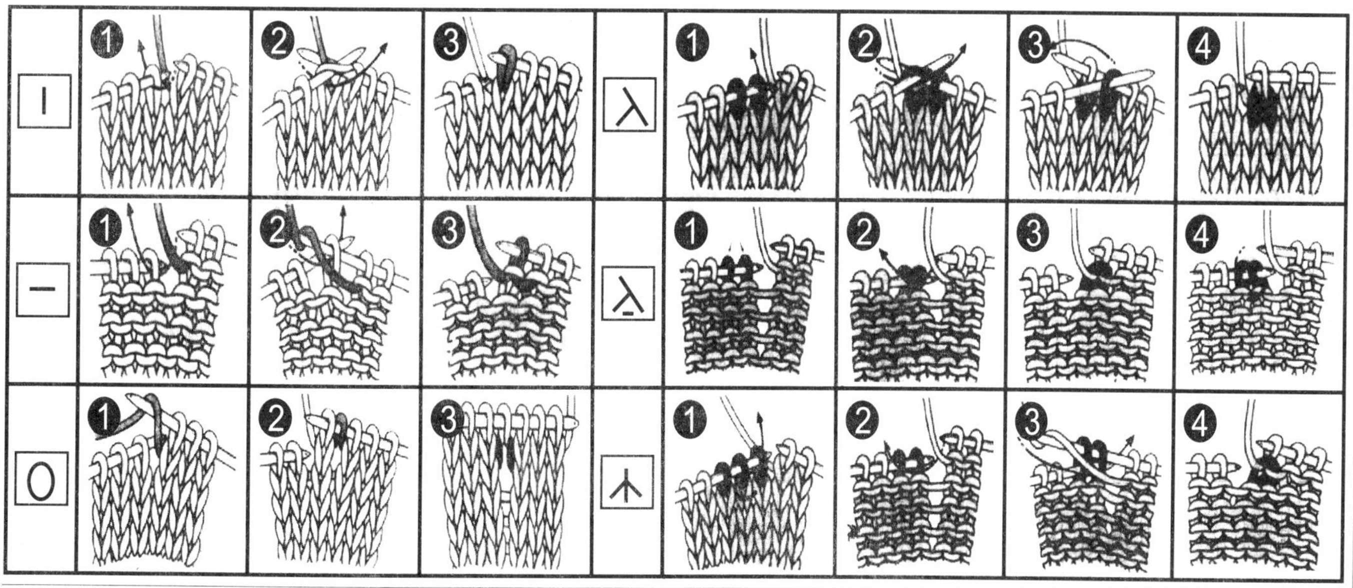
1
2
3
4

常 见 起 针 方 法

单罗纹起针方法	手绕起针方法		双罗纹起针方法
❶	❶	❷	❶
❷	❸	❹	❷
❸	❺	❻	❸
❹	❼	❽	❹
❺	❾		❺
			❻
			❼

接 缝 编 织 方 法

编链接缝方法

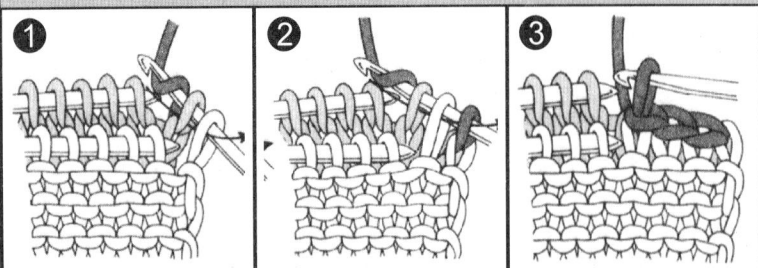

❶	❷	❸

平针接缝方法

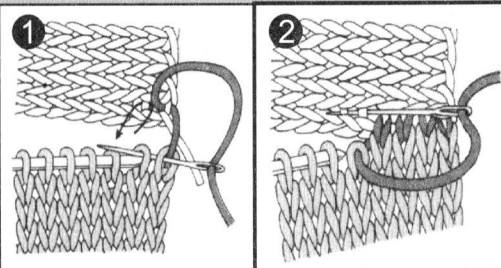

❶	❷

纵横平针接缝方法

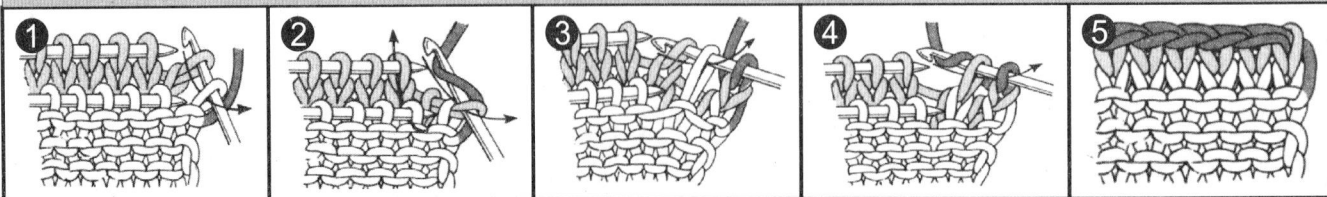

❶	❷	❸	❹	❺

基 本 收 边 方 法

流行毛衣编织厂场2588

单罗纹收边法

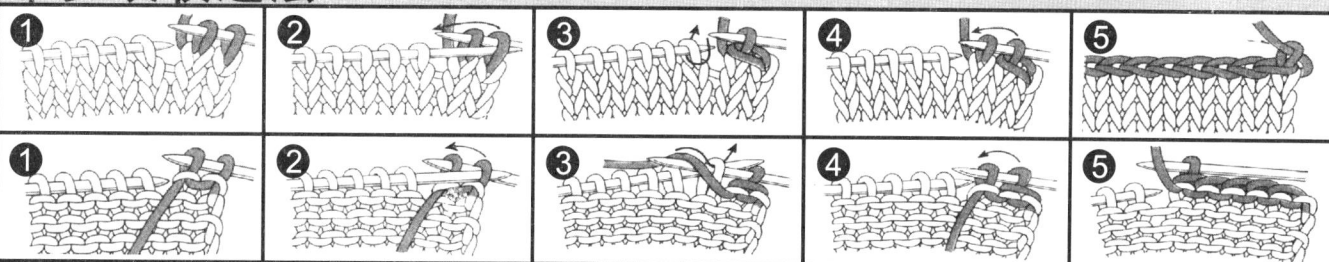

双罗纹收边法

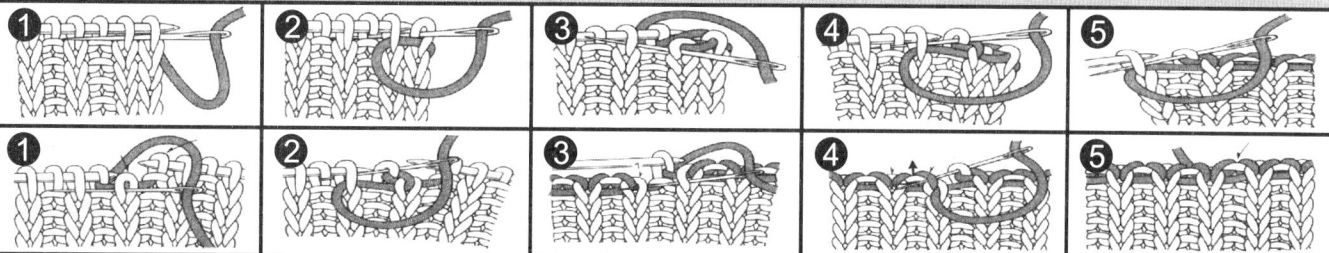

单罗纹双收法

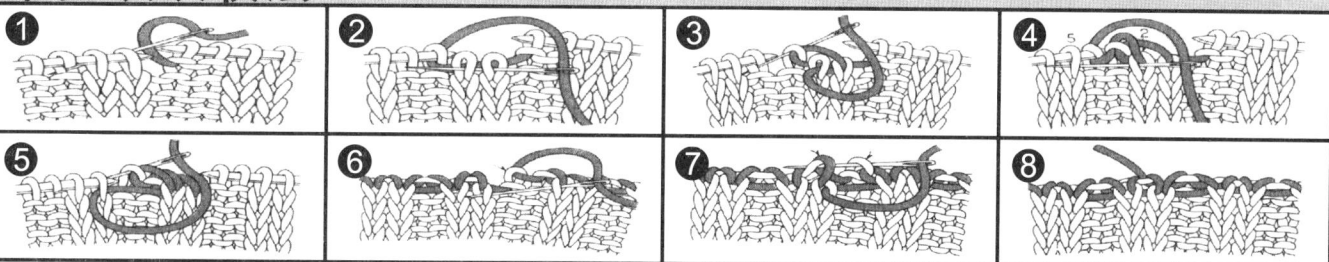

挂 肩 往 返 编 织 法

右侧

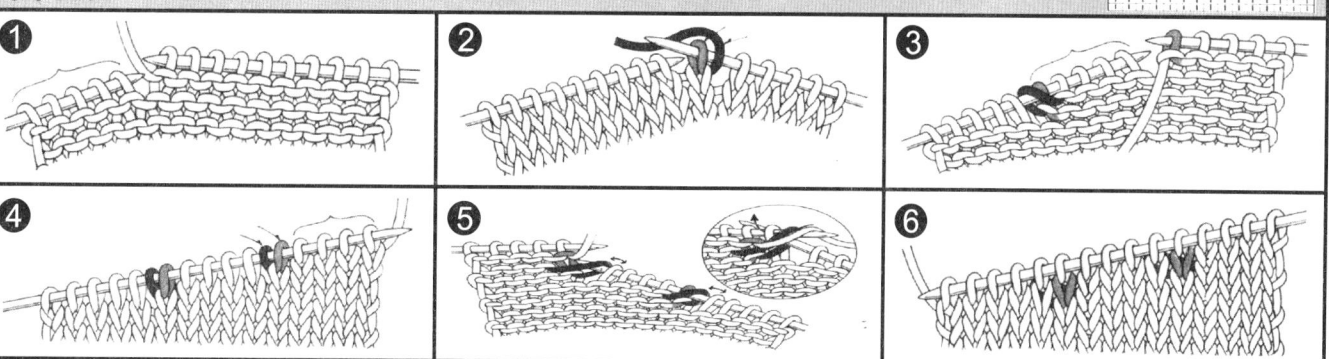

左侧

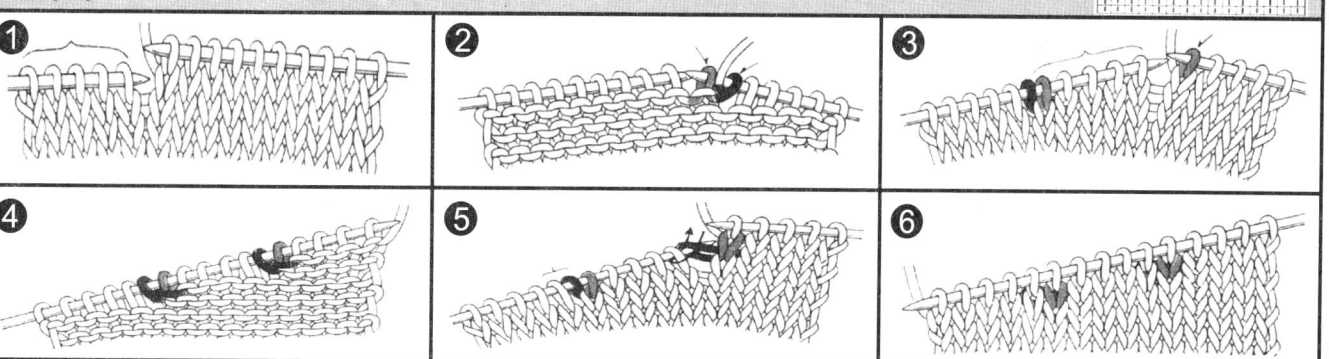

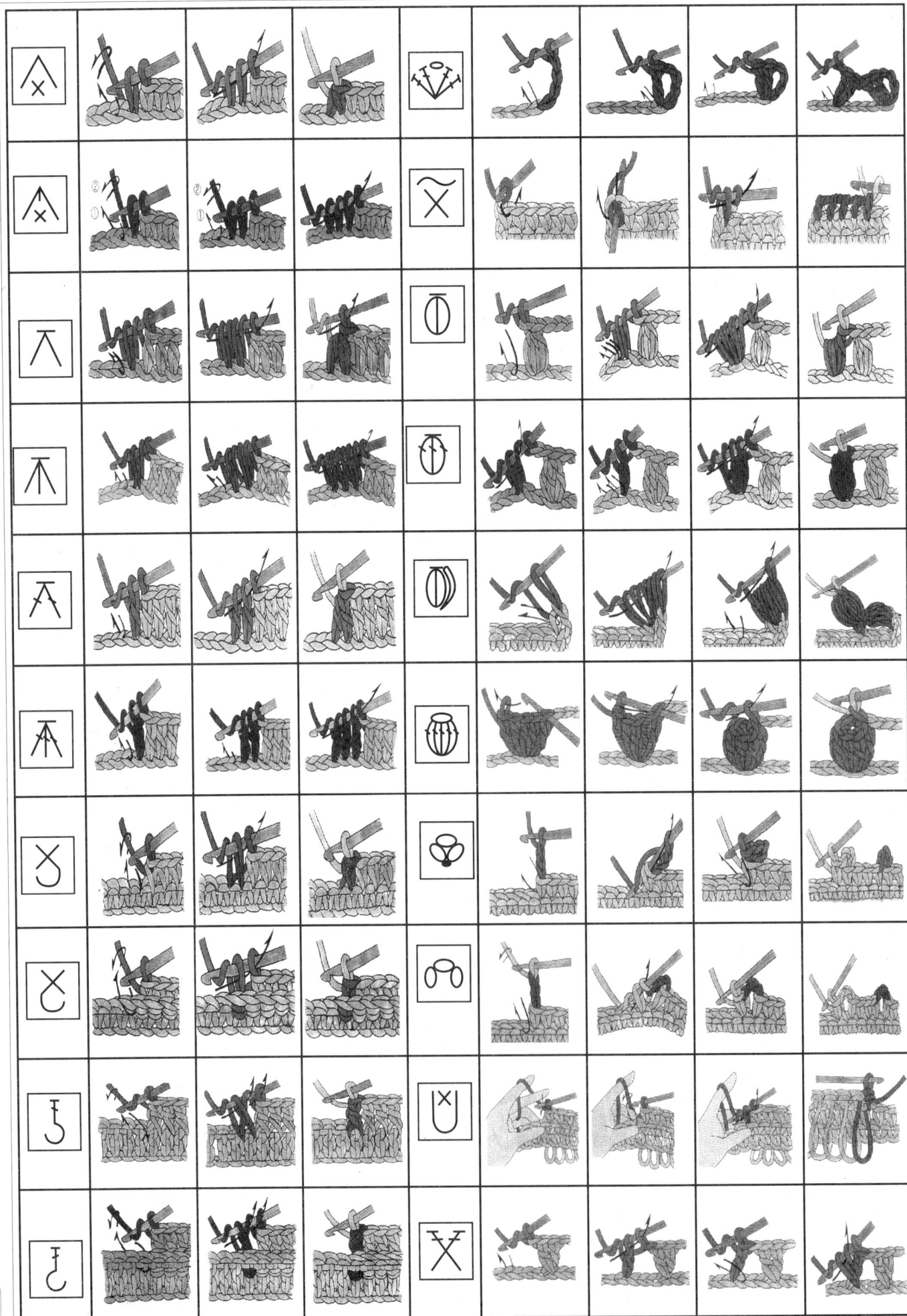